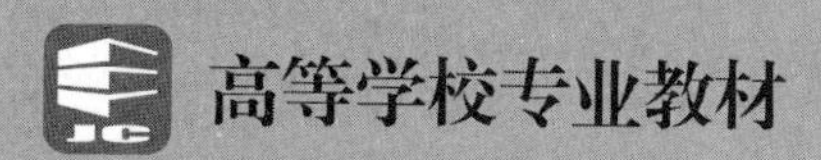

食品化学与分析实验

吕丽爽　冯小兰　主编

中国轻工业出版社

图书在版编目(CIP)数据

食品化学与分析实验 / 吕丽爽，冯小兰主编 .—北京：中国轻工业出版社，2022.8

ISBN 978-7-5184-3815-0

Ⅰ.①食… Ⅱ.①吕… ②冯… Ⅲ.①食品化学—实验—高等学校—教材 ②食品分析—实验—高等学校—教材 Ⅳ.①TS201.2-33 ②TS207.3-33

中国版本图书馆 CIP 数据核字（2021）第 274421 号

责任编辑：张 靓 王庆霖

策划编辑：张 靓 责任终审：白 洁 封面设计：锋尚设计

版式设计：华艺 责任校对：朱燕春 责任监印：张 可

出版发行：中国轻工业出版社（北京东长安街 6 号，邮编：100740）

印 刷：三河市国英印务有限公司

经 销：各地新华书店

版 次：2022 年 8 月第 1 版第 1 次印刷

开 本：787 × 1092 1/16 印张：13

字 数：280 千字

书 号：ISBN 978-7-5184-3815-0 定价：36.00 元

邮购电话：010-65241695

发行电话：010-85119835 传真：85113293

网 址：http：//www.chlip.com.cn

Email：club@chlip.com.cn

如发现图书残缺请与我社邮购联系调换

210436J1X101ZBW

本书编写人员

主　　编　吕丽爽（南京师范大学）

　　　　　冯小兰（江苏旅游职业学院）

副 主 编　张秋婷（南京师范大学）

　　　　　卢永翎（南京师范大学）

　　　　　李前进（南京师范大学）

编写人员　李伟伟（南京师范大学）

　　　　　孔晓雪（南京师范大学）

　　　　　章鼎敏（南京晓庄学院）

　　　　　洪文龙（江苏农林职业技术学院）

　　　　　梅秀明（南京市产品质量监督检验院）

前言 Preface

食品化学与分析检测是食品科学与工程专业一门实践应用性很强的专业必修课程，对大学生未来职业生涯起着非常重要的作用。近年来，食品工业快速发展，食品安全问题关系着人民群众的身体健康和社会稳定，社会对食品加工安全和营养的关注度也逐年增强，促使企业对食品分析检测人才需求量不断增加。国家质量监督检验检疫总局发布的《食品生产加工企业质量安全监督管理实施细则》规定：食品生产加工企业必须具有相应的食品生产加工专业技术人员，检验人员必须取得从事食品质量检验的资质，食品检验人员实行职（执）业资格管理制度。因此，培养优秀的食品化学与分析检测方向的人才势在必行。通过提高课程的教学质量，培养具有与时俱进的创新能力和实践能力且符合食品行业需求的高素质应用型技术人才迫在眉睫。

随着食品科技的飞速发展、仪器设备的快速更新换代、国家标准的修订更新，新的检测方法不断开发，同时充分考虑到食品行业各领域对人才的需求，并且配合教育部工程教育专业认证工作需要，本教材在不断总结课程建设和教育改革经验的基础上，参考现有同类教材、参照最新国家标准进行编写，增设了大型仪器操作，并通过二维码链接平台视频演示，可以随着技术的发展实时更新，变成了与时俱进的活页教材，使得学生随时了解和学习当代最新分析检测技术手段，提高了教材的教学效果。

《食品化学与分析实验》可作为食品科学与工程专业、食品质量与安全专业等相关专业大学本科以及高职院校的实验教材，也可供食品安全检测机构、食品质量与安全管理部门、食品企业等的从业人员参考使用。

本书共分为九章，全书编写工作的分工如下：张秋婷负责分析方法及数据分析、营养成分评估和食品组分加工过程中的变化等内容的编写；卢永翎负责自主设计综合性实验、水分指标测定、氮基酸分析等内容的编写；李前进负责食品的真实性、溯源性、农药兽药残留部分内容的编写；李伟伟负责食品添加剂和部分蛋白质指标测定的编写；孔晓雪和洪文龙负责蛋白质各项指标的编写；章鼎敏负责样品预处理的编写；梅秀明负责啤酒中双乙酰含量测定的编写；吕丽爽负责油脂各项指标以及食品加工过程中的有害产物分析的编写。全书由吕丽爽、冯小兰统稿主审。电子说明材料部分由卢永翎和李前进负责。南京师范大学食品科学专业研究生顾会会、贾梦玮、许歌、梁雨、仲雨晴及杜若滢参与校正修订，书中插图由魏锦瑶绘制，在此谨表谢意。同时也得到了很多人的支持和帮助，一并感谢。

限于编者水平和时间关系，书中难免有疏漏和不当之处，恳请读者批评指正。

编者

目录 Contents

CHAPTER 1

第一章 样品预处理的方法

食品或食品原料的组成非常复杂，既含有蛋白质、糖、脂肪、维生素、有机农药等有机化合物，又含有钾、钠、钙、铁等无机元素，这些组分之间往往以复杂的结合态或络合态形式存在，通常会对直接分析带来干扰。样品预处理的原则是：① 消除干扰因素；② 完整保留被测组分；③ 使被测组分浓缩。常见的样品预处理方法包括以下八种。

一、粉　碎　法

样品的尺寸对食品分析的结果有很大影响，目标分析成分被包埋在颗粒内部，使分析的结果产生偏差，因此需要对样品进行粉碎处理。对于干样品，我们常用的仪器设备有研钵、粉碎机和球磨机；对于湿样品通常使用的有绞肉机和韦林氏搅切器。

二、灭　酶　法

食品原料中所含的酶会对分析结果的准确性和稳定性产生影响，需要处理使酶失活。常用的灭酶方法是加热，通常干燥条件为 60 ℃真空干燥。若样品中不含热敏感和挥发性成分，也可采用加热至 70 ~ 80 ℃并维持数分钟的方法。

三、有机物破坏法

在测定样品中金属元素和某些非金属元素（如砷、硫、氮、磷等）含量时，由于这些元素有的是构成食品中蛋白质等的成分，有的是因样品受污染而引入的，并且常常与蛋白质等有机物紧紧结合在一起，在分析检测时，必须使有机物在高温或强氧化条件下破坏，被测元素以无机化合物的形式出现，以便于测定。有机物破坏法可分为干法灰化法、湿法消化法微波消解法和紫外光分解法等。

1. 干法灰化法

干法灰化法是将样品置于坩埚中加热，使其中的有机物脱水、炭化、分解、氧化（预灰化），再用马弗炉在 500 ~ 600 ℃高温灼烧，去除有机物，只剩下无机物（无机灰分）。干法灰化法适用于食品和植物样品等有机物含量较高样品的测定，不适用于土壤和矿质样品的测定。大多数金属元素含量分析可采用干法灰化，但不适用于汞、铅、镉、锡等在高温条件下易挥发的元素。

干法灰化法的主要优点在于：① 该方法基本不加或加入很少的试剂，空白值低；② 有机物分解彻底，操作简单。缺点在于：① 干法灰化所需时间较长；② 由于高温，易造成挥发性元素的损失；③ 坩埚对于被测组分的吸附会降低测定结果和回收率。

为缩短灰化时间，促进灰化完全，防止部分元素的挥发损失，常向样品中加入硝酸、过氧化氢、硫酸、硫酸铵等灰化助剂。这些物质灼烧后完全消失，不增加质量，可起到加速灰化的效果；有时也可加入氧化镁、碳酸盐、硝酸盐等助剂，与灰分混杂在一起，使炭粒不被覆盖，但应做空白试验。

2. 湿法消化法

湿法消化法是向样品中加入强氧化剂，并加热消煮，使样品中的有机物质完全分解、氧化，以 CO_2、H_2O 等形式呈气态逸出，待测成分转化为无机物状态存在于消化液中，也称为消解法。湿法消化法常用于某些极易挥发的物质，除汞以外，大部分金属及蛋白质的测定都能得到良好的结果。

常用的强氧化剂有浓硫酸、浓硝酸、高氯酸、高锰酸钾、过氧化氢等。由于浓硫酸相较于浓盐酸和浓硝酸更稳定安全，不易挥发，因此最常用硫酸消化法。

湿法消化法的优点在于：① 有机物分解速度快，耗时较短；② 加热温度较低，可以减少金属挥发逸散的损失。缺点在于：① 在消化过程中常产生大量有害气体，操作必须在通风橱中进行；② 消化初期，易产生大量泡沫外溢，需要操作人员随时看管；③ 试剂用量较大，在做样品消化时，必须做空白实验。

3. 微波消解法

微波消解法是在聚四氟乙烯内罐中，加入适量样品和消化剂，加上外罐于微波炉内进行消解，利用微波使罐中的极性分子在高频交变电磁场中发生振动，相互碰撞、摩擦、极化产生高热使样品迅速消化。该方法适用于处理大批量样品及萃取极性和热不稳定的化合物。与常压消化相比，微波消解法的优点：快速、试剂用量少、节省能源、易于实现自动化。目前微波消解法已用于消解废水、废渣、淤泥、生物组织、流体、医药等多种试样。美国公共卫生组织已将此法作为测定金属离子时消解植物样品的标准方法。微波消解法分为常压消解法、高压消解法和连续流动微波消解法。

4. 紫外光分解法

紫外光分解法是一种用于消解复杂样品中的有机物，从而测定其中无机离子的方法。通过高压汞灯提供的紫外光源在 80 ~ 90 ℃对样品进行光解。在光解的过程中，可加入 1 ~ 2 mL 过氧化氢加速有机物的降解速度，光解的时间根据样品的类型和有机物的含量而定。紫外光分解法具有试剂用量少、污染小、空白值低、回收率高等优点，可用于测定样品中铜、锌、镉、磷酸根、硫酸根等物质。

四、蒸 馏 法

蒸馏法是利用液体混合物中各组分挥发度不同而进行分离的方法，可用于除去干扰组分，也可用于将待测组分蒸馏逸出，收集馏出液进行分析。该方法可达到分离和净化双重效果，但此法仪器装置和操作较为复杂。根据样品中待测组分性质的不同，可采取常压蒸馏、减压蒸馏、水蒸气蒸馏等蒸馏方式。

1. 常压蒸馏

对于被测组分受热后不易分解或沸点不太高的样品，可在常压下进行蒸馏。加热方式根据被蒸馏物质的沸点确定，常用水浴（<90 ℃）；油浴（90～200 ℃）；沙浴、盐浴、石墨浴（>200 ℃）等，加热蒸馏前，在蒸馏瓶中加入少量沸石，防止暴沸，并使沸腾保持平稳。

2. 减压蒸馏

对于被测组分在常压蒸馏条件易分解或沸点较高的样品，可采用减压蒸馏。减压蒸馏借助减压装置降低蒸馏系统内的压力，从而降低液体的沸点，防止被测组分因发生分解而造成损失。

3. 水蒸气蒸馏

对于被测组分加热到沸点时可能发生分解，或被蒸馏组分沸点较高，直接加热蒸馏时，因受热不均易引起局部炭化的样品，可采用水蒸气蒸馏。水蒸气蒸馏是将水蒸气通入不溶于水的有机物中或使有机物与水经过共沸而蒸出的操作方法。

五、溶剂提取法

在同一溶剂中，不同的物质具有不同的溶解度。利用样品各组分在某一溶剂中溶解度的差异，将各组分完全或部分进行分离的方法，称为溶剂提取法。此法常用于维生素、重金属、农药和黄曲霉毒素的测定。主要包括以下几种：

1. 浸提法

浸提法是用适当的溶剂将固体样品中的某种待测成分浸提出来的方法，又称液－固萃取法。浸提法应符合相似相溶的原则，根据被测组分的极性强弱选择合适的提取剂，极性小的常用溶剂正已烷、乙醚、石油醚等；极性较强的溶剂，可用甲醇与水的混合液。常用的方法有振荡浸提法、捣碎法、渗漉法和索氏提取法。

2. 溶剂萃取法

溶剂萃取法是利用组分在两种互不相溶的溶剂中分配系数的不同，经萃取后，被测组分进入萃取溶剂中，从而与其他留在原溶剂中的组分相分离的方法。该方法操作便捷，分离效果好，应用广泛，但萃取试剂通常易燃、易挥发，有毒性。萃取通常在分液漏斗中进行，一般需要经过 4～5 次萃取，才能达到完全分离的效果。

3. 超声辅助萃取法

超声辅助萃取法是利用超声波频率高于 20 kHz 声波辅助溶剂浸提，其辐射压强产生的强烈空化作用、扰动效应、高加速度、击碎和搅拌作用等多级效应，增大物质分子运动频率和速度，增加溶剂穿透力，从而加速目标成分进入溶剂，促进提取的进行。该方法操作简便安全，可用于批量处理样品。

4. 微波辅助萃取法

微波辅助萃取是微波和传统的溶剂提取法相结合后形成的一种新的提取方法，其原理是利用在微波场中吸收微波能力的差异，使基体物质的某些区域或提取体系中的某些组分被选择性加热，从而使被提取物质从基体或体系中分离出来，进入到微波吸收能力较差的萃取剂中，达到萃取分离目的。该方法萃取速度快（几十秒），试剂用量少（几到几十毫升），回收率和灵敏度较高，易于自动控制，可用于色谱分析的样品制备。不足之处是当用于极性或挥发性物料提取时，萃取效率较低。

5. 超临界流体萃取法

超临界流体萃取法是以超临界流体为溶剂，利用超临界流体的溶解能力与其密度的关系，即利用压力和温度对超临界流体溶解能力的影响而进行分离混合物的一项技术。具有高扩散性、可控性强、操作温度低、溶剂低毒、价格低廉的优点。已有将其用于色谱分析样品预处理中，也可实现与色谱仪在线联用，如超临界液相，超临界萃取－超临界色谱－质谱联用色谱。

6. 加速溶剂萃取法

加速溶剂萃取或加压液体萃取是在较高的温度（50～200 ℃）和压力（10.3～20.6 MPa）下用有机溶剂萃取固体或半固体的自动化方法。该法是一种在提高温度和压力的条件下，用有机溶剂萃取的自动化方法。其突出的优点是有机溶剂用量少（1.0 g 样品仅需 1.5 mL 溶剂）、快速（仅需 15 min）、基质影响小、回收率高。已进入美国 EPA 标准方法。

六、色层分离法

色层分离法又称色谱分离法，是通过混合物中各组分与固定物质之间的相互作用的差异性实现混合物分离的一种系列方法的总称。基本原理为利用混合物中各组分在与某物质发生相互作用时吸附、溶解或分配、离子交换、亲和作用力的差异性，使混合物流经该物质时进行反复作用，从而实现差速迁移，将不同组分分开。流动淋洗推动混合物前行的相称为流动相，用于填入色谱柱中静止不动的固体或液体称为固定相 。根据固定相承载形式不同分为纸色谱、薄层色谱和柱色谱。根据流动相不同分为气相色谱和液相色谱。根据分离原理不同分为吸附色谱、分配色谱、离子交换色谱、亲和色谱和分子筛色谱等。

七、化学分离法

1. 磺化和皂化

磺化法是用浓硫酸处理样品的提取液。浓硫酸与样品中的脂肪、色素中的不饱和键起加成反应，生成可溶于水的极性化合物而与有机溶剂分离。此方法简单、快速、净化效果好，但仅适用于对强酸稳定的被测组分分离。

皂化法是强碱处理样品提取液。氢氧化钾－乙醇溶液将脂肪等杂质杂化除去。此法适用于对碱稳定的被测组分分离。

2. 沉淀分离

利用沉淀反应进行分离的方法。在试样中加入适当沉淀剂，使被测组分沉淀下来，或将干扰组分沉淀下来，经过过滤或离心将沉淀与母液分离。

3. 掩蔽法

掩蔽法是利用掩蔽剂与样液中干扰组分作用，使干扰成分转化为非干扰状态。运用此方法可以不经过分离干扰成分而达到消除干扰的作用，从而简化分析步骤。常用于金属元素的测定。

八、浓 缩 法

食品样品经过提取、净化后，净化液体积加大，或被测成分浓度较低。需要进行测定前浓缩。常用的浓缩方法有常压浓缩和减压浓缩。

1. 常压浓缩

此法主要用于待测组分为非挥发性组分样品的浓缩。常用蒸发皿直接蒸发或者蒸馏装置。

2. 减压浓缩

此法主要用于待测组分为热不稳定性或者易挥发性组分的浓缩。常用K–D浓缩器（Kuderna–Danish evaporative concentration）和旋转蒸发仪等。此法具有减压真空状态、浓缩温度低、速度快、被测组分损失低等优点。

CHAPTER 2

第二章 分析方法的选择及数据处理

第一节 方法的选择

在进行食品分析实验时，需要根据实验目的、所测定指标、方法的特性、方法的有效性等选择合适的分析方法，分析方法得当，才能获得准确、真实的实验结果。

一、方法的有效性

分析所得的数据有效性的影响因素很多，需考虑每种方法的特性，如专一性、精密度、准确度和灵敏度等。同时，还要根据食品的特殊性质选择分析方法，并对所得结果的变化性、可测量误差和消费者的可接受性进行比较，此外还应该考虑食品加工过程中固有的特性变化。在实际工作中，需要考虑采集的分析样品的性质、代表性以及采样数量。必须严格按照正确的分析方法和步骤执行，只有这样才能得到精密度高、重现性好的结果，才具有可比性。

二、法定方法

法定的测定方法包括：国际食品法典委员会（CAC）的食品检测方法标准、国际标准化组织（ISO）的食品检测方法标准、国际乳业联合会（IDF）的食品检测方法标准、国际分析化学家学会（AOAC）的食品检测方法标准、美国油脂化学家学会（AOCS）的食品检测方法标准、北欧食品分析委员会（NMKL）的食品检测方法标准、国际谷物科学技术协会（ICC）的食品检测方法标准、国际糖制品统一分析方法委员会（ICUMSA）的食品检测方法标准、国际果汁生产商联合会（IFU）的食品检测方法标准、日本以及欧盟的食品检测方法标准。我国现行的食品检测方法标准参照中华人民共和国国家标准——食品安全国家标准。

根据分析中获得关键数据所使用的主要仪器和工具，分析方法主要分为容量分析、重量分析和仪器分析。根据对方法本身误差的认识，分析方法又被分为：决定性方法、常规方法和参考方法。① 决定性方法：此类方法的准确度最高，系统误差最小，需要高精密度的仪器和设备、高纯试剂和训练有素的技术人员进行操作。决定性方法用于发展及评价参考方法和标准品，通常不直接用于常规分析。② 常规方法：即日常工作中使用的方法。这类方法应有足够的精密度、准确度、特异性和适当的分析范围等性能指标。③ 参考方法：此类方法已用决定性方法鉴定为可靠，或虽未被鉴定但暂时被公认可靠，并已证明其有适当的灵敏度、特异性、重现性、直线性和较宽的测定范围。参考方法的实用性在于评价常规方法，决定常规方法是否可被接受，新型分析仪器及配套试剂的质量也必须用参考方法进行评价。

第二节　数据分析

在一般的食品分析中，通常使用平均偏差或标准偏差表示数据的精密度。需要涉及以下几个术语。

一、平　均　值

为了获得准确的分析结果，通常应对样品进行多次分析。一般至少检测 3 次，或重复更多次。采用所有得到的数据的平均值表征结果。平均值的符号是 $\bar{x}$ ，根据式（2-1）计算：

$$\bar{x}=\frac{x_1+x_2+x_3+\cdots+x_n}{n}=\frac{\sum x_i}{n} \tag{2-1}$$

式中　x_1，x_2，x_3…——每一个测量值；

n——测量次数。

平均值是真实值的最佳经验估计值，不能反映实验结果的准确性或真实性，也许某个测量值更接近真实值，但是由于没有能做出这种决定的方法，所以只能记录平均值。

二、准确性与精确性

准确性也称为准确度，指在调查或试验中某一试验指标或性状的观测值与其真值接近的程度。设某一试验指标或性状的真值为 μ，观测值为 x，若 x 与 μ 相差的绝对值 $|x-\mu|$ 小，则观测值 x 准确性高；反之则低。

精确性也称为精确度、精密度，指调查或试验中同一试验指标或性状的重复观测值彼此接近的程度。若重复测量获得的结果相似，那么可以认为这次测试的精密度很好，即观测值彼此接近，即任意两个观测值 x_i、x_j 相差的绝对值 $|x_i-x_j|$ 小，则观测值精确性高；反之则低。

调查或试验的准确性、精确性合称为正确性。在调查或试验中应严格按照调查或试验计划进行，准确地进行观测记载，力求避免人为差错，特别要注意试验条件的一致性，除所研究的个别处理外，其他供试条件应尽量控制一致。

三、随机误差与系统误差

科学试验中出现的误差分为两类：随机误差与系统误差。随机误差也称为抽样误差或偶然误差，是由于许多无法控制的内在和外在的偶然因素所造成的，随机误差影响试验的精确性，这种误差愈小，试验的精确性愈高。为了减少偶然误差的影响，应该重复多次平行试验。

系统误差也称为片面误差，是指在一定试验条件下，保持恒定或以可预知方式变化的测量误差，它可以重复出现。系统误差由多种因素引起，主要包括方法误差、仪器误差、试剂误差、操作误差。

方法误差又称理论误差，是由于测量所依据的理论公式本身的近似性，或实验条件不能达到理论公式所规定的要求，或者是实验方法本身不完善所带来的误差。

仪器误差是由于仪器本身的缺陷或没有按规定条件使用仪器而造成的。如仪器的零点不准，仪器未调整好，外界环境（光线、温度、湿度、电磁场等）对测量仪器的影响等。

试剂误差是由于所使用的试剂不纯所引起的测定结果与实际结果之间的偏差。

操作误差是由于观测者个人感官和运动器官的反应或习惯不同而产生的误差，它因人而异，并与观测者当时的精神状态有关。

四、标 准 差

标准差（SD）也被称为标准偏差，或者实验标准差。标准差是分析数据精密度时最好、最常用的统计学评价方法。简单来说，标准差是一组数据平均值分散程度的一种度量。一个较大的标准差，代表大部分数值和其平均值之间差异较大；一个较小的标准差，代表这些数值较接近平均值。当评价标准差时，由于不可能分析全部样品（即使有可能，那也会既困难又耗时），因此在计算中只能使用未知真实值的估计值。

第三节 报 告 结 果

一、实验结果的有效数字

有效数字是用来描述判断结果中应报告的数字位数。当一个数值除了最后一位数是可疑的，其余均是可靠的，那么该数值就是由有效数字构成的。

对于 0 是否是有效数字，必须特别考虑下述情况。

（1）在小数点后的 0 通常是有效数字。如 64.720 和 64.700 都含有五位有效数字。

（2）小数点前没有其他数字时，小数点之前的 0 不是有效数字。正如前文指出的那样，0.6472 只含有四位有效数字。

（3）如果小数点前没有其他数字，那么小数点后的 0 也不是有效数字。如 0.0072 小数点前没有数字，所以该数值只含有两位有效数字。又如 1.0072，小数点前有数字，因此小数点后的 0 属于有效数字，该数值共有五位有效数字。

（4）一个整数末位的 0 不是有效数字（除非特别说明）。因此，整数 7000 只有一位有效数字。但是如果加上一个小数点和 0，如 7000.0，则表示此数值含有五位有效数字。

（5）指数形式数值中允许省略的 0 不是有效数字。例如，7000 用指数形式表示为 7×10^3，该值包含一位有效数字；7000.0 保留 0 后可表示为 7.0000×10^3，数值含有五位有效数字；

0.007 转换为指数形式是 7×10^{-3}，只含有一位有效数字。一般来说，进行算数运算时，结果的有效数字位数是由最少有效位数的数字来决定的。

二、实验结果中异常值与检验

对于异常值，是否可以剔除它且不用于最终报告的计算结果呢？当然不能。需要采用统计分析方法，最大限度地减少极端异常值的影响。剔除异常值最简单的方法是狄克逊检验法，又称 Q 检验，是指用狄克逊检验法检验测定值的可疑值和界外值的统计量，以此来决定最大的或最小的测量值的取舍。Q 检验的优点是计算简单，适用于小样本数据。在 Q 检验中，Q 值采用式（2–2）计算，并与表中数据进行比较。

$$Q=\frac{x_2-x_1}{R} \tag{2–2}$$

式中　x_2——可疑值；

x_1——后一位临近值；

R——所有数值的极差，最大值减去最小值。

如果计算值大于表中数值，则需将可疑值在 95% 的置信水平上舍弃。表 2–1 所示为 95% 置信水平上的可疑值的 Q 值。

表 2–1　剔除结果的 Q 值

观察值个数	剔除值的 Q 值（95% 置信水平）	观察值个数	剔除值的 Q 值（95% 置信水平）
3	0.970	7	0.569
4	0.829	8	0.608
5	0.710	9	0.564
6	0.628	10	0.530

异常值的检验步骤如下：

（1）将所有观测数据按照从小到大的顺序进行排列；

（2）求最大值与最小值之间的差值，称为极差 R；

（3）计算删除值与其相邻值之间差值的绝对值 b；

（4）用 b 除以 R 算出的值，就是 Q 统计量；

（5）根据观测值个数以及置信水平，查 Q 值表；

（6）比较 Q 统计量与 Q 值表中查出的结果，如果 Q 统计量小于 Q 值表查出来的结果，则不应该剔除，否则就可以剔除。

三、实验结果的表达

（一）统计表

统计表是用表格形式来表示数量关系，使数据条理化、系统化，便于理解、分析和比较。统计图是用几何图形来表示数量关系，不同形状的几何图形可以将研究对象的特征、内部构成、相互关系等形象直观地表达出来，利用线条的高低、面积的大小及点的分布来表示数量的变化，形象直观，一目了然。

统计表的结构一般由表题、标目、线条、数字及备注构成。绘制统计表的总原则是：结构简单，层次分明，内容安排合理，重点突出，数据准确，便于理解和分析。具体要求如下：

（1）表题　表题要简明扼要、准确说明表的内容，有时需注明时间、地点，列于表的上方。

（2）标目　标目分横标目和纵标目两项。横标目列在表的左侧，用以表示被说明事项的主要标志；纵标目列在表的上端，说明横标目各统计指标内容，并注明计算单位，如 kg、cm 等。

（3）数字　一律用阿拉伯数字；数字以小数点对齐，小数位数一致；无数字的用“—”表示；数字是“0”的，则填写“0”。

（二）统计图

统计图绘制的基本要求包括：

（1）图题应简明扼要，列于图的下方。

（2）纵轴、横轴应有刻度，注明单位。

（3）横轴由左至右，纵轴由下而上，数值由小到大，图形横纵比例约 7∶5。

（4）图中需用不同颜色或线条代表不同事物时，应有图例说明。

常用统计图如下：

（1）长条图　这种图形是用等宽长条的长短或高低来表示间断性和属性资料的次数、频率分布或含量等指标。长条图有单式（图 2–1）和复式（图 2–2）两种。

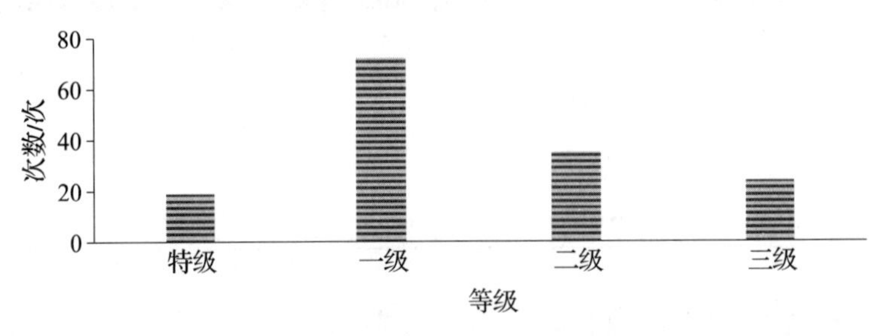

图 2–1　某批苹果质量情况

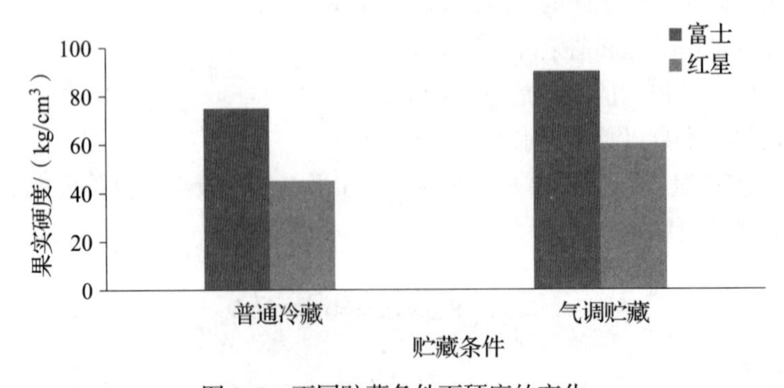

图 2–2　不同贮藏条件下硬度的变化

（2）圆图　圆图也称饼图，一般用于表示间断性和属性资料的构成比，即各类别、等级的观察值个数（次数）与观察值的总个数（样本含量）的百分比，是结构指标。把圆图的全部面积看成100%，按各类别、等级的构成比将圆面积分成若干份，以扇形面积的大小分别表示各类别、等级的比例（图2-3）。

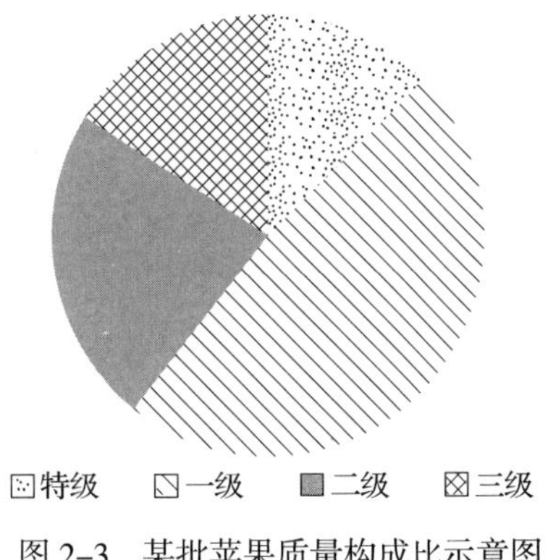

图2-3　某批苹果质量构成比示意图

（3）折线图　折线图用来表示事物或现象随时间而变化的情况。折线图有单式和复式两种。单式折线图表示某一事物或现象的动态。复式折线图是在同一图上表示两种或两种以上事物或现象的动态。例如不同样品的乳液在不同循环的冻融过程中的油析指数，绘制成的复式折线图（图2-4）。

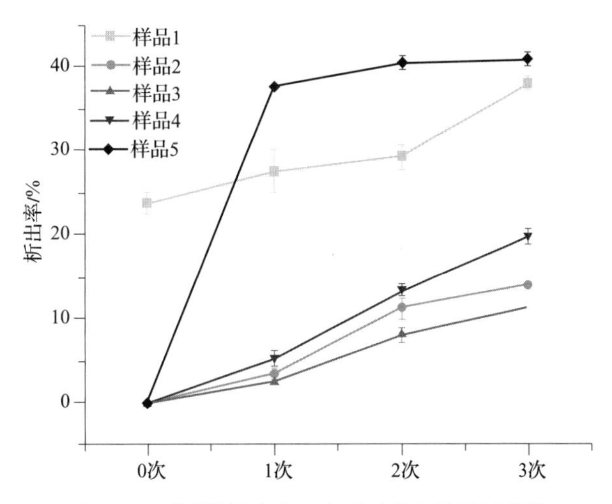

图2-4　不同样品乳液在冻融过程中的油析指数

第四节　常用的数据分析软件

在食品化学分析实验中，常常测定的直接数据并不是分析检测人员想要的最终结果，需要进行试验数据分析和处理。实验数据处理和作图常用的软件：Microsoft Office Excel 和 Origin、SigmaPlot 等，数据分析软件：SPSS（Statistical Product and Service Solutions）、SAS（Statistical

Analysis System）、STATA（Statistical software for Data science）。

Microsoft Office Excel是常用的办公软件，可以执行计算、分析信息、管理电子表格中的数据信息列表、数据资料图表制作，使用方便，功能强大。

Origin和SigmaPlot两种软件均具有操作简单、绘制图形细致美观等特点。SigmaPlot是一款常用的科研数据分析与图形可视化软件包，广泛应用于生物、化学、食品、医学等领域的数据管理与分析。Origin软件是一款出色的绘图、数据分析软件。特点是具有强大的线性回归和曲线拟合功能，其中最具有代表性的是线性回归和非线性最小平方拟合，提供了20多个曲线拟合的数学表达式，能满足科技工作中的曲线拟合要求。此外，Origin软件还能方便地实现用户自定义拟合函数，以满足特殊要求，在化学实验数据处理过程中能简化数据处理难度。

SPSS是一款数据统计分析管理软件。它拥有数据编辑、数据统计、图形生成和编辑、表格生成和编辑等功能。

SAS是一个模块化、集成化的大型应用软件系统。由数十个专用模块构成，功能包括数据访问、数据储存及管理、应用开发、图形处理、数据分析、报告编制、运筹学方法、计量经济学与预测等。数据分析能力强大。

STATA是一套具有数据分析、数据管理以及绘制专业图表等功能的完整及整合性统计软件。用STATA绘制的统计图形非常精美。

下面以Origin软件的使用为例，来说明其在食品化学与分析实验中的应用。利用软件进行数据作图的一般步骤如下。

第一，数据作图。Origin可绘制散点图、点线图、柱形图、条形图或饼图以及双Y轴图形等。Origin有如下基本功能：① 输入数据并作图；② 将数据计算后作图；③ 数据排序；④ 选择需要的数据范围作图；⑤ 数据点屏蔽。

第二，拟合。拟合方式包括线性拟合和非线性拟合。当绘出散点图或点线图后，选择Analysis菜单中的FitLinear或Tool即可对图形进行线性拟合。结果记录中显示拟合直线的公式、斜率和截距的值及其误差，相关系数和标准偏差等数据。在线性拟合时，可屏蔽某些偏差较大的数据点，以降低拟合直线的偏差。此外，Origin提供了多种非线性曲线拟合方式。① 在Analysis菜单中提供了如下拟合函数：多项式拟合、指数衰减拟合、指数增长拟合、s形拟合、Gaussian拟合、Lorentzian拟合和多峰拟合，在Tool菜单中提供了多项式拟合和s形拟合；② 在Analysis菜单中的Non-linear Curve Fit选项提供了许多拟合函数的公式和图形；③ Analysis菜单中的Non-linear Curve Fit选项可让用户自定义函数。

在处理实验数据时，可根据数据图形的形状和趋势选择合适的函数和参数，以达到最佳拟合效果。多项式拟合适用于多种曲线，且方便易行，操作如下：

（1）对数据作散点图或点线图。

（2）选择Analysis菜单中的Fit Polynomial或Tool菜单中的Polynomial Fit，打开多项式拟合对话框，设定多项式的级数、拟合曲线的点数、拟合曲线中X的范围。

（3）点击OK或Fit即可完成多项式拟合。如果使用手工作图，同一组数据不同的操作者处理，得到的结果很可能不同；即使同一个操作者在不同时间处理，结果也不会完全一致。而Origin软件能够准确、快速、方便地处理实验数据，能够满足对数据处理的要求，用Origin软件处理实验数据，只要方法选择合适，则得到的结果更为准确。其他详细的操作视频可以扫描二维码获取。

思　考　题

1. 写出下列计算式的正确答案，用适当位数的有效数字表示。

$$\frac{2.34 \times 0.01564}{1.9232} =$$

2. 已知某样品含有葡萄糖 20 g/L，现利用两种分析方法进行分析。每种方法得到 1 个结果，两种分析方法的分析结果如下：方法 A：平均值 =19.6，标准偏差 =0.055；方法 B：平均值 =20.2，标准偏差 =0.134。

（1）哪种方法精确度更好？为什么？

（2）哪种方法准确性更好？为什么？

3. 在确定标准差的公式中，$n-1$ 用的比 n 多。如果采用 n，标准差会偏大还是小？

4. 根据干燥物料的下列数据（88.62，88.74，89.20，82.20），确定平均值、标准差和变异系数。这组数据的精确度是否具有可接受性？能否因为 82.20 这个值看上去与其他值不同而舍弃它？如果进行重复测试，在 95% 置信区间下期望测定结果在什么样的范围内？如果干燥物料的真实值为 89.40，相对误差是多少？

CHAPTER 3

第三章

食品中主要成分含量的测定及食品质量的评价

实验一　小麦粉中水分含量的测定

一、实验目的

（1）熟练掌握电热干燥箱、分析天平等设备以及恒重的基本操作。

（2）掌握直接干燥法测定水分的原理及操作要点。

二、实验原理

直接干燥法是利用食品中水分的物理性质，在 101.3 kPa（一个大气压），温度 101 ~ 105 ℃下采用挥发方法测定样品中干燥减失的质量，包括吸湿水、部分结晶水和该条件下能挥发的物质，再通过干燥前后的称量数值计算出水分的含量。

三、实验材料与仪器

1. 试剂与材料

小麦粉。

2. 仪器与设备

扁形铝制或玻璃制称量瓶，电热恒温干燥箱，干燥器，分析天平。

四、实验步骤

1. 样品处理

取市售小麦粉混合均匀后直接测定。再将混合均匀的小麦粉分别放在食品袋和密封罐中，常温、阴凉、干燥的条件下贮藏 30 天和 60 天后取样测定（每周定期打开两次，每次 1 min 左右）。

2. 样品测定

取洁净铝制或玻璃制的扁形称量瓶，置于 101 ~ 105 ℃干燥箱中，瓶盖斜支于瓶边，加热 1.0 h，取出盖好，置干燥器内冷却 0.5 h，称量，并重复干燥至前后两次质量差不超过 2 mg，即为恒重。称取混合均匀的小麦粉样品 3 ~ 5 g（精确至 0.001 g）放入称量瓶中，厚度不超过 10 mm，加盖，精密称量后，置于 101 ~ 105 ℃干燥箱中，瓶盖斜支于瓶边，干燥 2 ~ 4 h 后，盖好取出，放入干燥器内冷却 0.5 h 后称量。然后再放入 101 ~ 105 ℃干燥箱中干燥 1 h 左右，取出，放入干燥器内冷却 0.5 h 后再称量。重复以上操作至前后两次质量差不超过 2 mg，即为恒重。

五、计算

样品中的水分含量，按式（3–1）计算：

$$X = \frac{m_1 - m_2}{m_1 - m_3} \times 100 \tag{3-1}$$

式中　X——样品中水分的含量，g / 100 g；

m_1——称量瓶和样品的质量，g；

m_2——称量瓶和样品干燥后的质量，g；

m_3——称量瓶的质量，g；

100——单位换算系数。

分别测定小麦粉初始水分含量，以及采用两种包装贮藏 30 天和 60 天后小麦粉的水分含量，进行对比。

六、思考题

（1）味精中的水分可以用直接干燥法测定吗？

（2）采用直接干燥法如何测定半固体或液体样品？有时加入海砂的目的是什么？

七、说明

（1）此实验方法参考 GB 5009.3—2016《食品安全国家标准　食品中水分的测定》中第一法。

（2）两次恒重值在最后计算中，取质量较小的一次称量值。

（3）干燥器中的硅胶吸湿变色后应及时更换，磨口处涂抹凡士林保证良好的密封性，同时样品在干燥器中冷却的时间应保持一致。

（4）如果是非粉末状固体需在混合后迅速磨细至颗粒小于 2 mm，不易研磨的样品应尽可能切碎。

（5）本方法适用于在 101 ~ 105 ℃下，蔬菜、谷物及其制品、水产品、豆制品、乳制品、肉制品、卤菜制品、粮食（水分含量低于 18%）、油料（水分含量低于 13%）、淀粉及茶叶类等食品中水分的测定，不适用于水分含量小于 0.5 g/100 g 的样品。

实验二　蒸馏法测定花椒中的水分含量

一、实验目的

（1）掌握水分测定器的工作原理。

（2）掌握蒸馏法测定香辛料水分含量的操作要点。

二、实验原理

蒸馏法是采用与水互不相溶的高沸点有机溶剂与样品中的水分共沸蒸馏。使用水分测定器将食品中的水分与甲苯或二甲苯共同蒸出，收集馏分于接收管，根据接收的水的体积计算出样品中水分的含量。

三、实验材料与仪器

1. 试剂与材料

市售花椒，甲苯或二甲苯。

2. 试剂配制

甲苯或二甲苯：取甲苯或二甲苯，先以水饱和后，分去水层，进行蒸馏，收集馏出液备用。

3. 仪器与设备

水分测定器（图 3–1，带可调电热套，水分接收管容量 5 mL，

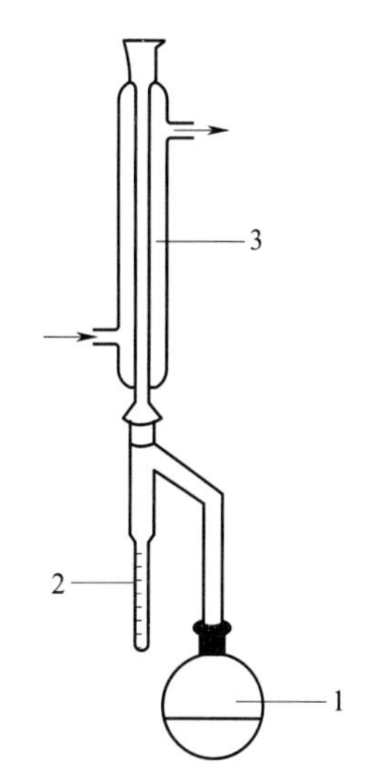

图 3–1　水分测定器

1—250 mL 蒸馏瓶　2—水分接收管（有刻度）　3—冷凝管

最小刻度值 0.1 mL，容量误差小于 0.1 mL），分析天平。

四、实验步骤

1. 样品处理

去除花椒样品中的杂质和破碎颗粒，混合均匀。

2. 样品测定

准确称取 25.0 ~ 40.0 g 花椒样品（最终蒸出的水在 2 ~ 5 mL，但最多取样量不得超过蒸馏瓶的 2/3），放入 250 mL 蒸馏瓶中，加入新蒸馏的甲苯（或二甲苯）75 mL，连接冷凝管与水分接收管，从冷凝管顶端注入甲苯，装满水分接收管。同时做甲苯（或二甲苯）的试剂空白。

加热慢慢蒸馏，使每秒钟的馏出液为 2 滴，待大部分水分蒸出后，加速蒸馏约每秒钟 4 滴，当水分全部蒸出后，接收管内的水分体积不再增加时，从冷凝管顶端加入甲苯冲洗。如冷凝管壁附有水滴，可用附有小橡皮头的铜丝擦下，再蒸馏片刻至接收管上部及冷凝管壁无水滴附着，接收管水平面保持 10 min 不变为蒸馏终点，读取接收管水层的体积。

五、计算

样品中的水分含量，按式（3–2）计算：

$$X = \frac{V - V_0}{m} \times 100 \qquad (3-2)$$

式中 X——样品中水分的含量，mL/100 g（或按水在 20 ℃的相对密度 0.998，20 g/mL 计算质量）；

V——接收管内水的体积，mL；

V_0——做试剂空白时，接收管内水的体积，mL；

m——样品的质量，g；

100——单位换算系数。

六、思考题

（1）蒸馏法有哪些优点和缺点？

（2）甲苯和二甲苯具有一定的毒性，还有什么方法可用于测定香辛料中水分的含量？

七、说明

（1）此实验方法参考 GB 5009.3—2016《食品安全国家标准　食品中水分的测定》中第三法。

（2）根据样品的性质来选择有机溶剂，如对热不稳定的样品一般不采用沸点高的二甲苯（沸点 140 ℃），常选用低沸点的溶剂如苯（沸点 80 ℃）。

（3）尽量避免接收管和冷凝管壁附着水滴，造成读数误差。

（4）水与有机溶剂可能发生乳化现象，分层不明显造成读数误差，可加少量戊醇或异丁醇防止出现乳浊液。

（5）本方法适用于含水较多又有较多挥发性物质的食品，如水果、香辛料、调味品、肉与肉制品等。不适用于水分含量小于 1 g/100 g 的样品。

实验三　近红外法测定大米水分含量

一、实验目的

（1）了解近红外光谱仪的构造及原理。

（2）掌握近红外测定水分的操作方法及注意事项。

二、实验原理

近红外光谱（NIRS）是介于可见光（VIS）和中红外（MIR）之间的电磁波，分布在780～2526 nm的区域，习惯上又将近红外区划分为近红外短波（780～1100 nm）和近红外长波（1100～2526 nm）两个区域。有机物以及部分无机物中含有的各种含氢基团（—CH、—OH、—NH、—SH等）受到近红外线照射时，被激发产生共振，能吸收一部分光的能量，测量其对光的吸收情况，可以得到该物质的红外图谱。不同物质在近红外区域都有特定的吸收特征，根据这些吸收特征及能量数据能够得出该物质中某一成分的含量，如水分、蛋白质、氨基酸等。

三、实验材料与仪器

1. 试剂与材料

市售籼米、粳米。

2. 仪器与设备

ProxiMate近红外光谱分析仪（步琦公司，配石英样品杯）。

四、实验步骤

1. 样品处理

将样品中的杂质和破碎米去除，制备大米样品80～100 g。

2. 测试前准备

连接电源后打开仪器开关，预热40 min。

3. 样品测定

开机后自动启动NIRWise软件（默认启动用户Operator），并等待仪器完成自检，待显示屏上端文字变为“准备测量”时即可进行测量。

取适量的大米样品倒入样品杯中，注意底部避免漏光，用近红外分析仪进行上机测定。

点击“应用”菜单，从中选择需要测量的应用，并以绿色高亮显示，点击下方选择按钮，完成确认并跳转至“启动”页面。在“启动”页面输入样品ID后即可点击绿色按钮进行测量。

样品测量完成后，若光谱正常，点击左下角的“保存”按钮并进行下一次的测量；若光谱异常，点击页面的红色按钮后，再点击左下的“保存”并继续测量。每个样品应测定两次，第一次测试后的样品应与原待测样品混匀后，再次取样进行第二次测定。

完成测量后，点击“历史”菜单，可单选或多选样品，点击报告按钮预览报告，右下选择输出报告的格式，相应的报告文件随即保存在电脑指定的路径下。

结束后点击“启动”页面右下“关闭”按钮，确认后即可关闭仪器。

五、计算

样品温度应在定标模型规定的温度范围，测定结果也应在仪器使用的定标模型所覆盖的水分含量范围内。两次测定结果的绝对差不大于0.2%（在同一实验室，由同一操作者使用相同的仪器设备，按相同测试方法，在短的时间内通过重新分样和重新装样，对同一被测样品相互独立进行测定）则符合要求，取两次数据的平均值为测定结果，测定结果保留小数点后一位。

如果两个测定结果的绝对差不符合要求，则必须再进行2次独立测定，获得4个独立测定结果。若4个独立测定结果的极差（$X_{max}-X_{min}$）等于或小于允许差的1.3倍，则取4个独立测定结果的平均值作为最终测定结果；如果4个独立测定结果的极差（$X_{max}-X_{min}$）大于允许差的

1.3 倍，则取 4 个独立测定结果的中位数作为最终测定结果。

六、思考题

（1）简述近红外测定法测定水分含量的注意事项。

（2）近红外测定法适用于哪些样品水分含量的测定？有哪些优势？

七、说明

（1）此实验方法参考 GB/T 24896—2010《粮油检验　稻谷水分含量测定　近红外法》。

（2）近红外分析仪需要预热和自检，在使用状态下每天用标准样品监测一次。

（3）测量大米水分的方法有直接干燥法、定温定时烘干法、隧道式烘箱法、两次烘干法，但以上方法耗时长，利用近红外光谱技术分析样品弥补了时间上的不足，一个样品仅需要 1 ~ 2 min，具有方便、高效、准确、不破坏样品、不消耗化学试剂等优点。

近红外分析仪操作方法

实验四　婴幼儿配方奶粉中粗脂肪的测定

一、实验目的

（1）掌握索氏抽提法测定脂肪含量的原理。

（2）掌握索氏抽提器的基本操作方法和注意事项。

二、实验原理

将粉碎或前处理而干燥分散的试样，用滤纸筒包裹并用脱脂棉线固定，将滤纸筒置于索氏提取管中，利用乙醚或石油醚（沸程 30 ~ 60 ℃）在水浴中加热回流，提取样品中脂类于接收瓶中，回收溶剂去除乙醚，称量烧瓶中残留物质量，即为试样中粗脂肪含量。

用本法抽提所得除含有游离脂肪外，还有游离的脂肪酸、磷脂、胆固醇、芳香油、色素和有机酸等，因此称为粗脂肪。此法适用于脂类含量较高，且主要是游离脂肪的食品。

三、实验材料与仪器

1. 试剂与材料

奶粉（市售），无水乙醚或石油醚（沸程 30 ~ 60 ℃），海砂，玻璃棒，滤纸筒，脱脂棉线。

2. 仪器与设备

索氏抽提器（图 3–2），电热恒温水浴锅，电热恒温鼓风干燥箱，分析天平，干燥器。

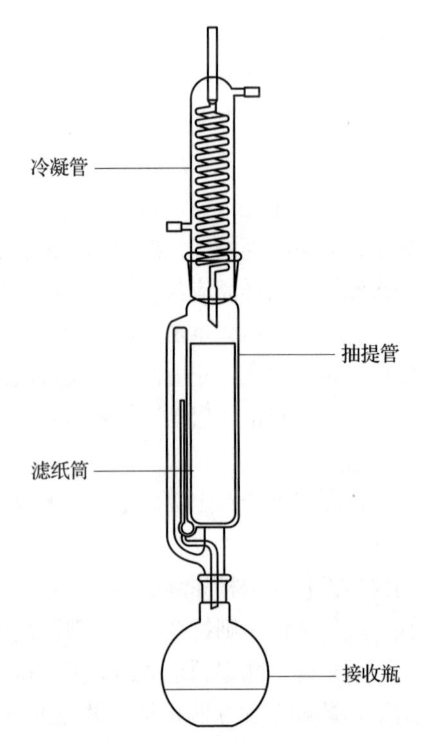

图 3–2　索氏抽提器

四、实验步骤

1. 索氏提取器的准备

索氏提取器是由冷凝管、抽提管、烧瓶三部分组成。提取脂肪之前，应将各部分洗涤干净并干燥，接收烧瓶需烘干，并称至恒重（前后两次称量差不超过 2 mg）。

2. 滤纸筒的制备

将滤纸裁成 8 cm × 15 cm，将样品包裹紧实，滤纸筒高度低于抽提管虹吸管的高度，用脱脂棉线将滤纸筒捆绑。

3. 样品处理

称取 2 ~ 4 g 样品（精确到 0.001 g）干燥除去水分（可以取测定水分后的样品），移入滤纸筒内，附有样品的玻璃棒，用粘有乙醚的脱脂棉擦净，并将此脱脂棉一并放入滤纸筒内。

4. 抽提

将装有样品的滤纸筒放入带有虹吸管的抽提管中，接上冷凝管，由冷凝管上端加入无水乙醚至接收瓶内容积 2/3 处，于水浴（50 ~ 60 ℃）上加热，控制乙醚回流量，滴下乙醚约 80 滴 /min（6 ~ 8 次 /h），至抽提管下口滴下的乙醚滴在干净的滤纸上或毛玻璃，挥发后不留油脂痕迹，表示抽提完全。

5. 回收溶剂

取出滤纸筒，用抽提器回收乙醚，当乙醚在抽提管内将发生虹吸时立即取下抽提管，将其下口放到乙醚回收瓶口，稍倾斜使液面超过虹吸管，乙醚即经虹吸管流入瓶内。同上法继续回收乙醚。在接收瓶中乙醚剩余 1 ~ 2 mL，取下抽提瓶。

6. 称重

在水浴蒸去残留乙醚，用纱布擦净烧瓶外部，于 100 ~ 105 ℃烘箱中干燥 1 h，放干燥器内冷却 0.5 h 后称量。重复以上操作直至恒重（前后两次称量差不超过 2 mg）。

五、计算

样品中脂肪含量按式（3–3）计算：

$$w = \frac{m_1 - m_0}{m_2} \times 100 \tag{3–3}$$

式中　w——样品中脂肪的含量，%；

m_1——接收瓶和脂肪的质量，g；

m_0——接收瓶的质量，g；

m_2——样品的质量（如是测定水分后的样品，应按测定水分前的质量计），g。

六、思考题

（1）本实验中提取溶剂为何使用无水乙醚，是否可以用乙醚替代?

（2）湿润的样品是否可以直接用索氏提取测定油脂含量，为什么?

七、说明

（1）对半固体或液体样品，称取 5 ~ 10 g 于蒸发皿中，加入海砂约 20 g 于沸水浴上蒸干后，再于 95 ~ 105 ℃干燥研细，再全部移入滤纸筒中。

（2）装样品的滤纸筒一定要严密，不能往外漏样品，放入滤纸筒高度不要超过回流虹吸管弯管，否则超过弯管的样品中脂肪不能提尽，造成误差。

（3）提取用的乙醚或石油醚要求无水、无醇、无过氧化物、挥发残渣含量低。因水和醇可导致水溶性物质（样品中糖和无机盐）溶解使得测定结果偏高。乙醚中存在过氧化物，会导致脂肪氧化，在烘干时也有引起爆炸的危险。

（4）过氧化物的检查方法：取 6 mL 乙醚，加 2 mL 10% 碘化钾溶液，用力振摇放置 1 min 后，若出现黄色，则证明有过氧化物存在，应另选乙醚或处理后再用。

（5）提取后烧瓶烘干称量过程中，反复加热会因脂类氧化而增重，故在恒重中若质量增加时，应以增重前的质量作为恒重。为避免脂肪氧化造成误差，对富含脂肪的食品，应在真空干燥箱中干燥。

（6）本法系 GB 5009.6—2016《食品安全国家标准　食品中脂肪的测定》中第一法，索氏抽提法。也是美国 AOAC 法 920.39 和 960.39 中脂肪含量测定方法。

实验五　婴幼儿配方奶粉中蛋白质的测定

一、实验目的

（1）了解凯氏定氮法测定蛋白质含量的原理。

（2）掌握凯氏定氮仪的组装和操作技术。

二、实验原理

食品中蛋白质在浓硫酸和催化剂加热条件下分解，其中碳和氢被氧化为二氧化碳和水逸出，样品中的有机氮转化为氨与硫酸结合生成的硫酸铵。然后加碱蒸馏使氨气蒸出，用硼酸吸收后以硫酸或盐酸标准滴定溶液滴定，根据酸的消耗量计算氮含量，再乘以换算系数，即为蛋白质的含量。

蛋白质是复杂的含氮有机物，不同的蛋白质其氨基酸构成比例及方式不同，氮含量一般为15%～17.6%，按16%计算，氮换算为蛋白质的系数为6.25。如玉米、荞麦、青豆、高粱、鸡蛋、肉及肉制品为6.25；乳制品为6.38；面粉为5.70；花生为5.46；大米为5.95；大豆及其制品为5.71；大麦、小米、燕麦、裸麦为5.83；芝麻、向日葵为5.30。

在食品和生物材料中，还包括有非蛋白质氮的化合物，如核酸、含氮碳水化合物、生物碱、含氮类脂、卟啉和含氮色素等。因此，凯氏定氮法测定蛋白质含量的同时，还包括非蛋白质的含氮部分，结果为粗蛋白质含量。

1. 消化

$$2NH_2(CH_2)_2COOH+13H_2SO_4 \longrightarrow (NH_4)_2SO_4+6CO_2+16H_2O+12SO_2$$

$$2H_2SO_4+C \longrightarrow CO_2+2SO_2+2H_2O$$

$$2NH_3+H_2SO_4 \longrightarrow (NH_4)_2SO_4$$

2. 蒸馏

$$(NH_4)_2SO_4+2NaOH \longrightarrow 2NH_3+Na_2SO_4+2H_2O$$

$$2NH_3+4H_3BO_3 \longrightarrow (NH_4)_2B_4O_7+5H_2O$$

3. 滴定

$$(NH_4)_2B_4O_7+2HCl+5H_2O \longrightarrow 2NH_4Cl+4H_3BO_3$$

$$2NH_3+4H_3BO_3 \longrightarrow (NH_4)_2B_4O_7+5H_2O$$

三、实验材料与仪器

1. 试剂与材料

奶粉（市售）、硫酸铜、硫酸钾、硫酸、硼酸、甲基红指示剂、溴甲酚绿指示剂、亚甲基蓝指示剂、氢氧化钠、95% 乙醇。

2. 试剂配制

硼酸溶液（20 g/L）：称取 20.00 g 硼酸，加水溶解后并稀释至 1000 mL。

氢氧化钠溶液（400 g/L）：称取 40 g 氢氧化钠加水溶解后，冷却至室温稀释至 100 mL。

硫酸标准滴定溶液 $\left[c\left(\frac{1}{2}H_2SO_4\right)=0.050\ mol/L\right]$ 或盐酸标准滴定溶液［c（HCl）=0.050 mol/L］。

甲基红乙醇溶液（1 g/L）：称取0.1 g甲基红，溶于95%乙醇，用95%乙醇稀释至100 mL。

亚甲基蓝乙醇溶液（1 g/L）：称取0.1 g亚甲基蓝，溶于95%乙醇，用95%乙醇稀释至100 mL。

溴甲酚绿乙醇溶液（1 g/L）：称取0.1 g溴甲酚绿，溶于95%乙醇，用95%乙醇稀释至100 mL。

混合指示剂：2份甲基红乙醇溶液与1份亚甲基蓝乙醇溶液临用时混合。或者1份甲基红乙醇溶液与5份溴甲酚绿乙醇溶液临用时混合。

3. 仪器与设备

分析天平，改良型凯氏定氮蒸馏装置（图3-3），红外消化炉，电热鼓风干燥箱，酸式滴定管（10 mL），容量瓶（100 mL）。

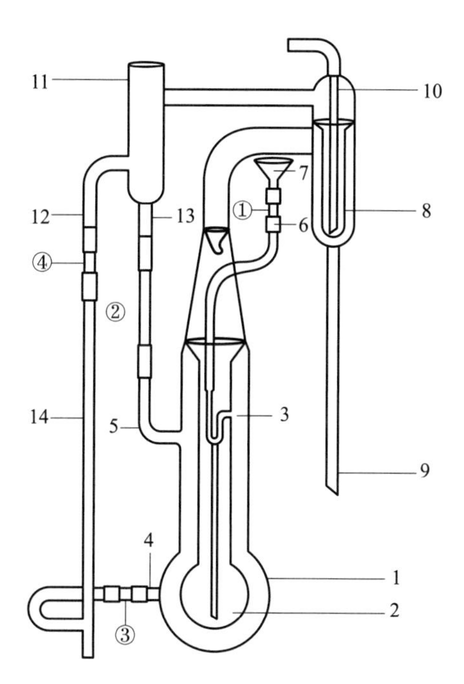

图3-3　改良型凯氏定氮蒸馏装置

1—蒸汽发生器　2—反应室　3—水蒸气排气孔　4—蒸汽发生器排水口
5、13—蒸汽发生器入水口　6—进样口　7—加样漏斗　8—冷凝器　9—冷凝器出口
10—自来水入口　11—通气室　12—通气室出口　14—排水管
①、②、③、④—弹簧夹

四、实验步骤

1. 消化

称取已充分混匀的奶粉样品0.5 g（精确至0.001 g），加入0.4 g硫酸铜，6 g硫酸钾，放入滤纸包内，移入干燥的消化管中，缓慢导入20 mL硫酸，放置于红外消化炉内，加热至液体呈蓝绿色澄清透明后（该过程需要2～3 h），再继续加热0.5 h。冷却后，移入100 mL容量瓶中，并用少量水洗涤消化管，洗液倒入容量瓶中，定容至刻度。同时做试剂空白试验。

2. 蒸馏

按图 3–3 装好改良型凯氏定氮蒸馏装置。打开弹簧夹②将自来水注入到蒸汽发生器中，加水量为蒸汽发生器容积的 2/3 左右，加水完成后关闭弹簧夹②。向接收瓶内加入 10 mL 2% 硼酸溶液及数滴混合指示剂，置于冷凝器出口的下方，注意使冷凝器末端插入吸收瓶液面以下。准确吸取定容后的消化液 5 mL，氢氧化钠溶液 10 mL 由加样漏斗注入到反应室中，并以少量水冲洗加样漏斗，夹紧弹簧夹①，水封加样漏斗。用封闭式电炉加热，使蒸汽发生器内的水保持沸腾，蒸馏 10 min 后，移动接收瓶离开冷凝器下端，再蒸馏 1 min。然后用少量水冲洗冷凝器出口的末端，取下接收瓶。

蒸馏操作结束后，关闭电炉和冷凝水，把装有 20 mL 水的锥形瓶置于冷凝器的末端并插入至液面以下，在压力差的作用下水由冷凝器出口倒吸入反应室 2 中，并由排气孔 3 排出至蒸汽发生器 1 中，对装置进行洗涤，洗涤完成后，打开弹簧夹③，所有废液由排水口 4 排出。根据实际情况可对装置进行 2～3 次洗涤。

3. 滴定

以硫酸或盐酸标准溶液滴定吸收瓶中的吸收液，若使用 2 份甲基红与 1 份亚甲基蓝乙醇溶液混合的指示剂，滴定终点为灰蓝色；若使用 1 份甲基红与 5 份溴甲酚绿乙醇溶液混合的指示剂，滴定终点为灰红色。同时做试剂空白实验。

五、计算

蛋白质含量按式（3–4）计算：

$$X=\frac{(V_1-V_2)\times c\times 0.0140}{m\times\frac{V_3}{100}}\times F\times 100 \tag{3–4}$$

式中 X——蛋白质含量，g/100 g；

V_1——滴定样品吸收液时消耗 HCl 标准溶液的体积，mL；

V_2——滴定空白吸收液时消耗 HCl 标准溶液的体积，mL；

V_3——吸取消化液的体积，mL；

c——硫酸或 HCl 标准溶液浓度，mol/L；

0.0140——1.0 mL 盐酸［c（HCl）=1.000 mol/L］或硫酸［c（$1/2H_2SO_4$）=1.000 mol/L］标准溶液相当于氮的质量，g；

F——氮换算为蛋白质的系数，奶粉为 6.38；

m——样品奶粉质量，g。

六、思考题

（1）硫酸钾和硫酸铜在消化过程中的作用分别是什么？

（2）如果消化时间过长会对结果产生什么影响，为什么？

七、说明

（1）称样时应注意，不要将试样沾在瓶颈上，固体样品用滤纸包好投入消化管内，同时空白试验也放入同样大小滤纸。含水分多的样品或液体样品，应先将水分蒸发掉，然后进行消化。

（2）消化样品时间一般控制在 3～4 h，消化时间过长会引起损失，若样品含脂肪或糖多时，消化时间会适当长些。应注意防止泡沫溢出瓶外，需时时摇动，并减小火力，必要时可以停止加热，30 min 后，再用大火消化。消化液澄清时应呈蓝绿色。

（3）硫酸钾的加入能提高消化液的沸点，加快样品分解速度，缩短消化时间。一般纯硫酸的沸点在 340 ℃左右，添加硫酸钾以后可使温度提高至 400 ℃以上，主要是由于在消化过程中硫酸被不断分解，水分不断逸出而使硫酸钾浓度增大，故沸点升高。

反应式如下：

$$K_2SO_4+H_2SO_4 \longrightarrow 2KHSO_4$$

$$2KHSO_4 \longrightarrow K_2SO_4+H_2O+SO_3$$

但 K_2SO_4 加入量不能太大，否则消化体系温度过高，又会引起已生成的铵盐发生热分解放出氨而造成损失。反应式如下：

$$(NH_4)_2SO_4 \longrightarrow NH_3+(NH_4)HSO_4$$

$$(NH_4)HSO_4 \longrightarrow NH_3+SO_3+H_2O$$

（4）硫酸铜的催化作用机理如下反应式所示：

$$2CuSO_4 \longrightarrow Cu_2SO_4+SO_2+O_2$$

$$C+2CuSO_4 \longrightarrow Cu_2SO_4+SO_2+CO_2$$

$$Cu_2SO_4+2H_2SO_4 \longrightarrow 2CuSO_4+2H_2O+SO_2$$

此反应不断进行，待有机物全部被消化完后，不再有褐色硫酸亚铜生成，溶液呈现清澈的蓝绿色。故硫酸铜除起催化剂的作用外，还可指示消化终点的到达，以及作为下一步蒸馏时碱性反应的指示剂。

（5）蒸馏过程中不得停火，防止倒吸。另外加入氢氧化钠要足量，操作要迅速，并在加样漏斗口进行水封，防止氨的损失。避免氢氧化钠污染冷凝管及接收瓶，如发现污染，应立即停止蒸馏样品，待清洗干净后再蒸馏。冷凝管出口一定要插入吸收液中，防止氨挥发损失，蒸馏结束后，应先将吸收液移开冷凝管口，再撤离火源。

（6）若使用 0.2% 甲基红乙醇溶液与 0.1% 甲基蓝水溶液等体积混合作为指示剂，酸型紫红色，碱型为蓝绿色，变色点为 5.4 显灰蓝色。

（7）本法是 GB 5009.5—2016《食品安全国家标准　食品中蛋白质的测定》规定方法。不适用于添加无机含氮物质、有机非蛋白质含氮物质的食品的测定。

实验六　婴幼儿配方奶粉中总灰分的测定

一、实验目的

（1）了解灼烧法的基本操作。

（2）掌握奶粉总灰分的测定原理及操作方法。

二、实验原理

食品经灼烧后所残留的无机物质称为灰分。灰分是用灼烧称量法测定的。样品中加入助灰剂乙酸镁乙醇溶液，在 550 ℃灼烧，残留物重扣除空白实验的质量，即是灰分的质量。

三、实验材料与仪器

1. 试剂与材料

乙酸镁，浓盐酸，95% 乙醇，氯化铁，蓝墨水（或 2B 铅笔）。

2. 试剂配制

乙酸镁乙醇溶液（80 g/L）：称量 11.4 g $Mg(CH_3COO)_2 \cdot 4H_2O$ 溶解于 100 mL 的 95% 乙醇

中，静置过夜，需进行过滤，滤液贮存于棕色试剂瓶中。

盐酸溶液（1+4）：量取 20 mL 浓盐酸，加 80 mL 水混合均匀。

3. 仪器与设备

移液管（5 mL），坩埚，坩埚钳，马弗炉，分析天平，干燥器，电热板（1000 W）。

四、实验步骤

1. 坩埚预处理

取大小适宜的石英坩埚或瓷坩埚置高温炉中，用盐酸（1+4）沸水煮 1 ~ 2 h，洗净晾干后，用 0.5% 氯化铁与蓝墨水的混合溶液在坩埚外壁及盖上编号（也可用 2B 铅笔），置于（550 ± 25）℃下灼烧 1 h，冷却至 200 ℃左右，取出，放入干燥器中冷却 30 min，冷却干燥后称重、恒重后，准确称量，此为空坩埚质量。

2. 样品处理

样品的炭化：准确称取约 2 g 奶粉（精确至 0.001 g），将样品均匀分布于已恒重的坩埚中，不要压紧。准确加入 3.0 mL 乙酸镁乙醇溶液，使样品湿润，放置 10 min 后，置于水浴上蒸发过剩的乙醇。将坩埚移放电炉上，坩埚盖斜倚在坩埚口，以小火加热使样品充分炭化至无烟，注意控制火候，避免样品着火燃烧，气流带走样品碳粒。

样品的灰化：炭化至无烟后，置于已预热好的高温炉口处，稍待片刻，再将其慢慢移入炉腔内，坩埚盖仍倚在坩埚口，关闭炉口，（550 ± 25）℃灼烧约 4 h，将坩埚移至炉口，冷却至红热退去，移入干燥器中冷却至室温，30 min 后称重，灰分应呈白色或浅灰色。再将坩埚移至高温炉中灼烧 30 min，取出冷却、干燥称重，如此重复操作直至恒重（前后两次称重相差不超过 0.5 mg 为恒重）。同时，吸取 3 份以不添加奶粉样品的 3.0 mL 乙酸镁乙醇溶液作为空白对照，当 3 次试验结果的标准偏差小于 0.003 g 时，取算术平均值作为空白值。

五、计算

样品中灰分的含量，按式（3–5）计算：

$$X = \frac{m_1 - m_2 - m_0}{m_3 - m_2} \times 100 \tag{3–5}$$

式中 X——加了乙酸镁溶液样品中灰分的含量，g/100 g；

m_1——坩埚和灰分的质量，g；

m_2——坩埚的质量，g；

m_0——空白值的质量，g；

m_3——坩埚和样品的质量，g；

100——单位换算系数。

六、思考题

（1）乙酸镁灼烧后的生成物是什么？

（2）分析样品灰化不完全的可能原因有哪些？

七、说明

（1）做空白对照实验时，当 3 次试验结果的标准偏差小于 0.003 g 时，取算术平均值作为空白值。若标准偏差大于或等于 0.003 g 时，应重新做空白对照试验。

（2）本测定法是 GB 5009.4—2016《食品安全国家标准　食品中灰分的测定》第一法。

（3）本实验中恒重为重复灼烧至前后两次称量相差不超过 0.5 mg。

实验七　婴幼儿配方奶粉中钙的测定　高锰酸钾法

一、实验目的

（1）掌握食品中无机元素测定的基本方法。

（2）掌握高锰酸钾法测定食物中的钙含量。

二、实验原理

样品经灰化后，用盐酸溶解，在酸性溶液中，钙与草酸生成草酸钙沉淀。沉淀经洗涤后，加入硫酸溶解，把草酸游离出来，用高锰酸钾标准溶液滴定草酸；稍过量一点的高锰酸钾使溶液呈现微红色，即为滴定终点。根据高锰酸钾标准溶液的消耗量，可计算出食品中钙的含量。反应式如下：

$$CaCl_2+(NH_4)_2C_2O_4 \longrightarrow CaC_2O_4+2NH_4Cl$$

$$CaC_2O_4+H_2SO_4 \longrightarrow CaSO_4+H_2C_2O_4$$

$$5H_2C_2O_4+2KMnO_4+3H_2SO_4 \longrightarrow K_2SO_4+2MnSO_4+10CO_2+8H_2O$$

$2KMnO_4$ 相当于 $5H_2C_2O_4$，相当于 $5CaC_2O_4$，相当于 $5Ca^{2+}$。

三、实验材料与仪器

1. 试剂与材料

奶粉（市售），高锰酸钾，盐酸，醋酸，草酸铵，草酸钠，甲基红，氢氧化铵，浓硫酸（98%）。

2. 试剂配制

盐酸（1+4）：量取 100 mL 盐酸，与 400 mL 水混合均匀。

硫酸（8+92）：量取 80 mL 浓硫酸，与 920 mL 水混合均匀。

醋酸溶液（1+4）：量取 100 mL 醋酸，与 400 mL 水混合均匀。

氢氧化铵溶液（1+4）：量取 100 mL 氢氧化铵，与 400 mL 水混合均匀。

2% 氢氧化铵：量取 20 mL 25% NH_4OH，于 250 mL 容量瓶中定容，混合均匀。

4% 草酸铵：称取草酸铵 4 g，溶于 100 mL 水，混匀。

硫酸（2 mol/L）：量取 108.7 mL 浓硫酸，缓慢倒入盛有约 600 mL 水的烧杯中同时不断搅拌，等溶液冷却至室温后转移至 1 L 容量瓶中，少量水冲洗烧杯壁两次，也倒入容量瓶，添水至刻度即可。

0.1% 甲基红指示剂：称取 1 g 甲基红，用 1000 mL 无水乙醇溶解，混匀。

高锰酸钾标准溶液（0.02 mol/L）：称取 0.66 g 高锰酸钾，溶于 1050 mL 水中，缓慢煮沸 15 min，冷却，于暗处放置 2 周，用已处理过的 G3 或 G4 砂芯坩埚（在同样浓度的高锰酸钾溶液中缓缓煮沸 5 min）过滤，滤液贮藏于棕色瓶中，待标定。

3. 仪器与设备

离心机，马弗炉，水浴箱，离心管（15 mL），容量瓶、烧杯。

四、实验步骤

1. 样品处理

称取 2 g 样品（精确至 0.001 g），用干法灰化，加入 5 mL 盐酸（1+4），置水浴上蒸干，再加入 5 mL 盐酸（1+4）溶解并移入 25 mL 容量瓶中，用热的去离子水多次洗涤灰化容器，洗涤水并入容量瓶中，冷却后用水定容，得待测样液。

2. 高锰酸钾溶液的标定

见附录Ⅱ。

3. 测定

准确吸取样液 5 mL（含钙 1 ~ 10 mg）移入 15 mL 离心管中，加入 1 滴甲基红指示剂，2 mL 4% 草酸铵溶液，0.5 mL 醋酸溶液（1+4），振摇均匀，用氢氧化铵溶液（1+4）调样液至微蓝色（黄色），再用醋酸溶液调至微红色，放置 1 h，使沉淀完全析出，离心 15 min，小心倾去上清液，倾斜离心管并用滤纸吸干管口溶液，向离心管中加入少量 2% 氢氧化铵，用手指弹动离心管，使沉淀松动，再加入约 10 mL 2% 氢氧化铵，离心 20 min，用胶帽吸管吸去上清液。

往沉淀中加入 2 mL 2 mol/L 的硫酸，摇匀，置于 70 ~ 80 ℃水浴中加热，使沉淀全部溶解，用 0.02 mol/L 高锰酸钾标准溶液滴定至微红色 30 s 不褪色为终点。记录高锰酸钾标准溶液消耗量。

五、计算

样品中钙的含量按式（3–6）计算：

$$X = \frac{2.5 \times C \times V \times 40.08}{m} \times 100 \tag{3-6}$$

式中 X——钙的含量，mg/100 g；

C——高锰酸钾浓度，mol/L；

V——滴定时消耗高锰酸钾体积，mL；

m——样品的质量，g；

40.08——钙的摩尔质量，g/moL。

六、思考题

（1）高锰酸钾法测定钙含量的影响因素有哪些？操作过程中的注意事项有哪些？

（2）对比分析高锰酸钾法和 EDTA 滴定法测定钙含量的优缺点。

七、说明

（1）硫酸溶液 H_2SO_4（1+3），来控制 pH。标定及氧化还原反应终点酸度控制 0.45 mol/L。滴定反应在室温时，开始前 10 滴速度很慢，待红色退去，由于生成 Mn^{2+} 且该离子有自催化作用，则反应速率加快，若样品较多可用水浴锅加热，温度控制在 70 ~ 80 ℃，终点温度不低于 65 ℃可提高反应速度。

（2）此方法也适用于医用钙片和矿石中钙元素的测定。

实验八　婴幼儿配方奶粉中钙的测定——EDTA 滴定法

一、实验目的

（1）掌握食品中无机元素测定的基本方法。

（2）掌握 EDTA（乙二胺四乙酸二钠）滴定法测定奶粉中钙含量的原理。

二、实验原理

在适当的 pH 范围内，钙与 EDTA 形成金属络合物。以 EDTA 滴定，在达到当量点（恰好完全反应点）时，溶液呈现游离指示剂的颜色。根据 EDTA 用量，计算钙的含量。

三、实验材料与仪器

1. 试剂与材料

奶粉（市售），氢氧化钾，乙酸镁，95%乙醇，硫化钠，柠檬酸钠，EDTA（乙二胺四乙酸二钠），盐酸（优级纯），钙红指示剂，硝酸（优级纯），氧化镧，碳酸钙。

2. 试剂配制

乙酸镁乙醇溶液（80 g/L）：称量 12.0 g $Mg(CH_3COO)_2 \cdot 4H_2O$ 溶解于 100 mL 的 95%乙醇中，静置过夜，需进行过滤，滤液贮存于棕色试剂瓶中。

氢氧化钾溶液（1.25 mol/L）：称取 70.13 g 氢氧化钾，用水稀释至 1000 mL，混匀。

硫化钠溶液（10 g/L）：称取 1 g 硫化钠，用水稀释至 100 mL，混匀。

柠檬酸钠溶液（0.05 mol/L）：称取 14.7 g 柠檬酸钠，用水稀释至 1000 mL，混匀。

硝酸溶液（1+5）：量取 100 mL 硝酸加入 500 mL 水，混匀。

硝酸溶液（1+1）：量取 500 mL 硝酸加入 500 mL 水，混匀。

盐酸溶液（1+1）：量取 500 mL 盐酸加入 500 mL 水，混匀。

镧溶液（20 g/L）：称取 23.45 g 氧化镧，先用少量水湿润后再加入 75 mL 盐酸溶液（1+1）溶解，转入 1000 mL 容量瓶中，加水定容至刻度，混匀。

EDTA 溶液：称取 4.5 g EDTA，用水稀释至 1000 mL，混匀，贮存于聚乙烯瓶中，4 ℃保存。使用时稀释 10 倍即可。

钙红指示剂：称取 0.1 g 钙红指示剂，用水稀释至 100 mL，混匀。

盐酸溶液（1+1）：量取 500 mL 盐酸，与 500 mL 水混合均匀。

钙标准储备液（100.0 mg/L）：准确称取 0.2496 g（精确至 0.0001 g）碳酸钙，加盐酸溶液（1+1）溶解，移入 1000 mL 容量瓶中，加水定容至刻度，混匀。

3. 仪器与设备

分析天平，可调式电热板，马弗炉。

四、实验步骤

1. 样品处理

样品炭化和灰化的方法参照总灰分的测定方法中实验步骤 1 和 2（实验六），灰化结束后按下列步骤继续后续实验。

样品待测液的制备：用适量硝酸溶液（1+1）溶解转移至刻度管中，用水定容至 25 mL。根据实际测定需要稀释，并在稀释液中加入一定体积的镧溶液，使其在最终稀释液中的浓度为 1 g/L，混匀备用，此为样品待测液。同时做试剂空白试验。

2. EDTA 滴定度（T）的测定

吸取 0.500 mL 钙标准储备液（100.0 mg/L）于试管中，加 1 滴硫化钠溶液（10 g/L）和 0.1 mL 柠檬酸钠溶液（0.05 mol/L），加 1.5 mL 氢氧化钾溶液（1.25 mol/L），加 3 滴钙红指示剂，立即以稀释 10 倍的 EDTA 溶液滴定，至指示剂由紫红色变蓝色为止，记录所消耗的稀释 10 倍的 EDTA 溶液的体积。根据滴定结果计算出每毫升稀释 10 倍的 EDTA 溶液相当于钙的毫克数，即滴定度（T）。

3. 样品测定

分别吸取 1.00 mL（根据钙含量确定）样品消化液及空白液于试管中，加 1 滴硫化钠溶液（10 g/L）和 0.1 mL 柠檬酸钠溶液（0.05 mol/L），加 1.5 mL 氢氧化钾溶液（1.25 mol/L），加 3

滴钙红指示剂，立即以稀释 10 倍的 EDTA 溶液滴定，至指示剂由紫红色变蓝色为止，记录所消耗的稀释 10 倍的 EDTA 溶液的体积。

五、计算

样品中钙的含量按式（3–7）计算：

$$X = \frac{2.5 \times C \times V \times 40.08}{m/5} \times 1000 \quad (3\text{–}7)$$

式中　X ——钙的含量，mg/100 g；

C ——高锰酸钾浓度，mol/L；

V ——滴定时消耗高锰酸钾体积，mL；

m ——样品的重量，g；

40.08 ——钙的摩尔质量，g/mol；

2.5 ——Ca^{2+} 与 $KMnO_4$ 的摩尔数之比；

5 ——样品稀释的倍数。

六、思考题

（1）如果在配制钙红指示剂时，指示剂溶解性不好，应该怎么办？

（2）在样品消化液中加入硫化钠溶液、柠檬酸钠溶液和氢氧化钾溶液有什么作用？

七、说明

（1）本实验采用的方法为 GB 5009.92—2016《食品安全国家标准　食品中钙的测定》中的第二法：滴定法。第一法为火焰原子吸收光谱法；第三法为电感耦合等离子体发射光谱法；第四法为电感耦合等离子体质谱法，可参见 GB 5009.268—2016《食品安全国家标准　食品中多元素的测定》以及本书实验四十八。

（2）所有玻璃器皿均需硝酸溶液（1+5）浸泡过夜，用自来水反复冲洗，最后用水冲洗干净。

（3）pH 在多个方面会影响 EDTA 络合滴定，因此必须控制 pH 以达到最佳的效果。络合平衡依赖于 pH，随着 pH 的降低，EDTA 的螯合位点就会被保护，从而降低其有效浓度。pH 至少达到 10 或者添加更多的钙或镁，以形成稳定的 EDTA 复合体。此外，终点的清晰度也会随 pH 的增加而增加。然而，pH 达到 12 时，镁和钙就会发生沉淀，所以滴定的 pH 应该不超过 11，以确保它们的溶解度。

（4）钙红指示剂，又名钙红、钙指示剂、钙羧酸指示剂等，结构式为 $HO_3SC_{10}H_5(OH)COOH$，为紫黑色结晶或粉末，微溶于水和乙醇，易溶于碱性水溶液不稳定，在中性溶液中呈紫红色，pH 在 12 ~ 14 呈蓝色，可与 Ca^{2+}、Mg^{2+} 等形成紫蓝色或蓝色络合物。由于钙红指示剂的水溶液和醇溶液不稳定，所以也可用硫酸钠或氯化钠固体与指示剂固体按 100 : 1 碾磨均匀后直接使用。

实验九　婴幼儿配方奶粉中铁的测定

一、实验目的

（1）掌握邻二氮菲比色法测定食品中铁的原理。

（2）掌握水中溶解态总铁的测定方法。

二、实验原理

在 pH 3 ~ 9 的溶液中，邻二氮菲与 Fe^{2+} 结合生成稳定的橙红色络合物［$Fe(phen)_3^{2+}$］，此络合物在 510 nm 波长处出现最大吸收峰，其 $\lg K_{形}=21.3$，摩尔吸光系数 $\varepsilon_{510}=1.1\times10^4$ L/（mol·cm）；Fe^{3+} 能与邻二氮菲生成 3∶1 配合物，呈淡蓝色，$\lg K=14.1$，所以在加入显色剂之前，应用盐酸羟胺将 Fe^{3+} 还原为 Fe^{2+}，其反应式如下：

Fe^{2+} 在含铁量为 0.5 ~ 8 μg/mL 范围内，浓度与吸光度遵从比尔定律。其显色反应的适宜 pH 范围很宽，且其色泽与 pH 无关，但酸度高时反应进行较缓慢，酸度低时 Fe^{2+} 会水解，所以为避免 Fe^{2+} 水解及其他杂质的影响并且保持较高的反应速率，通常在 pH 为 4 ~ 5 的 HAc-NaAc 缓冲液中进行测定。

$$2Fe^{3+}+2NH_2OH\cdot HCl \longrightarrow 2Fe^{2+}+N_2+H_2O+4H^++2Cl^-$$

三、实验材料与仪器

1. 试剂与材料

奶粉，硫酸亚铁铵［$Fe(NH_4)_2\cdot(SO_4)_2\cdot 6H_2O$］，盐酸羟胺，冰醋酸，醋酸钠，邻二氮菲溶液，氢氧化钠，浓硝酸，浓硫酸。

2. 试剂配制

邻二氮菲水溶液（1.2 g/L）：称取 0.3 g 邻二氮菲于烧杯中，加入少量蒸馏水和浓盐酸 4 滴，移至 250 mL 容量瓶中，再用蒸馏水稀释到刻度。

盐酸羟胺水溶液（100 g/L）：称取 10 g 盐酸羟胺晶体溶于 100 mL 蒸馏水中。若不好溶，先溶于乙醇再稀释。

HAc-NaAc 缓冲溶液（pH 4.5）：称取 18 g 醋酸钠，加 9.8 mL 冰醋酸，加水溶解后，稀释到 1000 mL。

铁储备溶液（0.1 g/L）：准确称取 0.8634 g 硫酸亚铁铵于 100 mL 小烧杯中，加少量水和 20 mL 6 mol/L HCl 溶液溶解，定量转移至 1 L 容量瓶中稀释至刻度，摇匀，所得铁溶液浓度为 0.1 g/L。

3. 仪器与设备

分光光度计，pH 计，台式离心机，移液管，比色皿，洗耳球，粉碎机，分析天平。

四、实验步骤

1. 样品处理

样品前处理：将奶粉放入干燥箱中烘干，用粉碎机粉碎，放置到烧杯，贴好标签，干燥保存待用。

样品消化：分别称取奶粉 1.0 g 置于锥形瓶中，贴好标签，分别加入 25 mL 的浓硝酸和 3 mL 的浓硫酸，静置 15 h。将锥形瓶放到石棉网上加热，待锥形瓶内溶液变为棕色，取下锥形瓶，冷却，用胶头滴管滴加几滴浓硝酸，继续放置于酒精灯上方加热，重复以上操作直到溶液不呈现棕色。当溶液开始冒白烟且颜色保持浅黄色，停止加热，冷却至室温。

制备待测液：将冷却后的液体倒入离心管中，2500 r/min 离心 20 min，取上清液备用。用氢氧化钠溶液将待测溶液的 pH 缓慢调节至 4 ~ 6。再将溶液转移至 100 mL 容量瓶中，加蒸馏水稀释至刻度，摇匀，贴好对应标签，备用。

2. 标准曲线的制作

准确吸取 0.1 g/L 的铁储备液 100.00 mL 于 500 mL 容量瓶中，加入 6 mol/L HCl 溶液 2 mL，用水稀释至刻度并摇匀，得 0.02 g/L 的铁标准溶液。

用移液管分别准确移取一定量（0，2.00，4.00，6.00，8.00，10.00 mL）0.02 g/L Fe^{3+} 标准溶液于 50 mL 容量瓶中，依次加入 2.0 mL 的 10% 盐酸羟胺，10.0 mL 的 HAc-NaAc 缓冲溶液

（pH 4.5），振荡，然后再加入 1.2 g/L 的邻二氮菲溶液 2 mL，加蒸馏水定容，摇匀，静置 5 min，以蒸馏水作空白，在 510 nm 波长条件下，用 1 cm 吸收池测定吸光度。以铁的含量（μg）为横坐标，相应的吸光度为纵坐标绘制工作曲线。对 6 组溶液进行检测，根据检测结果，绘制标准曲线图并计算线性回归方程。

3. 样品测定

准确吸取 5.00 mL 待测液，按与标准曲线制作相同的操作方法对试液进行显色，再按照标准曲线制作中的条件测定吸光度 A_x，根据吸光度从标准曲线上查出试液中铁含量 m_x，最终换算回样品中铁含量 W。

五、计算

样品中的铁含量按式（3–8）计算：

$$W = \frac{m_x \times V_2}{m \times V_1} \tag{3-8}$$

式中 W——样品中铁的含量，μg/g；

m_x——从标准曲线上查出的未知试液中铁含量，μg；

m——样品的质量，g；

V_1——测定用样液体积，mL；

V_2——样液总体积，mL。

六、思考题

（1）邻二氮菲分光光度法测定铁含量的适用范围。

（2）邻二氮菲分光光度法测定铁含量的优点和缺点有哪些？

七、说明

（1）加入 10% 醋酸钠的目的是调节溶液的 pH 至 3 ~ 5，使 Fe^{2+} 更能与邻二氮菲定量地络合，发色较为完全。

（2）绘制标准曲线和吸取样液时要根据样品含铁量高低来确定，最好做预备试验。

（3）本法参考 AOAO 944.02 Iron in Flour– 分光光度法，我国 GB 5009.90—2016《食品安全国家标准　食品中铁的测定》规定了食品中铁含量测定的火焰原子吸收光谱法、电感耦合等离子体发射光谱法和电感耦合等离子体质谱法，删除了分光光度法。

（4）本实验采用的是湿法消解。样品消解的方法包括湿法消解（具体见实验九和实验二十一）、微波消解（具体见实验二十二）、压力罐消解和干法消解（具体见实验五）。

实验十　婴幼儿配方奶粉中维生素 B_2 的测定

一、实验目的

（1）掌握荧光分光光度计的使用方法。

（2）掌握荧光法测定维生素 B_2 的基本原理和操作要点。

二、实验原理

维生素 B_2 在 440 ~ 500 nm 波长光照射下发出黄绿色荧光。在稀溶液中其荧光强度与维生素 B_2 的浓度成正比。在波长 525 nm 下测定其荧光强度。样液再加入连二亚硫酸钠，将维生素 B_2 还原为无荧光的物质，然后再测定样液中残余荧光杂质的荧光强度，还原前后的差值即为样品中维生素 B_2 所产生的荧光强度。

三、实验材料与仪器

1. 材料与试剂

奶粉（市售），盐酸，冰乙酸，氢氧化钠，三水乙酸钠，木瓜蛋白酶（活力单位≥ 10 U/mg），高峰淀粉酶（活力单位≥ 100 U/mg），硅镁吸附剂：50 ~ 150 μm；丙酮，高锰酸钾，过氧化氢，连二亚硫酸钠，维生素 B_2，水为 GB/T 6682—2008《分析实验室用水规格和试验方法》规定的一级水。

2. 试剂配制

盐酸溶液（0.1 mol/L）：吸取 9 mL 盐酸，用水稀释并定容至 1000 mL。

盐酸溶液（1+1）：量取 100 mL 盐酸，缓慢倒入 100 mL 水中，混匀。

乙酸钠溶液（0.1 mol/L）：准确称取 13.60 g 三水乙酸钠，加 900 mL 水溶解，用水定容至 1000 mL。

氢氧化钠溶液（1 mol/L）：准确称取 4 g 氢氧化钠，加 90 mL 水溶解，冷却后定容至 100 mL。

混合酶溶液：准确称取 2.345 g 木瓜蛋白酶和 1.175 g 高峰淀粉酶，加水溶解后定容至 50 mL，临用前配制。

洗脱液：丙酮 – 冰乙酸 – 水按体积比为 5 : 2 : 9 混匀。

高锰酸钾溶液（30 g/L）：准确称取 3 g 高锰酸钾，用水溶解后定容至 100 mL。

过氧化氢溶液（3%）：吸取 10 mL 30% 过氧化氢，用水稀释并定容 100 mL。

连二亚硫酸钠溶液（200 g/L）：准确称取 20 g 连二亚硫酸钠，用水溶解后定容至 100 mL。此溶液用前配制，保存在冰水浴中，4 h 内有效。

维生素 B_2 标准储备液（100 μg/mL）：将维生素 B_2 标准品置于真空干燥器或装有五氧化二磷的干燥器中干燥处理 24 h 后，准确称取 10 mg（精确至 0.1 mg）维生素 B_2 标准品，加入 2 mL 盐酸溶液（1+1）超声溶解后，立即用水转移并定容至 100 mL。混匀后转移入棕色玻璃容器中，在 4 ℃冰箱中贮存，保存期 2 个月。

3. 仪器与设备

荧光分光光度计，分析天平，高压灭菌锅，pH 计，涡旋振荡器，恒温水浴锅，干燥器，维生素 B_2 吸附柱。

四、实验步骤

1. 样品处理

样品的水解：称取 10 g 奶粉（精确至 0.01 g，约含 120 μg 维生素 B_2）均质后的样品于 250 mL 具塞锥形瓶中，加入 60 mL 0.1 mol/L 的盐酸溶液，充分摇匀，塞好瓶塞。将锥形瓶放入高压灭菌锅内，在 121 ℃下保持 30 min，冷却至室温后取出。用氢氧化钠溶液调 pH 至 6.0 ~ 6.5。

样品的酶解：加入 2 mL 混合酶溶液，摇匀后，置于 37 ℃培养箱或恒温水浴锅中酶解 16 h。

过滤：将上述酶解液转移至 100 mL 容量瓶中，加水定容至刻度，用干滤纸过滤备用。此提取液在 4 ℃冰箱中可保存一周。注：操作过程应避免强光照射。

2. 氧化去杂质

吸取 10 mL 的样品提取液（约含 10 μg 维生素 B_2）及维生素 B_2 标准溶液分别置于 20 mL 的带盖刻度试管中，加水至 15 mL。各管加 0.5 mL 冰乙酸，混匀。加 0.5 mL 30 g/L 高锰酸钾溶液，摇匀，放置 2 min，使氧化去杂质。滴加过氧化氢溶液数滴，直至高锰酸钾的颜色褪去。

剧烈振摇试管，使多余的氧气逸出。

3. 维生素 B_2 的吸附和洗脱

（1）维生素 B_2 吸附柱　取 1 g 硅镁吸附剂采用湿法装柱，占柱长 1/2 ~ 2/3（约 5 cm）为宜（吸附柱下端用一小团脱脂棉垫上），勿使柱内产生气泡，调节流速约为 60 滴 /min。

（2）过柱与洗脱　将全部氧化后的样液及标准液通过吸附柱后，用约 20 mL 热水淋洗样液中的杂质。然后用 5 mL 洗脱液将样品中维生素 B_2 洗脱至 10 mL 容量瓶中，再用 3 ~ 4 mL 水洗吸附柱，洗出液合并至容量瓶中，并用水定容至刻度，混匀后待测定。

4. 标准曲线的制作

配制维生素 B_2 标准溶液（1 μg/mL）：首先，准确吸取 10 mL 维生素 B_2 标准储备液，用水稀释并定容至 100 mL，得 10 μg/mL 的维生素 B_2 标准中间液。然后，准确吸取 10 mL 维生素 B_2 标准中间液，用水定容至 100 mL。此溶液每毫升相当于 1.00 μg 维生素 B_2。在 4 ℃冰箱中避光贮存，保存期 1 周。

分别精确吸取 0.3，0.6，0.9，1.25，2.5，5.0，10.0，20.0 mL 维生素 B_2 标准溶液，按 2 和 3 操作后，做比色测定。

5. 样品测定

设置激发光波长 440 nm，发射光波长 525 nm，测量样品管及标准管的荧光值。待样品管及标准管的荧光值测量后，在各管的剩余液（5 ~ 7 mL）中加 0.1 mL 20% 连二亚硫酸钠溶液，立即混匀，在 20 s 内测出各管的荧光值，作各自的空白值。

五、计算

样品中维生素 B_2 的含量按式（3–9）计算：

$$X = \frac{(A-B)\times S}{(C-D)\times m}\times f\times\frac{100}{1000} \tag{3-9}$$

式中　X——样品中维生素 B_2（以核黄素计）的含量，mg/100 g；

A——样品管的荧光值；

B——样品管空白荧光值；

S——标准管中维生素 B_2 的质量，μg；

C——标准管的荧光值；

D——标准管空白荧光值；

m——样品质量，g；

f——稀释倍数。

六、思考题

（1）在样品中加入连二亚硫酸钠后，为什么要在 20 s 立即测定？

（2）为什么要氧化去杂质？

七、说明

（1）本测定法是 GB 5009.85—2016《食品安全国家标准　食品中维生素 B_2 的测定》中的第二法荧光分光光度法，适用于各类食品中的维生素 B_2 的测定，第一法为高效液相色谱法。

（2）本法适用于粮食、蔬菜、调料、饮料等脂肪含量少的样品，脂肪含量过高及含有较多不易除去色素的样品不适用。

（3）样品水解后，加入一定量的淀粉酶或木瓜酶酶解，酶解的目的是为了使结合型的维生

素 B_2 转化为游离型的维生素 B_2。

（4）核黄素对光比较敏感，因此操作时应尽可能在暗室进行。

（5）核黄素可被连二亚硫酸钠还原为无荧光物质，但摇动后很快又被氧化成荧光物质，所以要立即测定。

（6）标准曲线在 0.01 ~ 20 μg 含量间有良好的线性关系。

实验十一　婴幼儿配方奶粉中叶酸的测定

一、实验目的

（1）掌握酶标仪的使用方法。

（2）掌握微生物法分析叶酸含量的原理和方法。

二、实验原理

叶酸是鼠李糖乳杆菌 *Lactobacillus casei spp. rhamnosus*（ATCC 7469）生长所必需的营养素，在一定控制条件下，将鼠李糖乳杆菌液接种至含有样品液的培养液中，培养一段时间后测定透光率（或吸光度），根据叶酸含量与透光率（或吸光度）的标准曲线计算出样品中叶酸的含量。

从样品中提取出叶酸并将其稀释，稀释后的提取物和叶酸特异性培养基一起被滴入覆被有鼠李糖乳杆菌的微孔板反应孔中。鼠李糖乳杆菌依赖于所添加的叶酸而生长。随着叶酸作为标准比对物或作为被检样品提取物的加入，板内包覆的鼠李糖乳杆菌将一直生长，直至叶酸被耗尽。孵育过程在 37 ℃的暗盒中进行并持续 44 ~ 48 h。反应后通过测量反应孔中液体的混浊程度并将其与标准曲线对比从而得知与样品提取物中叶酸含量直接相关的菌株新陈代谢或生长强度。测量可使用微孔板酶标仪在 610 ~ 630 nm 或 540 ~ 550 nm 的波长下进行。

三、实验材料与仪器

1. 试剂与材料

奶粉（市售），VitaFast® Folic Acid 试剂盒（德国拜发公司，P1001），氢氧化钠，乙醇，叶酸，磷酸二氢钠，抗坏血酸钠。

2. 试剂配制

氢氧化钠溶液（1 mol/L）：4 g NaOH 溶解于 100 mL 蒸馏水中。

标准品叶酸浓缩液：打开叶酸标准品瓶，盖子朝上放置，根据标准品瓶说明书，添加相应体积的无菌水（取自试剂盒）至标准品瓶中。盖上标准品瓶盖，摇匀稀释。

磷酸盐缓冲液（0.05 mol/L，0.1% 抗坏血酸盐，pH 7.2）：7.8 g 磷酸二氢钠和 1 g 抗坏血酸钠溶解于 1 L 蒸馏水中，校正 pH 至 7.2，每天新配缓冲液。

3. 仪器与设备

暗室培养箱，高压灭菌锅，酶标仪 610 ~ 630 nm（540 ~ 550 nm），pH 计，移液枪，容量瓶灭菌微量移液枪头，无菌离心管，带帽的无菌离心管，带无菌注射器的 0.2 μm 无菌滤膜。

四、实验步骤

1. 样品处理

称取 1 g 奶粉样品（精确至 0.001 g），置于 50 mL 三角瓶中，加入约 30 mL 磷酸盐缓冲液，摇匀。95 ℃水浴提取 30 min，其间振荡至少 5 次，迅速置于冰水浴冷却到 30 ℃以下。加无菌水精确定容至 40 mL，摇匀，无菌过滤。根据婴儿配方食品的营养标签显示的浓度范围，确定是否需要用 VitaFast 工具包提供的无菌水将上述所得提取液进一步在 1.5 mL 已灭菌离心管中稀释。

2. 标准曲线的制作

标准系列管的准备：取6个无菌管（1.5~2.0 mL），分别量取0，50，100，200，300，400 μL的标准品浓缩液，分别加入无菌水至500 μL，得叶酸标准溶液浓度分别为0，0.16，0.32，0.64，0.96，1.28 mg/100 mL，混匀。

以标准系列管叶酸含量（μg）为横坐标，每个标准点吸光度均值为纵坐标，绘制标准曲线。为保证标准曲线的线性关系，绘制标准曲线时，每个叶酸标准品都需进行3次重复测试，以每个标准点平均值计算。

3. 叶酸培养基的准备

打开瓶盖用镊子取出干燥剂，丢掉干燥剂。加入10 mL无菌水（取自试剂盒）至叶酸培养基瓶中。加入1 mL叶酸缓冲液至培养基瓶。盖好培养基瓶，摇匀。水浴加热该瓶至95 ℃保持5 min，其间振荡至少2次，并确保瓶子封闭。迅速冷却至室温（30 ℃以下），使用0.2 μm无菌滤膜过滤培养基至15 mL无菌离心管中。

4. 样品分析

取出需要数量的微孔板条并在板上固定，未使用的微孔板条立即放回原来的箔袋中，并与干燥剂一起重新封好，储存在2~8 ℃条件下。已灭菌移液器先移取150 μL叶酸培养基至微孔中，再移取150 μL标准品或稀释的样品（1~6号管）至指定的微孔中（用标准品或样品溶液冲洗移液器尖），并做好标记。用黏合箔盖住板条或微孔：除去黏合箱上的保护层，将其平放在微孔条上，用手将黏合箔平压，使其充分封闭微孔板条。在37 ℃黑暗条件下孵育44~48 h。

5. 测量

再次压紧黏合箔，将微孔板翻置在桌面上，在桌面平面上振荡，使微生物分散在培养基中。将微孔板翻回如前置于桌面上，从右上角开始以对角线方向180° 角轻扯下黏合箔，与此同时务必用另一只手按住放置在桌面上的微孔板，以防止因黏合箔与微孔板黏合过紧而在撕扯时带起微孔板，破坏微孔中液体表面的所有泡沫（可以用移液管尖或针状物）。用酶标仪在540~550 nm条件下读取吸光度。

五、计算

样品中叶酸含量按式（3-10）计算：

$$X=\frac{\frac{m_x}{V_x}\times V\times f}{m}\times 100 \tag{3-10}$$

式中 X——样品中叶酸含量，μg/100 g；

m_x——标准曲线上查得样品系列管中叶酸含量，μg；

V_x——制备样品系列管时吸取的样品稀释液体积，0.15 mL；

V——样品提取液定容体积，mL；

f——样品提取液稀释倍数；

m——样品质量，g。

六、思考题

（1）为什么要求整个检测过程中保持无菌操作？都包括哪些步骤？

（2）叶酸的稳定性如何？

七、说明

（1）保证黏合箔和微孔的封闭性，特别注意微孔的边缘部分。

（2）从标准曲线查得样品或空白系列管中叶酸的相应含量 C，如果 3 支样品系列管中有 2 支叶酸含量在 0.10 ~ 0.80 μg 范围内，且各管之间折合为每毫升样品提取液中叶酸含量的偏差小于 10%，则可继续按式（3–10）进行结果计算，否则需重新取样测定。

实验十二　婴幼儿配方奶粉中维生素 A 和维生素 E 的同时检测

一、实验目的

（1）掌握 HPLC 测定维生素 A、维生素 E 的基本原理。

（2）掌握脂溶性维生素分析去除油脂干扰的预处理方法。

二、实验原理

样品中的维生素 A 及维生素 E 经皂化（含淀粉先用淀粉酶酶解），用石油醚提取不皂化的维生素 A 和维生素 E，浓缩后，用 C_{30} 或 PFP 反相液相色谱柱将维生素 A 和维生素 E 分离，然后经紫外检测器或荧光检测器检测，外标法定量。

荧光检测器的波长：激发波长 340 nm、发射波长 460 nm 处测定维生素 A；于激发波长 290 nm、发射波长 330 nm 分析维生素 E。

三、实验材料与仪器

1. 材料与试剂

奶粉（市售），无水乙醇，抗坏血酸，氢氧化钾，乙醚，石油醚（沸程为 30 ~ 60 ℃），无水硫酸钠，pH 试纸，甲醇（色谱纯），淀粉酶（活力单位≥ 100 U/mg），2，6– 二叔丁基对甲酚（BHT），维生素 A 标准品，α– 生育酚，β– 生育酚，γ– 生育酚，δ– 生育酚。

2. 试剂配制

氢氧化钾溶液（1 g/mL）：称取 50 g 氢氧化钾，加入 50 mL 水溶解，冷却后，储存于聚乙烯瓶中。

石油醚 – 乙醚溶液（1+1）：量取 200 mL 石油醚，加入 200 mL 乙醚，混匀。

维生素 A 标准储备溶液（0.5000 mg/mL）：准确称取维生素 A 标准品 25.0 mg，用无水乙醇溶解后，转移入 50 mL 容量瓶中，定容至刻度，此溶液浓度约为 0.500 mg/mL。将溶液转移至棕色试剂瓶中，密封后，在 –20 ℃下避光保存，有效期 1 个月。临用前将溶液回温至 20 ℃，并进行浓度矫正。

维生素 E 标准储备溶液（1.00 mg/mL）：分别准确称取 α– 生育酚、β– 生育酚、γ– 生育酚、δ– 生育酚各 50.0 mg，用无水乙醇溶解后，转移入 50 mL 容量瓶，定容至刻度，此溶液浓度约为 1.00 mg/mL。

维生素 A 和维生素 E 混合标准溶液中间液：准确吸取维生素 A 标准储备溶液 1.00 mL 和维生素 E 标准储备溶液 5.00 mL 于同一 50 mL 容量瓶中，用甲醇定容至刻度，此溶液中维生素 A 浓度为 10.0 μg/mL，维生素 E 各生育酚浓度为 100 μg/mL。

3. 仪器与设备

棕色试剂瓶，容量瓶（50 mL），棕色容量瓶（10 mL），分液漏斗（250 mL），有机系过滤头（孔径为 0.22 μm），旋转蒸发瓶，旋转蒸发仪，高效液相色谱仪，C_{30} 色谱柱。

四、实验步骤

1. 样品处理

皂化：称取经均质处理的奶粉样品 5 g（精确至 0.01 g）于 150 mL 平底烧瓶中，加入 20 mL

温水，混匀，再加入 1.0 g 抗坏血酸和 0.1 g BHT，混匀，加入 30 mL 无水乙醇，加入 10 ~20 mL 氢氧化钾溶液，边加边振摇，混匀后于 80 ℃恒温水浴震荡皂化 30 min，皂化后立即用水冷却至室温。如皂化液冷却后，液面有浮油，需要再加入适量氢氧化钾溶液，并适当延长皂化时间。

提取：将皂化液用 30 mL 水转入 250 mL 的分液漏斗中，加入 50 mL 石油醚 - 乙醚混合液，振荡萃取 5 min，然后将下层溶液转移至另一 250 mL 的分液漏斗中，加入 50 mL 的混合醚再次萃取，合并醚层，得提取液。

洗涤：用约 100 mL 水洗涤醚层，约需重复 3 次，直至将醚层洗至中性，去除下层水相。

浓缩：将洗涤后的醚层经无水硫酸钠（约 3 g）滤入 250 mL 旋转蒸发瓶和氮气浓缩管中，用约 15 mL 石油醚冲洗分液漏斗及无水硫酸钠 2 次，并入蒸发瓶内，并将其接在旋转蒸发仪或气体浓缩仪上，于 40 ℃水浴中减压蒸馏或气流浓缩，待瓶中醚液剩下约 2 mL 时，取下蒸发瓶，立即用氮气吹至近干。用甲醇分次将蒸发瓶中残留物溶解并转移至 10 mL 容量瓶中，定容至刻度。溶液过 0.22 μm 有机系滤膜后供高效液相色谱测定。

2. 仪器条件

液相色谱条件：C_{30} 柱（柱长 250 mm，内径 4.6 mm，粒径 3 μm）色谱柱对样品进行分离。进样量：10 μL，流速：0.8 mL/min，柱温：20 ℃，流动相 A 为水，流动相 B 为甲醇，洗脱梯度如表 3–1 所示。

荧光检测器检测波长：维生素 A 激发波长 328 nm，发射波长 440 nm；维生素 E 激发波长 294 nm，发射波长 328 nm。

表 3–1 C_{30} 色谱柱 – 反相高效液相色谱法洗脱梯度参考条件

时间 /min	流动相 A/%	流动相 B/%
0.0	4	96
13.0	4	96
20.0	0	100
24.0	0	100
24.5	4	96
30.0	4	96

3. 标准曲线的制作

维生素 A 和维生素 E 标准系列工作溶液的配制：分别准确吸取一系列体积的（0.20，0.50，1.00，2.00，4.00，6.00 mL）维生素 A 和维生素 E 混合标准溶液中间液于 10 mL 棕色容量瓶中，用甲醇定容至刻度，得到该标准系列维生素 A（0.20，0.50，1.00，2.00，4.00，6.00 μg/mL）和维生素 E（2.00，5.00，10.00，20.00，40.00，60.00 μg/mL）。临用现配。

本法采用外标法定量。将维生素 A 和维生素 E 标准系列工作溶液分别注入高效液相色谱仪中，测定相应的峰面积，以峰面积为纵坐标，以标准待定液浓度为横坐标绘制标准曲线，计算直线回归方程。

4. 样品测定

样品液经高效液相色谱仪分析，测得峰面积，采用外标法通过上述标准曲线计算其浓度。在测定过程中，建议每测定 10 个样品用一份标准溶液或标准物质检查仪器的稳定性。

五、计算

样品中维生素 A 或维生素 E 的含量按式（3–11）计算：

$$X = \frac{\rho \times V \times f \times 100}{m} \tag{3-11}$$

式中　X——样品中维生素 A 或维生素 E 的含量，维生素 A 单位为 μg/100 g；维生素 E 单位为 mg/100 g；

ρ——根据标准曲线计算得到的样品中维生素 A 或维生素 E 的浓度，μg/mL；

V——定容体积，mL；

f——换算因子（维生素 A：f=1；维生素 E：f=0.001）；

100——单位换算系数；

m——样品的称样量，g。

六、思考题

（1）为什么处理过程应避免紫外光照，尽可能避光操作？维生素 A、维生素 E 溶液为什么应保存在棕色瓶中？

（2）皂化过程中添加维生素 C 和 BHT 的目的是什么？

七、说明

（1）如果难以将柱温控制在（20 ±2）℃，可改用 PFP 柱分离异构体，流动相为水和甲醇梯度洗脱。

（2）如样品中只含 α– 生育酚，不需分离 β– 生育酚和 γ– 生育酚，可选用 C_{18} 柱，流动相为甲醇。

（3）使用的所有器皿不得含有氧化性物质；分液漏斗活塞玻璃表面不得涂油；处理过程应避免紫外光照，尽可能避光操作；提取过程应在通风柜中操作。

高效液相色谱仪基本知识

（4）如维生素 E 的测定结果要用 α– 生育酚当量（α–TE）表示，可按式（3–12）计算：

$$维生素E（mg\alpha-TE）=\alpha-生育酚（mg）+\beta-生育酚（mg）\times 0.5+\gamma-生育酚（mg）\times 0.1+\delta-生育酚（mg）\times 0.01 \tag{3-12}$$

实验十三　植物油色泽的鉴定

一、实验目的

（1）掌握罗维朋比色法测定油脂色泽的基本原理。

（2）掌握罗维朋测色仪的工作原理和使用方法。

二、实验原理

在同一光源下，由透过已知光程的液态脂肪样品的光的颜色与透过标准玻璃色片的光的颜色进行匹配，用罗维朋色值表示其测定结果。

采用了国际公认的专用色标——罗维朋色标度来测量各种液体、胶体、固体和粉末样品的色度。罗维朋色标度是一种特殊的色度单位，它能够简单、直观地测量各种颜色，极易掌握。罗维朋测色仪在国际上已被众多的国家所接受。

三、实验材料与仪器

1. 试剂与材料

菜籽油，橄榄油，玉米油。

2. 仪器与设备

WSL-2 比较测色仪（比色皿尺寸：10 mm × 20 mm × 40 mm；4 mm × 20 mm × 40 mm；4 mm × 20 mm × 40 mm）。

四、实验步骤

1. 仪器安装

仪器应尽量避免放置在窗前或阳光直射的地方，最好面向白色或中性色的无窗墙面，座位高度应合适，以便直接在目镜筒上观察视场。

打开附件箱，在附件箱内装有一个镜筒，一套比色皿、两只备用灯泡。取出镜筒并旋入主机接口螺旋（旋下保护盖），检查电源电压和灯泡接触情况后即可测量样品。

2. 测定

将澄清（或过滤）的三种油脂（菜籽油、橄榄油、玉米油）样品分别注入比色皿中至上口约 5 mm 处，再把比色皿放到比色箱的槽里即可开始测量（使比色皿紧贴色片盒窗口）。

先按质量标准固定黄色玻璃片色值，打开光源，移动红色玻璃片调色，直到左半部样品颜色与右半部标准滤片色完全相同为止。如油样有青绿色，则须配入蓝色玻璃片或中性灰片，这时移动红色玻璃片，使配入蓝色玻璃片的号码达到最小值为止。记下黄、红或黄、红、蓝玻璃片的各自数值，即为被测油样的色值。

两次实验结果允许差不超过 0.2，以实验结果高的作为测定结果。

五、说明

（1）观察时，眼睛应居中。同时，凝视时间不宜过长，因为眼睛疲劳后分辨率会下降。也就是说，宁可分步观察也不要长时期地连续观察。

（2）颜色的命名

目前用一原色来描述某一颜色的方法较为普遍，但是有些部门为了更方便起见，或为了某种特定的需要，采用六种颜色描述方式。现对这六种颜色略作介绍。

红：罗维朋红色；橙：红与黄的结合。若黄占多数，为黄橙色，若红占多数，为红橙色；黄：罗维朋黄色；绿：黄与蓝的结合。若黄占多数为黄绿色；若蓝占多数为蓝绿色；蓝：罗维朋蓝色；紫：红与蓝的结合，若红占多数，为红紫色；若蓝占多数为蓝紫色。各种颜色都有“亮”“暗”的概念。当三种原色都被用于比色时，该样品称为“暗 X 色”，其中最弱的一种原色值称作暗度值。当测量中必须使用中性灰片时，该样品称为“明 X 色”，中性灰片的色标值即为亮度值。

例：某次比色测量的结果为：红 10.5；黄 7.2；蓝 3.1，三种原色均用上了，其中最低的示值蓝 3.1 即为暗度（红 3.1、黄 3.1、蓝 3.1），由于余下的红 7.4、黄 4.1 含有相等的 4.1，所以橙的值是 4.1、红的值是 3.3，故样品称为“暗红橙色”，依次类推。

（3）为了保证仪器的最佳色温状态，一般灯泡使用 100 h 后应予更换，但必须注意，两只灯泡应同时更换，更换时，只要手伸入样品室两侧即可旋下灯泡。

（4）被测透明液体的颜色深度与所用的比色皿长度有关。因此在测量之前，必须选用测试规定的比色皿。（颜色深度与长度不呈正相关，不能用 20 mm 比色皿测得结果的 1/2 代替 10 mm 比色皿所得的结果；同样，把液体稀释一倍测得的颜色也非该液体颜色深度的 1/2）。

（5）在没有具体标准的情况下，选用比色皿规格应尽量使样品的色标度不超过 20 罗维朋单位，因为 3 ~ 10 罗维朋单位颜色的分辨率最好，超过该范围，分辨率就逐渐下降。

实验十四　油脂酸价的测定

一、实验目的

（1）掌握测定油脂酸价的原理及方法。

（2）了解测定油脂酸价的实际意义。

二、实验原理

油脂酸价指中和 1 g 油脂中游离脂肪酸所需氢氧化钾的毫克数。常用中性乙醇和乙醚混合溶剂溶解，然后用碱的标准溶液滴定其中的游离脂肪酸。根据样品质量和消耗碱液的量计算出油脂酸价。

将一份质量已知的样品溶于有机溶剂，用浓度已知的氢氧化钾溶液滴定，并以酚酞溶液作为颜色指示剂。油脂中的游离脂肪酸与 KOH 发生中和反应，从 KOH 标准溶液消耗量可计算出游离脂肪酸的量，反应式如下：

$$RCOOH+KOH \longrightarrow RCOOK+H_2O$$

三、实验材料与仪器

1. 试剂与材料

95% 乙醇，乙醚，酚酞，氢氧化钾。

2. 试剂配制

1% 酚酞指示剂：称取 1 g 的酚酞，加入 100 mL 95% 乙醇并搅拌至完全溶解。

中性乙醚 - 乙醇混合液（1∶1）：95% 乙醇与乙醚等体积混合后，加入 2 滴 1% 酚酞指示剂，临用前用 0.1 mol/L 的氢氧化钾溶液滴定至微红色。

氢氧化钾标准溶液（0.1 mol/L）：称取 50 g 氢氧化钾，置于烧杯中，加约 42 mL 水溶解，冷却，放置。量取 7 mL 上层清液，用 95% 乙醇稀释至 1000 mL，密闭避光放置 2 ~ 4 d 至溶液清澈后，吸上层清液至另一容器中（避光保存或用深色容器）。

3. 仪器与设备

锥形瓶，碱式滴定管（50 mL），量筒，分析天平。

四、实验方法

1. 滴定

准确称取混匀油脂样品 3 ~ 5 g（精确至 0.01 g）注入锥形瓶中，加入中性乙醚 - 乙醇混合液 50 mL，摇动，使油样充分分散溶解，再加入 2 ~ 3 滴 1% 酚酞指示剂，用 0.1 mol/L 氢氧化钾标准溶液滴定至微红色，且 15 s 内无明显褪色时，为滴定的终点。立刻停止滴定，记录下此滴定所消耗的标准滴定溶液的毫升数，此数值为 V。

2. 氢氧化钾 - 乙醇溶液的标定

见附录Ⅱ。

五、计算

油脂的酸价按式（3–13）计算：

$$X=\frac{(V-V_0)\times c\times 56.1}{m} \tag{3–13}$$

式中　X——酸价，mg/g；

　　V——滴定样品消耗的氢氧化钾标准溶液的体积，mL；

V_0——相应的空白测定所消耗的标准滴定溶液的体积，mL；

c——标准氢氧化钾溶液浓度，mol/L；

m——样品质量，g；

56.1——1 mL 1 mol/L 标准氢氧化钾溶液相当于氢氧化钾的质量 56.1 mg。

六、思考题

（1）油脂氧化酸败的机理是什么？食品生产过程中，哪些因素可引起油脂的酸败？

（2）酸价测定中，为什么要使用乙醚－乙醇混合液？

（3）测定油脂酸价有何意义？

七、说明

（1）测定深色油的酸价时可减少样品用量，或适当增加混合溶剂的用量，这样利于滴定终点的判别。

（2）蓖麻油不溶于乙醚，因此测定其酸价时只能用中性乙醇而不能用混合溶剂。

（3）滴定过程中如出现浑浊或分层，表明由碱带进水量太多，可适当补进混合溶剂或改用标准的氢氧化钾－乙醇溶液进行滴定。

（4）此实验方法为 GB 5009.229—2016《食品安全国家标准　食品中酸价的测定》。

（5）国家标准规定各种食用植物油酸价超过 3 mg KOH/g 时，不能直接供应市场。对各种等级的食用油脂的酸价都有明确的限定指标。

实验十五　油脂碘值的测定

一、实验目的

（1）理解碘值的含义、测定的原理和意义。

（2）掌握用韦氏（Wijs）试剂测定油脂碘值的方法。

二、实验原理

碘值是指 100 g 油脂所能加成碘的克数，用于衡量油脂的不饱和程度。

在溶剂中溶解样品并加入韦氏试剂，与油脂中的不饱和脂肪酸发生加成反应，生成饱和的卤素衍生物，再加入过量的碘化钾与剩余的氯化碘作用生成游离碘，用硫代硫酸钠标准溶液滴定游离的碘。

$$ICl + —CH{=}CH— \longrightarrow —CHI—CHCl—$$

$$KI + ICl \longrightarrow KCl + I_2$$

$$I_2 + 2\,Na_2S_2O_3 \longrightarrow 2NaI + Na_2S_4O_6$$

三、实验材料与仪器

1. 试剂与材料

大豆油：① 非油炸油样；② 油炸油样。

氯化碘，三氯甲烷，冰醋酸，淀粉，碘化钾，硫代硫酸钠，无水碳酸钠。

2. 试剂配制

韦氏试剂：取 2.5 g 氯化碘溶于 150 mL 冰醋酸中。

淀粉指示剂（5 g/L）：将 5 g 可溶性淀粉在 30 mL 水中混合，加入 1000 mL 沸水，并煮沸 3 min，冷却。

碘化钾（100 g/L）：100 g 碘化钾溶解于 1 L 水中。

硫代硫酸钠标准溶液（0.1 mol/L）：称取 26 g 五水合硫代硫酸钠（或 16 g 无水硫代硫酸钠），加 0.2 g 无水碳酸钠，溶于 1000 mL 水中，缓缓煮沸 10 min，冷却。放置 2 周后用 4 号玻璃滤锅过滤。

3. 仪器与设备

碘量瓶（250 mL），碱式滴定管（50 mL），容量瓶，小坩埚，烧杯，玻璃棒，量筒，移液管，分析天平，铁架台

四、实验步骤

1. 样品与韦氏试剂反应

准确称取 0.13 g 油样品（精确到 0.001 g）于碘量瓶中，加入 20 mL 三氯甲烷和冰醋酸 2 : 3（体积比）的混合溶液溶解油样，移液管加入 25 mL 韦氏碘液，立即加塞（塞和瓶口均涂以碘化钾溶液，以防碘挥发），摇匀后，在暗处放置 1 h。

2. 滴定

立即加入 20 mL 碘化钾溶液和 150 mL 水，不断摇动，用 0.1 mol/L 硫代硫酸钠滴定至溶液呈浅黄色时，加入 1 mL 淀粉指示剂，继续滴定，一边滴定一边摇动锥形瓶，直至蓝色消失。

相同条件下，不加油样做两个空白试验，取其平均值作计算用。

3. 硫代硫酸钠溶液的标定

见附录Ⅱ。

五、计算

油脂的碘值按式（3–14）计算：

$$W = \frac{(V_1 - V_2) \times c \times 0.1269}{m} \times 100 \qquad (3\text{–}14)$$

式中　W——样品的碘值，g/100 g；

V_1——空白试验消耗的硫代硫酸钠溶液体积，mL；

V_2——样品消耗的硫代硫酸钠溶液体积，mL；

c——硫代硫酸钠标准溶液浓度，mol/L；

m——样品质量，g。

六、思考题

（1）在碘值测定中，使用韦氏试剂而不采用氯、溴加成的原因是什么？

（2）硫代硫酸钠溶液配制中为何一个月后标定？为何添加碳酸钠？

（3）滴定前加入大量水稀释的原因是什么？

（4）在滴定终点时加入淀粉指示剂的原因是什么？

七、说明

（1）此实验方法为国家标准 GB/T 5532—2008《动植物油脂　碘值的测定》。

（2）实验中加入碘液的速度、放置作用时间和温度要与空白实验保持一致。

（3）配制韦氏碘液的冰醋酸质量必须符合要求，且不能含有还原性物质。

鉴定是否含有还原性物质的方法如下：取冰醋酸 2 mL，用 10 mL 蒸馏水稀释，加入 0.2 mol/L 高锰酸钾溶液 0.1 mL，所呈现的红色应在 2 h 内保持不变。如红色褪去，说明有还原性物质存在。

可用下法精制：取冰醋酸 800 mL 放入圆底烧瓶内，加 8 ~ 10 g 高锰酸钾，接上回流冷凝

器，加热回流约 1 h 后移入蒸馏瓶中进行蒸馏，收集 118 ~ 119 ℃间的馏出物。

实验十六　油脂皂化值的测定

一、实验目的

（1）掌握油脂皂化值的测定原理和方法。

（2）了解测定油脂皂化值的实际意义。

二、实验原理

脂肪的碱水解称为皂化。皂化 1 g 脂肪（游离的脂肪酸和结合的脂肪酸）所需的 KOH 的毫克数称为皂化值。在回流条件下将样品和氢氧化钾 – 乙醇溶液一起加热沸腾，后用标定的盐酸溶液滴定过量的氢氧化钾。

脂肪的皂化值与相对分子质量成反比，由皂化值的数值可知混合脂肪的平均相对分子质量。

三、实验材料与仪器

1. 试剂与材料

大豆油，70% 乙醇，酚酞，氢氧化钾，95% 乙醇，盐酸，无水碳酸钠，溴甲酚绿，甲基红。

2. 试剂配制

氢氧化钾 – 乙醇溶液（0.1 mol/L）：5.6 g 氢氧化钾溶解于 1 L 95% 乙醇。

1% 酚酞指示剂：1 g 酚酞溶解于 100 mL 95% 乙醇。

标准盐酸溶液（0.1 mol/L）：量取盐酸 9 mL，加入 1000 mL 纯水，摇匀。

溴甲酚绿 – 甲基红：溶液Ⅰ（准确称取 0.1 g 溴甲酚绿，溶于 95% 乙醇，用 95% 乙醇稀释至 100 mL）；溶液Ⅱ（准确称取 0.2 g 甲基红，溶于 95% 乙醇，用 95% 乙醇稀释至 100 mL）；取 30 mL 溶液Ⅰ、10 mL 溶液Ⅱ，混匀。

3. 仪器与设备

蒸馏装置，酸碱滴定管，烧杯，玻璃棒，分析天平。

四、实验步骤

1. 皂化

称取脂肪 2 g 左右（精确至 0.001 g），置于 250 mL 烧瓶中，加入 0.1 mol/L 氢氧化钾 – 乙醇溶液 25 mL。烧瓶上装冷凝管于沸水浴中回流 60 min，不时摇动，至烧瓶中的脂肪完全皂化（此时瓶内液体澄清并无油珠出现，若乙醇被蒸发，可酌情补充适量 70% 乙醇）。

2. 滴定

皂化完毕，冷至室温，加 1% 酚酞指示剂 2 滴，以 0.1 mol/L HCl 溶液滴定剩余的碱（盐酸用量少时可用微量滴定管），记录盐酸用量。

另做一空白实验，除不加脂肪外，其余操作均同上，记录空白实验盐酸的用量。

3. 盐酸溶液的标定

见附录Ⅱ。

五、计算

油脂的皂化价按式（3–15）计算：

$$I=\frac{(V_0-V_1)\times c\times 56.1}{m} \tag{3-15}$$

式中　I——皂化值，mg/g；

c——盐酸标准溶液的浓度，mol/L；

V_0——空白实验消耗的盐酸标准溶液的体积，mL；

V_1——样品实验消耗的盐酸标准溶液的体积，mL；

m——脂肪的质量，g。

六、思考题

（1）什么是皂化值？它有何意义？

（2）皂化的产物是什么？

七、说明

（1）皂化剩余的碱用盐酸中和，不能用硫酸滴定，因为生成的硫酸钾不溶于酒精，易生成沉淀而影响结果。

（2）若油脂颜色较深，可用碱性蓝 6B 酒精溶液作指示剂，这样容易观察终点。

（3）此实验方法为国家标准 GB/T 5534—2008《动植物油脂　皂化值的测定》。

实验十七　GC-FID 法分析鱼油中脂肪酸组成

一、实验目的

（1）掌握油脂中脂肪酸组成的色谱分析原理。

（2）了解气相色谱法原理和使用方法。

二、实验原理

样品中甘油酯在碱性条件下皂化后，脂肪酸在三氟化硼催化下进行甲酯化，萃取得到脂肪酸甲酯用于气相色谱分析。采用毛细管气相色谱，样品在气化室被气化，在一定的温度下，汽化的样品随载气通过色谱柱，由于样品中组分与固定相间相互作用的强弱不同而被逐一分离，分离后的组分到达检测器。根据色谱峰的保留时间定性，内标法确定不同脂肪酸的含量。

三、实验材料与仪器

1. 试剂与材料

鱼油，氢氧化钾，甲醇，三氟化硼，乙醚、石油醚、氯化钠，正庚烷，无水硫酸钠，十一碳酸甘油三酯，混合脂肪酸甲酯标准品，单个脂肪酸甲酯标准品（表 3-2）。

表 3-2　单个脂肪酸甲酯标准品的分子式及 CAS 号

序号	脂肪酸甲酯	脂肪酸简称	分子式	CAS 号
1	丁酸甲酯	C4 : 0	$C_5H_{10}O_2$	623-42-7
2	己酸甲酯	C6 : 0	$C_7H_{14}O_2$	106-70-7
3	辛酸甲酯	C8 : 0	$C_9H_{18}O_2$	111-11-5
4	葵酸甲酯	C10 : 0	$C_{11}H_{22}O_2$	110-42-9
5	十一碳酸甲酯	C11 : 0	$C_{12}H_{24}O_2$	1731-86-8
6	十二碳酸甲酯	C12 : 0	$C_{13}H_{26}O_2$	111-82-0
7	十三碳酸甲酯	C13 : 0	$C_{14}H_{28}O_2$	1731-88-0

续表

序号	脂肪酸甲酯	脂肪酸简称	分子式	CAS 号
8	十四碳酸甲酯	C14 : 0	$C_{15}H_{30}O_2$	124–10–7
9	顺 -9- 十四碳一烯酸甲酯	C14 : 1	$C_{15}H_{28}O_2$	56219–06–8
10	十五碳酸甲酯	C15 : 0	$C_{16}H_{32}O_2$	7132–64–1
11	顺 -10- 十五碳一烯酸甲酯	C15 : 1	$C_{16}H_{30}O_2$	90176–52–6
12	十六碳酸甲酯	C16 : 0	$C_{17}H_{34}O_2$	112–39–0
13	顺 -9- 十六碳一烯酸甲酯	C16 : 1	$C_{17}H_{32}O_2$	1120–25–8
14	十七碳酸甲酯	C17 : 0	$C_{18}H_{36}O_2$	1731–92–6
15	顺 -10- 十七碳一烯酸甲酯	C17 : 1	$C_{18}H_{34}O_2$	75190–82–8
16	十八碳酸甲酯	C18 : 0	$C_{19}H_{38}O_2$	112–61–8
17	反 -9- 十八碳一烯酸甲酯	C18 : 1n9t	$C_{19}H_{36}O_2$	1937–62–8
18	顺 -9- 十八碳一烯酸甲酯	C18 : 1n9c	$C_{19}H_{36}O_2$	112–62–9
19	反，反 -9，12- 十八碳二烯酸甲酯	C18 : 2n6t	$C_{19}H_{34}O_2$	2566–97–4
20	顺，顺 -9，12- 十八碳二烯酸甲酯	C18 : 2n6c	$C_{19}H_{34}O_2$	112–63–0
21	二十碳酸甲酯	C20 : 0	$C_{21}H_{42}O_2$	1120–28–1
22	顺，顺，顺 -6，9，12- 十八碳三烯酸甲酯	C18 : 3n6	$C_{19}H_{32}O_2$	16326–32–2
23	顺 -11- 二十碳一烯酸甲酯	C20 : 1	$C_{21}H_{40}O_2$	2390–09–2
24	顺，顺，顺 -9，12，15- 十八碳三烯酸甲酯	C18 : 3n3	$C_{19}H_{32}O_2$	301–00–8
25	二十一碳酸甲酯	C21 : 0	$C_{22}H_{44}O_2$	6064–90–0
26	顺，顺 -11，14- 二十碳二烯酸甲酯	C20 : 2	$C_{21}H_{38}O_2$	61012–46–2
27	二十二碳酸甲酯	C22 : 0	$C_{23}H_{46}O_2$	929–77–1
28	顺，顺，顺 -8，11，14- 二十碳三烯酸甲酯	C20 : 3n6	$C_{21}H_{36}O_2$	21061–10–9
29	顺 -13- 二十二碳一烯酸甲酯	C22 : 1n9	$C_{23}H_{44}O_2$	1120–34–9
30	顺 -11，14，17- 二十碳三烯酸甲酯	C20 : 3n3	$C_{21}H_{36}O_2$	55682–88–7
31	顺 -5，8，11，14- 二十碳四烯酸甲酯	C20 : 4n6	$C_{21}H_{34}O_2$	2566–89–4
32	二十三碳酸甲酯	C23 : 0	$C_{24}H_{48}O_2$	2433–97–8
33	顺 -13，16- 二十二碳二烯酸甲酯	C22 : 2	$C_{23}H_{42}O_2$	61012–47–3
34	二十四碳酸甲酯	C24 : 0	$C_{25}H_{50}O_2$	2442–49–1
35	顺 -5，8，11，14，17- 二十碳五烯酸甲酯	C20 : 5n3	$C_{21}H_{32}O_2$	2734–47–6
36	顺 -15- 二十四碳一烯酸甲酯	C24 : 1	$C_{25}H_{48}O_2$	2733–88–2
37	顺 -4，7，10，13，16，19- 二十二碳六烯酸甲酯	C22 : 6n3	$C_{23}H_{34}O_2$	2566–90–7

2. 试剂配制

乙醚－石油醚混合液（1+1）：取等体积的乙醚和石油醚，混匀备用。

氢氧化钾－甲醇溶液（20 g/L）：取 2 g 氢氧化钠溶解在 100 mL 甲醇中，混匀。

饱和氯化钠溶液：称取 360 g 氯化钠溶解于 1.0 L 水中，搅拌溶解，澄清备用。

150 g/L 三氟化硼－甲醇溶液：取三氟化硼 15 g 溶解在 100 mL 甲醇中，混匀。

十一碳酸甘油三酯内标溶液（5.00 mg/mL）：准确称取 2.5 g（精确至 0.1 mg）十一碳酸甘油三酯至烧杯中，加入甲醇溶解，移入 500 mL 容量瓶后用甲醇定容，在冰箱中冷藏可保存 1 个月。

混合脂肪酸甲酯标准溶液：取出适量脂肪酸甲酯混合标准品至 10 mL 容量瓶中，用正庚烷稀释定容，贮存于 –10 ℃以下冰箱，有效期 3 个月。

3. 仪器与设备

气相色谱仪－火焰离子化检测器（FID），分析天平，旋转蒸发仪，恒温水浴锅。

四、实验步骤

1. 样品甲酯化

取 0.15 g 鱼油样品于 25 mL 的圆底烧瓶中，准确加入 2.0 mL 十一碳酸甘油三酯内标溶液，加入 8 mL 的 20 g/L 氢氧化钾－甲醇溶液，连接回流冷凝器，80 ℃水浴加热回流到油滴消失。从回流冷凝器上端加入 7 mL 150 g/L 三氟化硼－甲醇溶液，80 ℃水浴加热回流 5 min；用少量水冲洗回流冷凝管，停止加热，取出烧瓶迅速冷却至室温。

加入 10 ~ 30 mL 正庚烷，振摇 2 min，使得甲酯化样品溶解，加入适量饱和氯化钠溶液，静置分层。吸取上层正庚烷提取溶液大约 5 ~ 25 mL 置于试管中，加入 3 ~ 5 g 无水硫酸钠，振摇 1 min，静置 5 min，吸取上层溶液到进样瓶待用。

2. 仪器条件

毛细管色谱柱：聚二氰丙基硅氧烷强极性固定相（100 m × 0.25 mm i.d.，0.25 μm）毛细柱，进样口和检测器温度分别为 270 ℃和 280 ℃，进样量 1.0 μL，分流比为 100 : 1，载气为高纯氮气，氢气和空气流量分别为 40 和 400 mL/min。升温程序为：初始温度 100 ℃，持续 13 min；100 ~ 180 ℃，升温速率 10 ℃ /min，保持 6 min；180 ~ 200 ℃，升温速率 1 ℃ /min，保持 20 min；200 ~ 230 ℃，升温速率 4 ℃ /min，保持 10.5 min。

3. 气相色谱分析

在上述色谱条件下将脂肪酸标准测定液及样品测定液分别注入气相色谱仪，以色谱峰峰面积定量。

五、计算

样品中单个脂肪酸甲酯含量按式（3–16）计算：

$$X_i = F_i \times \frac{A_i}{A_{C11}} \times \frac{\rho_{C11} \times V_{C11} \times 1.0067}{m} \times 100\% \tag{3–16}$$

式中　X_i——样品中脂肪酸甲酯 i 含量，g/100 g；

F_i——脂肪酸甲酯 i 的响应因子；

A_i——样品中脂肪酸甲酯 i 的峰面积；

A_{C11}——样品中加入的内标物十一碳酸甲酯峰面积；

ρ_{C11}——十一碳酸甘油三酯浓度，mg/mL；

V_{C11}——样品中加入十一碳酸甘油三酯体积，mL；

1.0067——十一碳酸甘油三酯转化成十一碳酸甲酯的转换系数；

m——样品的质量，mg；

100——将含量转换为每 100 g 样品中含量的系数。

脂肪酸甲酯 i 的响应因子 F_i 按式（3–17）计算：

$$F_i = \frac{\rho_{Si} \times A_{11}}{A_{Si} \times \rho_{11}} \tag{3-17}$$

式中 ρ_{Si}——混标中脂肪酸甲酯 i 的浓度，mg/mL；

A_{11}——十一碳酸甲酯峰面积；

A_{Si}——脂肪酸甲酯 i 的峰面积；

ρ_{11}——混标中十一碳酸甲酯浓度，mg/mL。

六、思考题

（1）气相色谱法测定脂肪酸，为什么要进行甲酯化？

（2）甲酯化后，加入饱和 NaCl 溶液的目的是什么？

七、说明

（1）油脂主要成分为脂肪酸甘油酯，其中的长链脂肪酸沸点较高，无法在气相色谱中汽化测定，故样品首先通过甲酯化，降低沸点，从而实现气相色谱法分析。

（2）本方法采用极性色谱柱，样品处理时应尽力保证脱水彻底。

（3）为了保护毛细管柱，一定要确认升温程序在该型号色谱柱的温度允许范围内。

（4）此实验方法为 GB 5009.168—2016《食品安全国家标准　食品中脂肪酸的测定》。

实验十八　甜炼乳中乳糖和蔗糖的测定

一、实验目的

（1）掌握蔗糖含量的测定方法。

（2）掌握食品中乳糖的测定原理和操作要点。

二、实验原理

甜炼乳是在牛乳中加入约 16% 的蔗糖，并浓缩到原来体积的 40% 左右的一种乳制品，因此富含乳糖和蔗糖。乳糖含量测定的主要原理为：试样经除去蛋白质后，以亚甲蓝作指示剂，在加热条件下直接滴定已标定过的碱性酒石酸铜溶液，根据样品液消耗体积，计算乳糖含量。

然后再测定甜炼乳中蔗糖含量，样品经除去蛋白质后，其中蔗糖经盐酸水解为还原糖，按还原糖测定。水解前后的差值即为由蔗糖水解产生的还原糖量，即转化糖的量，乘以相应的换算系数即为蔗糖含量。

三、实验材料与仪器

1. 试剂与材料

蔗糖，葡萄糖标品，乳糖（$C_6H_{12}O_6 \cdot H_2O$），乙酸锌［$Zn(CH_3COO)_2 \cdot 2H_2O$］，亚铁氰化钾［$K_4Fe(CN)_6 \cdot 3H_2O$］，盐酸，冰乙酸，氢氧化钠，乙醇（95%），甲基红，亚甲蓝，酚酞，硫酸铜，酒石酸钾钠。

2. 试剂配制

乙酸锌溶液（183 g/L）：称取 21.9 g 乙酸锌溶于少量水中，加入 3 mL 冰乙酸，用水定容至

100 mL。

亚铁氰化钾溶液（92 g/L）：称取亚铁氰化钾 10.6 g，加水溶解并定容至 100 mL。

盐酸（1+1）：取盐酸 50 mL，缓慢加入 50 mL 水中，冷却后混匀。

氢氧化钠（40 g/L）：称取氢氧化钠 4 g，加水溶解后，放冷，加水定容至 100 mL。

甲基红指示液（1 g/L）：称取甲基红盐酸盐 0.1 g，用 95% 乙醇溶解并定容至 100 mL。

酚酞溶液（5 g/L）：称取 0.5 g 酚酞溶于 100 mL 体积分数为 95% 的乙醇中。

亚甲蓝溶液（10 g/L）：称取 1 g 亚甲蓝于 100 mL 水中。

氢氧化钠溶液（200 g/L）：称取氢氧化钠 20 g，加水溶解后，放冷，加水并定容至 100 mL。

碱性酒石酸铜甲液：称取 15 g 硫酸铜和 0.05 g 亚甲蓝，溶于水中，加水定容至 1000 mL。

碱性酒石酸铜乙液：称取 50 g 酒石酸钾钠和 75 g 氢氧化钠，溶解于水中，再加入 4 g 亚铁氰化钾全溶解后，用水定容至 1000 mL，贮存于橡胶塞玻璃瓶中。

3. 仪器与设备

移液管，酸式滴定管，容量瓶，分析天平，水浴锅，可调温电炉。

四、实验步骤

1. 样品处理

去除蛋白：称取混匀的甜炼乳样品 2.5 g（精确至 0.001 g），置于 250 mL 容量瓶中，加水 50 mL，缓慢加入 5 mL 乙酸锌溶液和 5 mL 亚铁氰化钾溶液，加水至刻度，混匀，静置 30 min，用干燥滤纸过滤，弃去最初 25 mL 滤液，取后续滤液作滴定用。

酸水解：吸取处理后的样品 2 份，各 50.0 mL，分别置于 100 mL 容量瓶中。一份直接用水稀释至 100 mL，为转化前样品，也用于测定乳糖含量。另一份加 5 mL（盐酸 1+1），在 68 ~ 70 ℃水浴中加热 15 min，取出迅速冷却至室温，然后加 2 滴甲基红指示液，用 20% 的氢氧化钠溶液中和至中性，加水至刻度，混匀，为转化后样品。

2. 标定碱性酒石酸铜溶液

（1）用乳糖标定

称取预先在 95 ℃烘箱中干燥 2 h 的乳糖标样约 0.75 g（精确到 0.1 mg），用水溶解并定容至 250 mL，将此乳糖溶液注入一个 50 mL 滴定管中，待滴定。

预滴定：吸取 10 mL 碱性酒石酸溶液（甲、乙液各 5 mL）于 250 mL 锥形瓶中。加入 20 mL 蒸馏水，放入 2 ~ 4 粒玻璃珠，从滴定管中放出 15 mL 样液于锥形瓶中，置于电炉上加热，使其在 2 min 内沸腾，保持沸腾状态 15 s，加入 3 滴亚甲蓝溶液，继续滴入至溶液蓝色完全褪尽为止，读取所用样液的体积。

精确滴定：另取 10 mL 碱性酒石酸溶液（甲、乙液各 5 mL）于 250 mL 锥形烧瓶中，再加入 20 mL 蒸馏水，放入几粒玻璃珠，加入比预滴定量少 0.5 ~ 1.0 mL 的样液，置于电炉上，使其在 2 min 内沸腾，维持沸腾状态 2 min，加入 3 滴亚甲蓝溶液，以每 2 s 一滴的速度徐徐滴入，溶液蓝色完全褪尽即为终点，记录消耗的体积。

碱性酒石酸铜溶液的乳糖校正值 f_1 按式（3–18）和式（3–19）计算：

$$A_1 = \frac{V_1 \times m_1 \times 1000}{250} = 4 \times V_1 \times m_1 \tag{3–18}$$

$$f_1 = \frac{4 \times V_1 \times m_1}{AL_1} \quad (3\text{-}19)$$

式中 A_1——实测乳糖数，mg；

V_1——滴定时消耗乳糖溶液的体积，mL；

m_1——称取乳糖的质量，g；

AL_1——由乳糖液滴定体积查表所得的乳糖数，mg。

（2）用蔗糖标定

称取预先在 105 ℃烘箱中干燥 2 h 的蔗糖标样约 0.2 g（精确到 0.1 mg），用 50 mL 水溶解并定容至 100 mL，加水 10 mL，再加入 10 mL 盐酸，置于 75 ℃水浴锅中不断摇动，使溶液温度控制在 67 ~ 69.5 ℃，保温 5 min，冷却后，加 2 滴酚酞溶液，用氢氧化钠溶液调至微粉色，用水定容至刻度。然后，按 2（1）进行预滴定和精确滴定操作。

碱性酒石酸铜溶液的蔗糖校正值 f_2 按式（3–20）和式（3–21）计算：

$$A_2 = \frac{V_2 \times m_2 \times 1000}{100 \times 0.95} = 10.5263 \times V_2 \times m_2 \quad (3\text{-}20)$$

$$f_2 = \frac{10.5263 \times V_2 \times m_2}{AL_2} \quad (3\text{-}21)$$

式中 A_2——实测转化糖数，mg；

V_2——滴定时消耗蔗糖溶液的体积，mL；

m_2——称取蔗糖的质量，g；

0.95——果糖、葡萄糖分子质量之和与蔗糖分子质量的比值；

AL_2——由蔗糖溶液滴定的体积查表 3–3 所得的转化糖数，mg。

表 3–3 乳糖及转化糖因数表（10 mL 碱性酒石酸铜溶液）

滴定量 /mg	乳糖 /mg	转化糖 /mg	滴定量 /mg	乳糖 /mg	转化糖 /mg
15	68.3	50.5	33	67.8	51.7
16	68.2	50.6	34	67.9	51.7
17	68.2	50.7	35	67.9	51.8
18	68.1	50.8	36	67.9	51.8
19	68.1	50.8	37	67.9	51.9
20	68.0	50.9	38	67.9	51.9
21	68.0	51.0	39	67.9	52.0
22	68.0	51.0	40	67.9	52.0
23	67.9	51.1	41	68.0	52.1
24	67.9	51.2	42	68.0	52.1
25	67.9	51.2	43	68.0	52.2
26	67.9	51.3	44	68.0	52.2
27	67.8	51.4	45	68.1	52.3
28	67.8	51.4	46	68.1	52.3
29	67.8	51.5	47	68.2	52.4

续表

滴定量 /mg	乳糖 /mg	转化糖 /mg	滴定量 /mg	乳糖 /mg	转化糖 /mg
30	67.8	51.5	48	68.2	52.4
31	67.8	51.6	49	68.2	52.5
32	67.8	51.6	50	68.3	52.5

注：此表中“因数”是指与滴定量相对应的数目。若试样中蔗糖与乳糖之比超过 3∶1 时，则计算乳糖时应在滴定量中加上表 3–4 中的校正值后再查表 3–3。

表 3–4　　乳糖滴定量校正值

滴定终点时所用的糖液量 /mL	滴定 10 mL 碱性酒石酸铜溶液，蔗糖及乳糖量的比	
	3∶1	6∶1
15	0.15	0.30
20	0.25	0.50
25	0.30	0.60
30	0.35	0.70
35	0.40	0.80
40	0.45	0.90
45	0.50	0.95
50	0.55	1.05

3. 乳糖的测定

预滴定：吸取碱性酒石酸铜甲液 5.0 mL 和碱性酒石酸铜乙液 5.0 mL 于同一 150 mL 锥形瓶中，加入蒸馏水 10 mL，放入 2 ~ 4 粒玻璃珠，置于电炉上加热，使其在 2 min 内沸腾，保持沸腾状态 15 s，滴入转化前样液至溶液蓝色完全褪尽为止，读取所用样液的体积。

精确滴定：吸取碱性酒石酸铜甲液 5.0 mL 和碱性酒石酸铜乙液 5.0 mL 于同一 150 mL 锥形瓶中，加入蒸馏水 10 mL，放入 2 ~ 4 粒玻璃珠，从滴定管中放出的转化前样液（比预滴定时的预测体积少 1 mL），置于电炉上，使其在 2 min 内沸腾，维持沸腾状态 2 min，以每 2 s 一滴的速度徐徐滴入样液，溶液蓝色完全褪尽即为终点，记录转化前样液消耗的体积，同时平行操作 3 份得平均值 V_3。

4. 蔗糖的测定

预滴定：吸取碱性酒石酸铜甲液 5.0 mL 和碱性酒石酸铜乙液 5.0 mL 于同一 150 mL 锥形瓶中，加入蒸馏水 10 mL，放入 2 ~ 4 粒玻璃珠，置于电炉上加热，使其在 2 min 内沸腾，保持沸腾状态 15 s，滴入转化后样液至溶液蓝色完全褪尽为止，读取所用样液的体积。

精确滴定：吸取碱性酒石酸铜甲液 5.0 mL 和碱性酒石酸铜乙液 5.0 mL 于同一 150 mL 锥形瓶中，加入蒸馏水 10 mL，放入 2 ~ 4 粒玻璃珠，从滴定管中放出的转化后样液（比预滴定时的预测体积少 1 mL），置于电炉上，使其在 2 min 内沸腾，维持沸腾状态 2 min，以每 2 s 一滴的速度徐徐滴入样液，溶液蓝色完全褪尽即为终点，分别记录转化前样液和转化后样液消耗的体积，同时平行操作 3 份得平均值 V_4。

五、计算

1. 样品中乳糖的质量分数，按式（3–22）计算：

$$X = \frac{F_1 \times f_1}{\frac{V_3}{100} \times \frac{50}{250} \times m \times 1000} \times 100 \tag{3–22}$$

式中 X——样品中乳糖的质量分数，g/100 g；

F_1——由消耗样液的体积查表所得的乳糖数，mg；

f_1——碱性酒石酸铜溶液乳糖校正值；

m——样品的质量，g；

50——酸水解中吸取样液体积，mL；

250——样品处理中样品定容体积，mL；

V_3——滴定时平均消耗转化前样液体积，mL。

2. 蔗糖

（1）利用测定乳糖时的滴定量，求转化前样液中转化糖的含量（以乳糖计），按式（3–23）计算：

$$R_1 = \frac{F_2 \times f_2}{\frac{V_3}{100} \times \frac{50}{250} \times m \times 1000} \times 100 \tag{3–23}$$

式中 R_1——转化前样液中转化糖的质量分数，g/100 g；

F_2——由测定乳糖时消耗样液的体积查表所得的转化糖数，mg；

f_2——碱性酒石酸铜溶液蔗糖校正值；

m——样品的质量，g；

50——酸水解中吸取样液体积，mL；

250——样品处理中样品定容体积，mL；

V_3——滴定时平均消耗转化前样液体积，mL。

（2）转化后样液中转化糖的含量按式（3–24）计算：

$$R_2 = \frac{F_3 \times f_2}{\frac{V_4}{100} \times \frac{50}{250} \times m \times 1000} \times 100 \tag{3–24}$$

式中 R_2——转化后样液中转化糖的质量分数，g/100 g；

F_3——由消耗转化后样液的体积 V_4 查表所得的转化糖数，mg；

f_2——碱性酒石酸铜溶液蔗糖校正值；

m——样品的质量，g；

V_4——滴定时平均消耗转化后样液体积，mL。

（3）样品中蔗糖的含量按下式计算：

$$X = (R_2 - R_1) \times 0.95 \tag{3–25}$$

式中 X——样品中蔗糖的质量分数，g/100 g；

R_1——转化前转化糖的质量分数，g/100 g；

R_2——转化后转化糖的质量分数，g/100 g；

0.95——还原糖（以葡萄糖计）换算为蔗糖的系数。

六、思考题

（1）还原糖的测定方法都包括哪些?

（2）碱性酒石酸铜甲液和乙液为什么要分别储存，用时才混合?

（3）滴定时为什么一定要在沸腾条件下进行?

七、拓展

（1）若试样中蔗糖与乳糖之比超过 3∶1 时，则计算乳糖时应在滴定量中加上表 3–4 中的校正值后再查表 3–3。

（2）蔗糖的水解速度比其他双糖、低聚糖和多糖快得多。在本方法规定的水解条件下，蔗糖可以完全水解，而其他双糖、低聚糖和淀粉的水解程度很小，可以忽略不计。

（3）为获得准确的结果，必须严格控制水解条件。取样液体积、酸的浓度及用量、水解温度和时间都需严格控制，到达规定时间后迅速冷却，以防止低聚糖、多糖水解以及果糖分解。

（4）本法参考 GB 5009.8—2016《食品安全国家标准　食品中果糖、葡萄糖、蔗糖、麦芽糖、乳糖的测定》中的第二法：酸水解法；以及 GB 5413.5—2010《食品安全国家标准　婴幼儿食品和乳品中乳糖、蔗糖的测定》中的第二法。

实验十九　不同加工精度面粉中粗淀粉含量的分析

一、实验目的

（1）掌握旋光仪的操作使用方法。

（2）掌握旋光法测粗淀粉含量的原理。

二、实验原理

淀粉是多糖聚合物，在一定酸性条件下，以氯化钙溶液为分散介质，淀粉可均匀分散在溶液中，并能形成稳定的具有旋光性的物质。而旋光度的大小与淀粉含量成正比，因此可用旋光法测定样品中淀粉含量。本实验采用旋光度法测定淀粉中粗淀粉含量。

三、实验材料与仪器

1. 材料与试剂

小麦面粉（市售一级、二级、三级），浓盐酸，无水乙醇，亚铁氰化钾［$K_4Fe(CN)_6 \cdot 3H_2O$］，乙酸锌［$Zn(CH_3COO)_2 \cdot 2H_2O$］。

2. 试剂配制

盐酸（7.7 mol/L）：用水将 63.7 mL 浓盐酸稀释到 100 mL。

盐酸（0.309 mol/L）：用水将 25.6 mL 浓盐酸稀释到 1000 mL。

乙酸锌溶液（0.100 mol/L）：称取 21.9 g 乙酸锌，用蒸馏水溶解并稀释至 100 mL。

乙醇溶液（4+6）：取 400 mL 无水乙醇，用水稀释并定容至 1 L，混匀。

亚铁氰化钾溶液（0.250 mol/L）：称取 10.6 g 亚铁氰化钾，用蒸馏水溶解并稀释至 100 mL。

3. 仪器与设备

旋光仪，分析天平，滴管，容量瓶，滤纸。

四、实验步骤

1. 实验设计

本实验采用旋光法测定粗淀粉含量，测定对象为不同加工精度的面粉（市售一至三级小麦粉），根据测定结果，对比分析不同级别的面粉中淀粉含量的差异。

2. 样品总旋光度的测定

制样：称取（2.50±0.05）g 制备好的面粉样品，置于 100 mL 容量瓶中，加入 25 mL 0.309 mol/L 盐酸，搅拌至较好的分散状态，再加入 25 mL 0.309 mol/L 盐酸。将容量瓶放入沸水浴中并不停振摇，或者将容量瓶放入装有磁力搅拌器的沸水浴中以最小速度搅拌。容量瓶在沸水浴中振摇一定时间，停止摇动或搅拌后取出，立即加入 30 mL 冷水，用流动水快速冷却至（20±2）℃。

测定：加入 5 mL 0.250 mol/L 亚铁氰化钾溶液，振摇 1 min。加入 5 mL 0.100 mol/L 乙酸锌溶液，振摇 1 min。用水定容，摇匀后用合适的滤纸过滤，如果滤出液不完全澄清，用 10 mL 亚铁氰化钾溶液和乙酸锌溶液重复上述操作。在 20 cm 旋光管中用旋光仪测定溶液的旋光度。

3. 在乙醇溶液（4+6）中可溶性物质的旋光度测定

制样：称取（5.0±0.1）g 样品，置于 100 mL 容量瓶中，加入 80 mL 体积分数为 40% 的乙醇溶液，将容量瓶在室温下放置 1 h；在这 1 h 中剧烈摇动容量瓶 6 次，以保证样品和乙醇充分混合；用乙醇定容到 100 mL，摇匀后过滤。

测定：用移液管吸取 50 mL 滤液（相当于 2.5 g 样品）放入 100 mL 容量瓶中，加入 2.1 mL 7.7 mol/L 稀盐酸，剧烈摇动；在容量瓶上安装回流冷凝管，同时置于沸水浴中；一段时间后将容量瓶取出，冷却至（20±2）℃。并用上述测定旋光度的步骤测定醇溶液中可溶性物质的旋光度。

不同面粉样品重复上述实验，并分别做好标记，分别为 1，2，3，4，5。

五、计算

样品中淀粉质量分数，按式（3–26）计算：

$$\omega = \frac{2000}{\alpha_D^{20}} \times \left(\frac{2.5\alpha_1}{m_1} - \frac{5\alpha_2}{m_2} \right) \times \frac{100}{\omega_1} \quad (3\text{–}26)$$

式中 ω——样品中淀粉质量分数，%；

α_1——测定的样品总旋光度，°；

α_2——醇溶物质的旋光度，°；

m_1——总旋光度测定时样品的总质量，g；

m_2——醇溶物测定时样品的质量，g；

ω_1——样品中干物质的质量分数，%；

α_D^{20}——淀粉在 589.3 nm 波长下测得比旋光度，°（小麦淀粉为 +182.7°）。

六、结果分析

对比分析不同加工精度面粉中粗淀粉的含量，以不同种类的面粉为横坐标，以粗淀粉含量为纵坐标，绘制柱形图，并对结果进行分析讨论。

七、思考题

（1）粗淀粉测定过程中对准确度的影响因素有哪些？

（2）乙醇在样品处理过程中起到什么作用？

（3）添加亚铁氰化钾和乙酸锌的作用是什么？

八、说明

（1）测定时，旋光仪需预热 30 min 后与样品在同一温度下测定。

（2）旋光管注满溶液时不可有气泡，若有气泡必须排除方可测定，否则影响测定值的准确度。

（3）本实验采用的方法为 GB/T 20378—2006《原淀粉 淀粉含量的测定 旋光法》，本法不适用于直链淀粉含量高的原淀粉、变性淀粉和预糊化（冷水可溶）淀粉中淀粉含量的测定。

（4）GB 5009.9—2016《食品安全国家标准 食品中淀粉的测定》第一法为酶水解法，第二法为酸水解法，适用于食品（肉制品除外）中淀粉的测定；第三法为碘量法，适用于肉制品中淀粉的测定，但不适用于同时含有经水解也能产生还原糖的其他添加物的淀粉测定，与本实验采用方法适用范围不同。

（5）若测定其他种类淀粉含量，大米淀粉在 589.3 nm 波长下测得比旋光度 α_D^{20} 取值为 +185.9°，马铃薯淀粉为 +185.7°，玉米淀粉为 +184.6°。

实验二十 大豆的氨基酸组成分析

一、实验目的

（1）掌握氨基酸自动分析仪测定氨基酸的原理和方法。

（2）掌握氨基酸自动分析仪测定氨基酸的样品前处理方法。

二、实验原理

本实验用到的原理是食品中的蛋白质经盐酸水解成为游离氨基酸，经离子交换柱分离后，与茚三酮溶液发生颜色反应，生成紫色化合物，用可见光检测器测量其在 570 nm 的吸光度（脯氨酸和羟脯氨酸在 440 nm 测定），与标准溶液的吸光度比较，即可计算出样品中的氨基酸含量。

三、实验材料与仪器

1. 试剂与材料

干大豆，浓盐酸（优级纯），苯酚，氮气（纯度 99.9%），柠檬酸钠（优级纯），氢氧化钠（优级纯），三氯乙酸。

16 种单个氨基酸标准品：固体，纯度≥ 98%。

2. 试剂配制

盐酸溶液（6 mol/L）：量取 500 mL 浓盐酸，用水稀释至 1000 mL。

冷冻剂：市售食盐与冰块按质量 1∶3 混合。

氢氧化钠溶液（500 g/L）：称取 50 g 氢氧化钠，溶于 50 mL 水中，冷却至室温后，用水稀释至 100 mL，混匀。

柠檬酸钠缓冲溶液［c（Na^+）=0.2 mol/L］：称取 19.6 g 柠檬酸钠加入 500 mL 水溶解，加入 16.5 mL 盐酸，用水稀释至 1000 mL，混匀，用 6 mol/L 盐酸溶液或 500 g/L 氢氧化钠溶液调节 pH 至 2.2。

三氯乙酸溶液（50 g/L）：称取 50 g 三氯乙酸，加水溶解，定容至 1000 mL。

不同 pH 和离子强度的洗脱用缓冲液：参照仪器说明书配制或购买。

茚三酮溶液：参照仪器说明书配制或购买。

混合标准储备液（1 μmol/mL）：分别准确称取单个氨基酸标准品（精确至 0.00001 g）于同一 50 mL 烧杯中，用 8.3 mL 6 mol/L 盐酸溶液溶解，精确转移至 250 mL 容量瓶中，用水稀释定容至刻度，混匀。各氨基酸标准品称量质量参考值如表 3-5 所示。

表 3-5 配制混合氨基酸标准储备液时氨基酸标准品的称量质量参考值及分子量

氨基酸标准品名称	称量质量参考值 /mg	摩尔质量 /（g/mol）	氨基酸标准品名称	称量质量参考值 /mg	摩尔质量 /（g/mol）
L- 天门冬氨酸	33	133.1	L- 蛋氨酸	37	149.2
L- 苏氨酸	30	119.1	L- 异亮氨酸	33	131.2
L- 丝氨酸	26	105.1	L- 亮氨酸	33	131.2
L- 谷氨酸	37	147.1	L- 酪氨酸	45	181.2
L- 脯氨酸	29	115.1	L- 苯丙氨酸	41	165.2
甘氨酸	19	75.07	L- 组氨酸盐酸盐	52	209.7
L- 丙氨酸	22	89.06	L- 赖氨酸盐酸盐	46	182.7
L- 缬氨酸	29	117.2	L- 精氨酸盐酸盐	53	210.7

混合氨基酸标准工作液（100 nmol/mL）：准确吸取混合氨基酸标准储备液 1.0 mL 于 10 mL 容量瓶中，加 pH 2.2 柠檬酸钠缓冲溶液定容至刻度，混匀，为标准上机液。

3. 仪器与设备

氨基酸自动分析仪，分析天平，粉碎机，水解管，真空泵，酒精喷灯，电热鼓风恒温箱，试管浓缩仪或平行蒸发仪。

四、实验步骤

1. 样品处理

将干大豆经粉碎机粉碎、过筛，得到均匀的大豆粉，待分析。

2. 仪器条件

使用混合氨基酸标准工作液注入氨基酸自动分析仪，参照 JJG 1064—2011《氨基酸分析仪》氨基酸分析仪检定规程及仪器说明书，适当调整仪器操作程序及参数和洗脱用缓冲溶液试剂配比，确认仪器操作条件。色谱柱：磺酸型阳离子树脂；检测波长：570 nm 和 440 nm。

3. 样品测定

（1）游离氨基酸 准确称取大豆粉末 1.0 g（精确至 0.0001 g）于 25 mL 容量瓶中，用三氯乙酸溶液（50 g/L）定容，超声 30 min，放置 1 h，用双层滤纸过滤，取 1 mL 滤液离心（1000 rpm，10 min），取 400 μL 至进样瓶中，为游离氨基酸样品测定液，直接进行仪器测定。

（2）水解氨基酸 准确称取大豆粉末 0.1 g（精确至 0.0001 g）于水解管中，加入 10 mL 6 mol/L 盐酸溶液，加入苯酚 3～4 滴。将水解管放入冷冻剂中，冷冻 3～5 min，接到真空泵的抽气管上，抽真空（接近 0 Pa），然后充入氮气，重复抽真空。充入氮气 3 次后，在充氮气状态下封口或拧紧螺丝盖。将已封口的水解管放在 110 ℃ ±1 ℃的电热鼓风恒温箱内，水解 22 h 后，取出，冷却至室温。打开水解管，将水解液过滤至 50 mL 容量瓶内，用少量水多次冲洗水解管，水洗液移入同一 50 mL 容量瓶内，最后用水定容至刻度，振荡混匀。准确吸取 1.0 mL 滤液移入到 15 mL 或 25 mL 试管内，用试管浓缩仪或平行蒸发仪在 40～50 ℃加热环境下减压干燥，干燥后残留物用 1～2 mL 水溶解，再减压干燥，最后蒸干。

用 1.0～2.0 mL pH2.2 柠檬酸钠缓冲溶液加入到干燥后试管内溶解，振荡混匀后，吸取溶液通过 0.22 μm 滤膜后，转移至仪器进样瓶，为样品测定液，供仪器测定用。

混合氨基酸标准工作液和样品测定液分别以相同体积注入氨基酸分析仪，以外标法通过峰面积计算样品测定液中氨基酸的浓度。

五、计算

（1）混合氨基酸标准储备液中各氨基酸的浓度按式（3–27）计算：

$$c_j=\frac{m_j}{M_j\times 250}\times 1000 \tag{3–27}$$

式中 c_j——混合氨基酸标准储备液中氨基酸 j 的浓度，μmol/ mL；

m_j——称取氨基酸标准品 j 的质量，mg；

M_j——氨基酸标准品 j 的分子量；

250——定容体积，mL；

1000——换算系数。结果保留 4 位有效数字。

（2）样品测定液中氨基酸的浓度按式（3–28）计算：

$$c_i=\frac{c_s}{A_s}\times A_i \tag{3–28}$$

式中 c_i——样品测定液中氨基酸 i 的浓度，nmol/mL；

A_i——试样测定液氨基酸 i 的峰面积；

A_s——氨基酸标准工作液混合氨基酸 s 的峰面积；

c_s——氨基酸标准工作液混合氨基酸 s 的含量，nmol/mL。

（3）样品中各氨基酸的含量按式（3–29）计算：

$$X_i=\frac{c_i\times F\times V\times M}{m\times 10^9}\times 100 \tag{3–29}$$

式中 X_i——试样中氨基酸 i 的含量，g/100 g；

c_i——试样测定液中氨基酸 i 的含量，nmol /mL；

F——稀释倍数；

V——试样水解液转移定容的体积，mL；

M——氨基酸 i 的摩尔质量，g/mol，各氨基酸的名称及摩尔质量如表 3–6 所示；

m——称样量，g；

10^9——将试样含量由 ng 折算 g 的系数；

100——换算系数。

表 3–6 16 种氨基酸的名称和摩尔质量

氨基酸名称	摩尔质量 /（g/mol）	氨基酸名称	摩尔质量 /（g/mol）
天门冬氨酸	133.1	蛋氨酸	149.2
苏氨酸	119.1	异亮氨酸	131.2
丝氨酸	105.1	亮氨酸	131.2
谷氨酸	147.1	酪氨酸	181.2
脯氨酸	115.1	苯丙氨酸	165.2
甘氨酸	75.1	组氨酸	155.2
丙氨酸	89.1	赖氨酸	146.2
缬氨酸	117.2	精氨酸	174.2

六、思考题

（1）游离氨基酸和水解氨基酸的测定分别对样品有什么要求?

（2）除本法外还有哪些方法可以测定食品中的氨基酸含量?

七、说明

Spackman（1958 年）首先提出了用阳离子交换色谱与茚三酮柱后衍生结合的方法，分析由蛋白质水解生成的氨基酸，从而实现了氨基酸分析的自动化。在GB 5009.124—2016《食品安全国家标准　食品中氨基酸的测定》规定了用氨基酸分析仪（茚三酮柱后衍生离子交换色谱仪）测定食品中氨基酸的方法，即本实验采用的方法。

离子色谱仪基本知识

实验二十一　牛奶中磷元素含量的测定

一、实验目的

（1）掌握钼蓝比色法测定食品中磷元素的原理。

（2）掌握钼蓝比色法测定食品中磷元素的基本操作方法。

二、实验原理

样品经消解，磷在酸性条件下与钼酸铵结合生成磷钼酸铵，此化合物被对苯二酚、亚硫酸钠或氯化亚锡、硫酸肼还原成蓝色化合物钼蓝。钼蓝在 660 nm 处的吸光度值与磷的浓度成正比。用分光光度计测定样品溶液的吸光度，与标准系列比较定量。

三、实验材料与仪器

1. 试剂与材料

牛奶，硫酸，高氯酸，硝酸，盐酸，磷酸二氢钾，对苯二酚，无水亚硫酸钠，钼酸铵均为优级纯。

2. 试剂配制

硫酸溶液（15%）：量取 15 mL 硫酸，缓慢加入到 80 mL 水中，冷却后用水稀释至 100 mL，混匀。

硫酸溶液（5%）：量取 5 mL 硫酸，缓慢加入到 90 mL 水中，冷却后用水稀释至 100 mL，混匀。

硫酸溶液（3%）：量取 3 mL 硫酸，缓慢加入到 90 mL 水中，冷却后用水稀释至 100 mL，混匀。

盐酸溶液（1+1）：量取 500 mL 盐酸，加入 500 mL 水，混匀。

钼酸铵溶液（50 g/L）：称取 5 g 钼酸铵，加硫酸溶液（15%）溶解，并稀释至 100 mL，混匀。

对苯二酚溶液（5 g/L）：称取 0.5 g 对苯二酚于 100 mL 水中，使其溶解，并加入一滴硫酸，混匀。

亚硫酸钠溶液（200 g/L）：称取 20 g 无水亚硫酸钠溶解于 100 mL 水中，混匀。临用时配制。

磷标准储备液（100.0 mg/L）：准确称取在 105 ℃下干燥至恒重的磷酸二氢钾 0.4394 g（精确至 0.0001 g）置于烧杯中，加入适量水溶解并转移至 1000 mL 容量瓶中，加水定容至刻度，混匀。

3. 仪器与设备

可见光分光光度计，可调式电热板或可调式电热炉，马弗炉，分析天平（0.1 mg）。

四、实验步骤

1. 样品消解

本样品的消解采用湿法灰化：准确吸取牛奶样品 2.00 mL 于带刻度消化管中，加入 10 mL 硝酸，1 mL 高氯酸，2 mL 硫酸。在可调式电热炉上消解，参考条件：120 ℃消化 0.5～1 h 后升至 180 ℃或者 2～4 h 后升至 200～220 ℃。若消化液呈棕褐色，再加硝酸，消解至冒白烟，消化液呈无色透明或略带黄色。消化液放冷，加 20 mL 水，加热以除去多余的硝酸。放冷后转移至 100 mL 容量瓶中，用水多次洗涤消化管，合并洗液于容量瓶中，加水至刻度，混匀，作为样品测定溶液。同时做试剂空白消化实验。

2. 标准曲线的制作

首先，准确吸取 10 mL 磷标准储备液，置于 100 mL 容量瓶中，加水稀释至刻度，混匀，得 10.0 mg/L 磷标准溶液。准确吸取磷标准溶液 0，0.50，1.0，2.0，3.0，4.0，5.0 mL，相当于含磷量 0，5.0，10.0，20.0，30.0，40.0，50.0 μg，分别置于 25 mL 具塞试管中，依次加入 2 mL 50 g/L 钼酸铵溶液摇匀，静置。加入 1 mL 200 g/L 亚硫酸钠溶液、1 mL 5 g/L 对苯二酚溶液，摇匀。加水至刻度，混匀。静置 0.5 h 后，用 1 cm 比色杯，在 660 nm 波长处，以零管作参比，测定吸光度，以测出的吸光度对磷含量绘制标准曲线。

3. 样品的测定

准确吸取样品溶液 2.00 mL 及等量的空白溶液，分别置于 25 mL 具塞试管中，加入 2 mL 50 g/L 钼酸铵溶液摇匀，静置。加入 1 mL 200 g/L 亚硫酸钠溶液、1 mL 5 g/L 对苯二酚溶液，摇匀。加水至刻度，混匀。静置 0.5 h 后，用 1 cm 比色杯，在 660 nm 波长处，测定其吸光度，与标准系列比较定量。

五、计算

样品中磷的含量按式（3-30）计算：

$$X=\frac{(m_L-m_0)\times V_1}{m\times V_2}\times\frac{100}{1000} \tag{3-30}$$

式中 X——样品中磷含量，mg/100 g 或 mg/100 mL；

m_L——测定用样品溶液中磷的质量，μg；

m_0——测定用空白溶液中磷的质量，μg；

V_1——样品消化液定容体积，mL；

m——样品称样量或移取体积，g 或 mL；

V_2——测定用样品消化液的体积，mL。

六、思考题

（1）干法消解和湿法消解的原理和区别有哪些？

（2）对比分析不同磷元素测定方法的优缺点。

七、说明

（1）本实验采用的方法为 GB 5009.87—2016《食品安全国家标准 食品中磷的测定》中的第一法，可适用于各类食品中磷的测定。第二法为钒钼黄分光光度法。第三法为电感耦合等离子体发射光谱法，具体可参见 GB 5009.268《食品安全国家标准 食品中多元素的测定》。

（2）本实验的测定要求是磷必须可溶，因此固体食品样品必须先被灰化。

（3）磷元素的测定方法可以任选苯二酚、亚硫酸钠还原法或氯化亚锡、硫酸肼还原法。

（4）亚硫酸钠溶液最好每次实验前临时配制，否则可能会使钼蓝溶液发生浑浊。其次定容完后，静置时间不亦过长，否则溶液颜色将会加深，其结果不准确。

（5）样品的消解处理可以选择湿法和干法消解。有文献证明选择消化方式对结果的准确性的影响基本一致。具体可以参考下述资料：① 蓝小飞，谢琳 . 乳粉中磷含量检测的不确定度比较［J］. 食品安全质量检测学报，2020，11（01）：231–235；② 张毅 . 钼蓝分光光度法测定食品中的磷［D］. 东北农业大学，2018。

实验二十二　富硒大米中硒含量的测定

一、实验目的

（1）掌握原子荧光光谱仪的基本原理和操作方法。

（2）掌握微波消解仪的基本原理和操作规程。

（3）掌握氢化物原子荧光光谱法测定大米中硒含量的方法。

二、实验原理

样品经酸加热消化后，在 6 mol/L 盐酸溶液中，将样品中的六价硒（Se^{6+}）还原成四价硒（Se^{4+}），用硼氢化钠或硼氢化钾作还原剂，将 Se^{4+} 在盐酸介质中还原成硒化氢（H_2Se），由载气（氩气）带入原子化器中进行原子化，在硒空心阴极灯发射出特征共振辐射，溶液中硒元素的原子在石墨炉中形成的硒基态原子对特征辐射产生吸收，基态硒原子被激发至高能态，在去活化回到基态时，发射出特征波长的荧光，其荧光强度与硒含量成正比，将测定的样品吸光度与标准溶液的吸光度进行比较，确定样品中被测元素硒的浓度。

三、实验材料与仪器

1. 试剂与材料

富硒大米（市售），硒标准液（1000 mg/L），蒸馏水，高氯酸，硝酸，纯盐酸，氢氧化钠，过氧化氢，硼氢化钠，铁氰化钾。

2. 试剂配制

硝酸 – 高氯酸混合酸（9+1）：将 900 mL 硝酸与 100 mL 高氯酸混匀。

氢氧化钠溶液（5 g/L）：称取 5 g 氢氧化钠，溶于 1000 mL 水中，混匀。

硼氢化钠碱溶液（8 g/L）：称取 8 g 硼氢化钠，溶于氢氧化钠溶液（5 g/L）中，混匀。现配现用。

盐酸溶液（6 mol/L）：量取 50 mL 盐酸，缓慢加入 40 mL 水中，冷却后用水定容至 100 mL。

盐酸溶液（5+95）：量取 25 mL 盐酸，缓慢加入 475 mL 水中，混匀。

铁氰化钾溶液（100 g/L）：称取 10 g 铁氰化钾，溶于 100 mL 水中，混匀。

硒标准中间液（100 mg/L）：准确吸取 1.00 mL 硒标准溶液于 10 mL 容量瓶中，加盐酸溶液（5+95）定容至刻度，混匀。

硒标准溶液（1.00 mg/L）：准确吸取硒标准中间液（100 mg /L）1.00 mL 于 100 mL 容量瓶中，用盐酸溶液（5+95）定容至刻度，混匀。

3. 仪器与设备

原子荧光光谱仪，硒空心阴极灯，电热板，微波消解系统。

四、实验步骤

1. 样品处理

预处理：称取一定量的富硒大米，水洗三次，于60 ℃烘干，置于粉碎机粉碎，储于塑料瓶中备用。

样品消解：采用微波消解，准确称取0.5～1 g（精确至0.001 g）已烘干富硒大米粉，置于消化管中，加入10 mL硝酸，2 mL过氧化氢，振摇混合均匀，于微波消化仪中消化，参考条件如表3–7所示。

表3–7　　微波消化推荐条件

步骤	控制温度/℃	升温时间/min	恒温时间/min
1	120	6	1
2	150	3	5
3	200	5	10

待测液的制备：将经微波消化后的样品冷却后转入三角瓶中，然后放置3～5个防爆玻璃珠，在电热板上继续加热以除去多余的酸，至近干后停止加热，切记不可蒸干。然后再加5.0 mL 6 mol/L盐酸，继续加热至溶液变为清亮无色并伴有白烟出现为止，冷却。将消化后的样品溶液转移至10 mL容量瓶中，加入2.5 mL铁氰化钾溶液（100 g/L），用水定容，混匀待测，同时做不加待测样品的试剂空白试验。

2. 仪器条件

根据各自仪器性能调至最佳状态。参考条件为：负高压340 V；灯电流100 mA；原子化温度800 ℃；炉高8 mm；载气流速500 mL/min；屏蔽气流速1000 mL/min；测量方式：标准曲线法；读数方式：峰面积；延迟时间1 s；读数时间15 s；加液时间8 s；进样体积2 mL。

3. 标准曲线的制作

硒标准系列溶液：分别准确吸取一定量（0，0.50，1.00，2.00，3.00 mL）硒标准溶液（1.00 mg/L）于100 mL容量瓶中，加入10 mL 100 g/L铁氰化钾溶液，用盐酸溶液（5+95）定容至刻度，混匀，使硒标准溶液质量浓度为0，5.00，10.0，20.0，30.0 μg/L。

以盐酸溶液（5+95）为载流，硼氢化钠碱溶液（8 g/L）为还原剂，连续用标准系列的零管进样，待读数稳定之后，将硒标准系列溶液按质量浓度由低到高的顺序分别导入仪器，在已确定的最佳检测条件下，测定其荧光强度，以质量浓度为横坐标，荧光强度为纵坐标，制作标准曲线。

4. 样品测定

设定好仪器最佳条件，逐步将炉温升至所需温度后，稳定10～20 min后开始测量。在与测定标准系列溶液相同的实验条件下，将空白溶液和试样溶液分别导入仪器，测其荧光值强度，与标准系列比较定量。测不同的样品前都应清洗进样器。

五、计算

样品中硒含量按式（3–31）计算：

$$X = \frac{(\rho - \rho_0) \times V}{m \times 1000} \tag{3–31}$$

式中 X——样品中硒的含量，mg/kg 或 mg/L；

ρ——样品溶液中硒的质量浓度，μg /L；

ρ_0——空白溶液中硒的质量浓度，μg /L；

V——样品消化液总体积，mL；

m——样品称样量，g。

六、思考题

（1）对比原子荧光法和荧光分光光度计法检测硒元素的优缺点及适用范围。

（2）食品中硒含量的影响因素有哪些?

七、说明

（1）本实验参考 GB 5009.93—2017《食品安全国家标准　食品中硒的测定》中的第一法：氢化物原子荧光光谱法。第二法为荧光分光光度法，第三法为电感耦合等离子体质谱法。

（2）所有玻璃器具及微波消解罐均用 10% 硝酸浸泡 24 h 以上，临用前洗净，以避免污染造成的背景值。

（3）大米样品在硝酸消解过程中，会产生氮化物气体，密闭的微波消解管压力和温度升高，易泄漏或爆破损坏消解管。因此，要严格控制大米样品称样量。

（4）微波密闭消解采用微波源加热，极性分子直接吸收微波热，并不断碰撞升温，因而加热效率高；由于体系密闭，反应产生的气体使压力升高，从而使沸点升高，可明显提高反应速率，降低微波密闭消解时间；密闭体系确保了 Hg、As 等易挥发元素不损失。微波消解过程用时少，消解完全，待测元素无损失，并有较低的空白值，所需试剂用量少，操作方便，对环境及操作人员的污染和危害小，在无机分析原子吸收、电感耦合等离子体光谱、电感耦合等离子体质谱的样品前处理和高效液相色谱有机分析的样品萃取中有普遍应用。

第四章
食品原料品质评估

实验二十三　乳及乳制品中拟除虫菊酯类农药残留的测定

一、实验目的

（1）了解拟除虫菊酯类农药残留的预处理方法。

（2）熟悉气相色谱－质谱分析仪的工作原理及操作使用方法。

二、实验原理

样品采用氯化钠盐析，乙腈匀浆提取，分取乙腈层，分别用 C_{18} 固相萃取柱和氟罗里硅土固相萃取柱净化，洗脱液浓缩溶解定容后，供气相色谱－质谱仪检测和确证，外标法定量。

三、实验材料与仪器

1. 试剂与材料

乳及乳制品，乙腈（残留级），正己烷（残留级），乙酸乙酯（残留级），氯化钠，17 种拟除虫菊酯类农药标准品（≥ 98 %，表 4-1）。

表 4-1　　17 种拟除虫菊酯类农药的基本信息

序号	农药名称	英文名称	CAS	化学分子式
1	2，6-二异丙基萘	2，6-diisopropylnaphtalene	24157-81-1	$C_{10}H_6[CH(CH_3)_2]_2$
2	七氟菊酯	Tefluthrin	79538-32-2	$C_{17}H_{14}ClF_7O_2$
3	生物丙烯菊酯	Bioallethrin	584-79-2	$C_{19}H_{26}O_3$
4	烯虫酯	Methoprene	40596-69-8	$C_{19}H_{34}O_3$
5	苄呋菊酯	Resmethrin	10453-86-8	$C_{22}H_{26}O_3$
6	联苯菊酯	Bifenthrin	82657-04-3	$C_{23}H_{22}ClF_3O_2$
7	甲氰菊酯	Fenpropathrin	64257-84-7	$C_{22}H_{23}NO_3$
8	氯氟氰菊酯	Cyhalothrin	68085-85-8	$C_{23}H_{19}ClF_3NO_3$
9	氟丙菊酯	Acrinathrin	101007-06-1	$C_{26}H_{21}F_6NO_5$
10	氯菊酯（Ⅰ）	Permethrin（Ⅰ）	52645-53-1	$C_{21}H_{20}Cl_2O_3$
	氯菊酯（Ⅱ）	Permethrin（Ⅱ）		

续表

序号	农药名称	英文名称	CAS	化学分子式
11	氟氯氰菊酯（Ⅰ）	Cyfluthrin（Ⅰ）	68359-37-5	$C_{22}H_{18}Cl_2FNO_3$
	氟氯氰菊酯（Ⅱ）	Cyfluthrin（Ⅱ）		
	氟氯氰菊酯（Ⅲ）	Cyfluthrin（Ⅲ）		
	氟氯氰菊酯（Ⅳ）	Cyfluthrin（Ⅳ）		
12	氯氰菊酯（Ⅰ）	Cypermethrin（Ⅰ）	52315-07-8	$C_{22}H_{19}Cl_2NO_3$
	氯氰菊酯（Ⅱ）	Cypermethrin（Ⅱ）		
	氯氰菊酯（Ⅲ）	Cypermethrin（Ⅲ）		
	氯氰菊酯（Ⅳ）	Cypermethrin（Ⅳ）		
13	氟氰戊菊酯（Ⅰ）	Flucythrinate（Ⅰ）	70124-77-5	$C_{26}H_{23}F_2NO_4$
	氟氰戊菊酯（Ⅱ）	Flucythrinate（Ⅱ）		
14	醚菊酯	Etofenprox	80844-07-1	$C_{25}H_{28}O_3$
15	氰戊菊酯（Ⅰ）	Fenvalerate（Ⅰ）	51630-58-1	$C_{25}H_{22}ClNO_3$
	氰戊菊酯（Ⅱ）	Fenvalerate（Ⅱ）	51630-58-1	$C_{25}H_{22}ClNO_3$
16	氟胺氰菊酯（Ⅰ）	tau-Fluvalinate（Ⅰ）	102851-06-9	$C_{26}H_{22}ClF_3N_2O_3$
	氟胺氰菊酯（Ⅱ）	tau-Fluvalinate（Ⅱ）		
17	溴氰菊酯	Deltamethrin	52918-63-5	$C_{22}H_{19}Br_2NO_3$

2. 试剂配制

正己烷 - 乙酸乙酯（9+2）：量取 90 mL 正己烷和 20 mL 乙酸乙酯，混匀。

农药标准储备溶液：分别准确称取适量的农药标准品，用正己烷配制成浓度为 100 μg/mL 的标准储备溶液。该溶液在 0 ~ 4 ℃冰箱中保存。

农药标准工作溶液：根据需要现用现配。

3. 仪器与设备

气相色谱 - 质谱仪（配有电子轰击源 EI），C_{18} 固相萃取柱（500 mg，3 mL），氟罗里硅土固相萃取柱（500 mg，3 mL），分析天平，匀浆机，离心机，氮吹仪，涡流混匀机。

四、实验步骤

1. 样品处理

（1）取样制样　取样品约 500 g，如果是固体样品，需要用粉碎机粉碎，混匀，装入洁净容器，密封，标明标记，于 0 ~ 4 ℃条件下保存。在制样的操作过程中，应防止样品受到污染或发生残留物含量的变化。

（2）农药残留提取　准确称取液体乳样品 2.0 g（精确至 0.01 g），加 0.5 g 氯化钠、10.0 mL 乙腈，于 10000 r/min 匀浆提取 60 s，再以 4000 r/min 离心 5 min，准确移取 5.0 mL 乙腈，于 40 ℃氮吹至大约 1 mL，待净化。

准确称取干酪、乳粉、乳清粉、炼乳样品 2.0 g（精确至 0.01 g），加 0.5 g 氯化钠，5 mL

水，10.0 mL 乙腈，于 10000 r/min 匀浆提取 60 s，再以 4000 r/min 离心 5 min，准确移取 5.0 mL 乙腈，于 40 ℃氮吹至大约 1 mL，待净化。

（3）净化　C_{18} 固相萃取净化：将所得样品浓缩液倾入预先用 5 mL 乙腈预淋洗的 C_{18} 固相萃取柱，用 4 mL 乙腈洗脱，收集洗脱液，于 40 ℃氮吹至近干，用 0.5 mL 正己烷涡流混合溶解残渣，待用。

氟罗里硅土固相萃取净化：将上述洗脱液倾入预先用 5 mL 正己烷 – 乙酸乙酯预淋洗的氟罗里硅土固相萃取柱，用 5.0 mL 正己烷 – 乙酸乙酯洗脱，收集洗脱液，于 40 ℃氮吹至近干，用 0.5 mL 正己烷涡流混合溶解残渣，供气相色谱 – 质谱仪测定。

2. 测定

（1）仪器条件　色谱柱：TR–5MS 石英毛细管柱，30 m × 0.25 mm × 0.25 μm；色谱柱温度（程序升温）：50 ℃—20 ℃ /min—200 ℃（1 min）—5 ℃ /min—280 ℃（10 min）；进样口温度：250 ℃；色谱 – 质谱接口温度：280 ℃；电离方式：EI；离子源温度：250 ℃；灯丝电流：25 μA；载气：氦气（≥ 99.999 %），流速 1 mL/min；进样方式：无分流，0.75 min；后打开分流阀；进样量：1 μL；测定方式：选择离子监测；选择监测离子（*m/z*）：每种农药选择一个定量离子，3 个定性离子；溶剂延迟：8.5 min。

（2）色谱测定与确证　根据样液中待测物含量，选定浓度相近的标准工作溶液，标准工作溶液和待测样液中目标农药的响应值均应在仪器检测的线性范围内。标准工作溶液与样液等体积参插进样测定。

如果样液中与标准溶液相同的保留时间有峰出现，则对其进行确证。经确证被测物质色谱峰保留时间与标准物质相一致，并且在扣除背景后的样品图谱中，所选择的离子均出现，同时所选择离子的丰度与标准物质相关离子的相对丰度一致，或相似度在允许偏差之内（表 4–2），被确证的样品可判定为阳性检出。

表 4–2　使用气相色谱 – 质谱定性时相对离子丰度最大容许误差

相对丰度（基峰）	> 50%	20% ~ 50%	10% ~ 20%	≤ 10%
允许的相对偏差	± 20%	± 25%	± 30%	± 50%

五、计算

用色谱数据处理机或按式（4–1）计算样品中农药残留量：

$$X = \frac{A \times C \times V}{A_s \times M} \tag{4–1}$$

式中　X——样品中农药残留量，mg/kg；

A——样液中农药的峰面积（或峰高）；

C——标准工作液中农药的质量浓度，μg/mL；

V——样液最终定容体积，mL；

A_s——标准工作液中农药的峰面积（或峰高）；

M——最终样液所代表的样品质量，g。

注意计算结果必须扣除空白值。

六、思考题

（1）本方法所用定量方法是内标法，还是外标法？

（2）如果仅需要测定五种拟除虫菊酯农药的含量，可以用该方法吗？

（3）进行定量分析时，为什么既可以用峰高，又可以用峰面积？你认为哪一个更准确？

七、说明

本实验方法参考：① GB 23200.85—2016《食品安全国家标准　乳及乳制品中多种拟除虫菊酯　农药残留量的测定　气相色谱－质谱法》；② HJ 753—2015《水质　百菌清及拟除虫菊酯类农药的测定　气相色谱－质谱法》。

实验二十四　大米中毒死蜱农药残留的快速分析

一、实验目的

（1）了解毒死蜱农药残留的快速检测方法。

（2）掌握免疫层析电化学检测技术测定毒死蜱农药残留的方法。

二、实验原理

利用免疫分析法中的竞争原理，通过免疫层析试纸条在检测区包被一定量的包被抗原，质控区包被羊抗鼠多克隆抗体，待辣根过氧化物酶标记的抗体与样品及检测区的物质之间竞争反应后，分别将检测区与质控区切下，置于邻苯二胺反应池中，对反应液进行电化学检测。

三、实验材料与仪器

1. 试剂与材料

大米，辣根过氧化物酶，邻苯二胺。商品化免疫层析试剂盒：阳性参考品、阴性参考品、甲醇、样品处理液、检测液和检测试纸条。

2. 仪器与设备

分析天平，滤纸（双圈定性滤纸），容量瓶，电化学工作站，一次性平面印刷碳电极（以 Ag/AgCl 为参比电极）。

四、实验步骤

1. 样品处理

取大米样品，粉碎后，准确称量 1 g 米粉（精确至 0.01 g），加入 1.0 mL 甲醇，静置 15 min。加入 5.0 mL 样品处理液，充分混匀后，用滤纸过滤。用样品处理液冲洗滤纸中的样品，滤液和冲洗液全部转移至 10 mL 容量瓶，用样品处理液定容至刻度，获得提取液。

2. 样品测定

用检测液将提取液稀释 8 倍，获得待测液。将试纸条浸入待测液中，待测液在层析作用下向检测试纸条的尾端侧向流动。8 min 后待竞争反应完成，将质控区和检测区切下，置于邻苯二胺反应池中。5 min 后进行电化学检测。

同时对试剂盒内的阳性参考品、阴性参考品和检测液（空白）进行同样操作，以协助结果判断。

五、计算

样品中毒死蜱含量按式（4–2）计算：

$$X_i = \frac{P_i \times C_s \times V_s}{P_s \times m} \times 10^3 \tag{4-2}$$

式中　X_i——样品中毒死蜱的含量，mg/kg；

P_i——检测溶液中毒死蜱组分的电化学信号值；

C_s——毒死蜱阳性标准品溶液浓度，ng/mL；

V_s——标准溶液的检测体积，mL；

P_s——毒死蜱标准溶液电化学信号值；

m——样品质量，g。

六、思考题

（1）试分析快速检测方法的优点有哪些？

（2）免疫分析法检测毒死蜱的最核心要素是什么？

七、说明

本方法的毒死蜱检测限为 0.01 mg/kg，特异性高，对杀螟硫磷、甲基毒死蜱、倍硫磷、甲基立枯磷等农药的交叉反应均小于 1%。

另外，毒死蜱的快速检测方法还可以参考以下材料：① T/JAASS 8—2020《出口果蔬中毒死蜱农药残留　免疫层析电化学检测技术》；② T/JAASS 3—2020《大米中甲基毒死蜱残留快速测定　胶体金法》；③ T/GZTPA 0002—2019《蔬菜及水果中毒死蜱残留的测定　酶联免疫吸附法》。

实验二十五　鸡蛋中喹诺酮类抗生素残留的测定

一、实验目的

（1）了解喹诺酮类抗生素的样品前处理技术。

（2）掌握液相色谱法测定喹诺酮类抗生素的分析过程。

二、实验原理

匀浆后的鸡蛋样品，用磷酸盐缓冲液和乙腈提取样品中的喹诺酮类抗生素残留，经正己烷去除油脂、C_{18} 和 MAX 固相萃取柱进一步净化后，用合适的溶剂洗脱其中的喹诺酮类抗生素，收集洗脱液，采用高效液相色谱－荧光检测器，外标法定量。

三、实验材料与仪器

1. 试剂与材料

鸡蛋，乙腈（色谱纯），甲醇（色谱纯），正己烷（色谱纯），十二水合磷酸钠，氢氧化钠，磷酸，氨水（25%），甲酸，环丙沙星，丹诺沙星，恩诺沙星，沙拉沙星，氟甲喹，诺氟沙星，二氟沙星，麻保沙星，噁喹酸，萘啶酸，培氟沙星，奥比沙星，氟罗沙星，洛美沙星。

2. 试剂配制

乙腈饱和正己烷溶液：100 mL 乙腈中加入 100 mL 正己烷，充分振荡后，静置分层，取上层液体。

磷酸溶液（0.02 mol/L）：准确量取 1.4 mL 磷酸于 1 L 容量瓶中，用水定容至刻度。

氢氧化钠溶液（5 mol/L）：称取 200 g 氢氧化钠，用水溶解并定容至 1 L。

磷酸钠缓冲溶液（50 mmol/L，pH 7.4）：称取 19 g 十二水合磷酸钠，用水溶解并定容至 1 L，加磷酸调节 pH 至 7.4。

目标物提取液：180 mL 磷酸盐缓冲液中加入 20 mL 乙腈。

洗脱液 1：取 25 mL 25% 氨水，加入 75 mL 甲醇。

洗脱液 2：取 4 mL 甲酸，加入 96 mL 甲醇。

定容液：将 80 mL 0.02 mol/L 磷酸水溶液与 20 mL 乙腈混合，摇匀。

标准储备溶液：称取抗生素标准品（精确至0.1 mg），用乙腈溶解，配制成浓度为100 μg/mL的标准储备溶液，-18 ℃以下避光保存。

3. 仪器与设备

液相色谱仪（配备荧光检测器），C_{18}固相萃取柱（含碳量17%，3 mL，500 mg），MAX阴离子交换固相萃取柱（6 mL，500 mg），微孔滤膜（0.2 μm，有机相），分析天平，pH计，均质器，振荡器，高速离心机，氮吹仪，涡旋混合器，超声波水浴，分液漏斗，具塞离心管（聚四氟乙烯），刻度试管。

四、实验步骤

1. 样品处理

预处理：用涡旋混合器或搅蛋器混合鸡蛋清和蛋黄，充分匀浆后，获得鸡蛋样品。

目标物提取：称取约2 g（精确至0.01 g）均质后的样品于50 mL聚四氟乙烯离心管中，加入20 mL目标物提取液，振荡提取20 min后，10000 r/min离心10 min。移取上清液10 mL于50 mL分液漏斗中，30 mL乙腈饱和正己烷分三次液-液分配除脂，振荡5 min，静置后收集下层。

2. 样品净化

（1）C_{18}固相萃取柱净化　C_{18}固相萃取柱依次用5 mL甲醇、5 mL水预淋洗后，转入10 mL提取液。用5 mL水进行淋洗，弃去。用5 mL洗脱液1进行洗脱，收集洗脱液于10 mL刻度试管中。整个固相萃取净化过程控制流速不超过2 mL/min。洗脱液在50 ℃下用氮气吹至约1 mL后加入9 mL磷酸盐缓冲液，涡旋混匀1 min，超声波助溶1 min，待过MAX固相萃取柱。

（2）MAX固相萃取柱净化　MAX固相萃取柱依次用2 mL甲醇、2 mL 5 mol/L的氢氧化钠溶液、2 mL水预淋洗后，转入磷酸盐缓冲液溶解液。依次用2 mL 25%的氨水、2 mL甲醇进行淋洗，弃去。用5 mL洗脱液2进行洗脱，收集洗脱液于10 mL刻度试管中。整个固相萃取净化过程控制流速不超过2 mL/min。洗脱液在50 ℃下用氮气吹干。用定容液定容至1 mL，涡旋混匀1 min后，超声波助溶1 min，过0.2 μm微孔滤膜，供仪器检测。

3. 仪器条件

色谱柱：XTerraMSC18柱，250 mm×4.6 mm×5 μm；流动相A：乙腈；流动相B：0.02 mol/L磷酸；柱温：40 ℃；流速：1.0 mL/min；进样量：10 μL。梯度洗脱条件及检测波长如表4-3所示。

表4-3　梯度洗脱条件及检测波长

流动相切换 T/min	流动相A：乙腈/%	流动相B：0.02mol/L磷酸，%	检测波长切换 T/min	激发波长/nm	发射波长/nm	检测药物
0～17	12	88	0～16	294	514	麻保沙星
17～25	16	84	16～32	280	450	氟罗沙星、诺氟沙星、培氟沙星、环丙沙星、洛美沙星、丹诺沙星、恩诺沙星、奥比沙星、沙拉沙星、二氟沙星
25～28	20	80	32～36	260	380	噁喹酸
28～40	40	60	36～40	318	368	萘啶酸、氟甲喹
40～45	12	88	40～45	294	514	

4. 样品测定

根据每种抗生素在仪器上的响应灵敏度，确定其在混合标准溶液中的浓度。依据每种抗生素的混合标准液浓度及其标准储备液浓度，移取一定量的单个抗生素的标准储备液于 10 mL 容量瓶中，用乙腈定容至刻度，配制成浓度为 10 μg/mL 的中间标准溶液，0 ~ 4 ℃避光保存。根据需要用乙腈稀释成适用浓度的标准工作溶液，现配现用。

根据样液中待测喹诺酮类抗生素的含量，选定浓度相近的标准工作溶液，待测样液中喹诺酮药物的响应值应在仪器检测的线性范围内（0.4 ng/mL ~ 5 μg/mL）。对标准工作溶液及样液等体积参插进样测定。

五、计算

样品中喹诺酮类抗生素的残留含量按式（4–3）计算：

$$X = \frac{A \times c \times V}{A_s \times m \times 1000} \tag{4–3}$$

式中　X——样品中抗生素残留量，mg/kg；

A——样液中抗生素的峰面积（或峰高）；

c——标准工作液中抗生素的质量浓度，ng/mL；

V——样液最终定容体积，mL；

A_s——标准工作液中抗生素的峰面积（或峰高）；

m——最终样液所代表的样品质量，g。

六、思考题

（1）为什么要用两种萃取柱对样品进行净化？

（2）该方法能够用于所有喹诺酮类抗生素的检测分析吗？

七、说明

食品中喹诺酮类抗生素药物分子的检测分析方法还可以参考：① 农业部 781 号公告 -6-2006《鸡蛋中氟喹诺酮类药物残留量的测定　高效液相色谱法》；② SN/T 1751.3—2011《进出口动物源性食品中喹诺酮类药物残留量的测定》第 3 部分：高效液相色谱法；③ GB 29692—2013《食品安全国家标准　牛奶中喹诺酮类药物多残留的测定　高效液相色谱法》。

实验二十六　猪肉中四环素类抗生素残留的测定

一、实验目的

（1）了解肉类食品中四环素类抗生素的快速检测技术。

（2）掌握微生物法检测肉类食品中抗生素残留的原理和方法。

二、实验原理

四环素类抗生素具有很强的抑菌作用，在含有特定微生物的平板培养基上放入牛津杯，在牛津杯内加满四环素类（包括强力霉素、四环素、金霉素和土霉素）抗生素溶液，于培养箱中培养一定时间后，测量抑菌圈直径的大小，根据抑菌圈的大小，从标准曲线上求得样品中四环素类抗生素的含量。

三、实验材料与仪器

1. 试剂与材料

新鲜或冷冻的猪肉，胰蛋白胨，牛肉膏，氯化钠，琼脂，酵母膏，磷酸二氢钾，四环素类药物标准品（四环素、强力霉素、金霉素和土霉素），浓盐酸，菌种（蜡样芽孢杆菌）。

2. 试剂配制

盐酸溶液（0.1 mol/L）：量取 8.3 mL 浓盐酸，加水稀释至 1000 mL。

菌种培养基：将胰蛋白胨（10 g）、牛肉膏（5 g）、氯化钠（2.5 g）和琼脂（14 ~ 16 g）加热溶解于蒸馏水（1000 mL）中，调 pH 至 6.5，高压灭菌（121 ℃，15 min）。

检定培养基：将胰蛋白胨（6 g）、牛肉膏（1.5 g）、酵母膏（3.0 g）和琼脂（14 ~ 16 g）加热溶解于蒸馏水（1000 mL）中，调 pH 至 5.8，高压灭菌（121 ℃，15 min）。

磷酸盐缓冲液（0.1 mol/L，pH 4.5）：精确称取 13.6 g 磷酸二氢钾溶解于蒸馏水中，定容至 1000 mL，115 ℃高压灭菌 30 min，冷却后置 4 ℃冰箱中保存。

生理盐水：称取氯化钠 8.5 g 溶解并用蒸馏水稀释至 1000 mL，115 ℃高压灭菌 30 min。

标准品储备液（1 mg/mL）：精确称取 50 mg 四环素、强力霉素、金霉素和土霉素标准品（1000 IU/mg），用 0.1 mol/L 盐酸溶液溶解并稀释定容至 50 mL，配制后置于 4 ℃冰箱中保存一周。配制标准溶液用的各种器具，需热灭菌或蒸汽消毒灭菌，保证无任何抗生素。

3. 仪器与设备

恒温培养箱，高压灭菌锅，恒温水浴锅，培养皿，阿瓦盖，离心机，均质器或组织捣碎机，牛津杯，游标卡尺，水平仪，克氏瓶。

四、实验步骤

1. 样品处理

预处理：取适量新鲜或冷冻的猪肉，搅碎并混合均匀，放在 −20 ℃冰箱中。

检测样品液的制备：取样品约 20 g 左右剪碎，精确称量 10 g 加入 0.1 mol/L 磷酸盐缓冲液 10.0 mL（移液管准确量取），小心搅匀，放置 60 min，置于灭菌的均质杯中均质（10000 r/min，2 min），经 4000 r/min 离心 30 min，取其上清液作为被检样液。

2. 菌悬液的制备

将蜡样芽孢杆菌接种于肉汤培养基中于（37 ± 1）℃培养 6 ~ 8 h 后，接种于菌种培养基上（30 ± 1）℃培养 7 d，用 25 mL 灭菌生理盐水冲洗菌苔，恒温水浴（65 ± 1）℃加热 30 min，以 2000 r/min 的速度离心 20 min，除去上清液，保留下层，重复三次洗涤芽孢悬液，然后用 50 mL 灭菌生理盐水制成芽孢悬液，放置 4 ℃冰箱保存备用，可放置 2 个月。

3. 芽孢悬液用量的测定

先试几个平板，即把不同浓度的芽孢悬液加入检定用的培养基中，使各标准品工作浓度中最小浓度的四环素类抗生素产生 12 mm 以上的清晰、完整的抑菌圈从而获得最适宜芽孢悬液用量。一般用量为每 100 mL 检定用培养基内加 0.5 ~ 1.0 mL，或芽孢计数后使 1.0 mL 菌液含芽孢数约 10^6 个。

4. 检定用平板的制备

将适量芽孢悬液加到熔化后冷却至 55 ~ 60 ℃的检定培养基中混匀，每个平皿内加入 6 mL，前后摇动平皿，使含有芽孢的检定培养基均匀覆盖于平皿表面，置于水平位置，盖上陶瓷盖，待凝固后，每个平板的培养基表面放置 6 个牛津杯，使牛津杯在半径为 2.8 cm 的圆面上成 60° 角的间距，所用平板须当天制备。

5. 标准曲线的制作

取各个抗生素的储备液用磷酸盐缓冲液稀释配制成一系列浓度梯度的稀释液，四环素、强力霉素、土霉素为 0.050，0.100，0.200，0.400，0.800 μg/mL，金霉素为 0.005，0.050，0.100，0.200，0.400 μg/mL，用于制备标准曲线，现配现用。

取上述各标准品工作液和 0.100 μg/mL 的标准溶液为参照浓度工作液，按微生物琼脂扩散法测定各浓度的抑菌圈直径，其中最低标准品工作浓度作为阴性结果的平板对照，其他标准品工作浓度按照式（4-4）和式（4-5）计算后，绘制标准曲线。

$$L=(3a+2b+c-e)/5 \tag{4-4}$$

$$D=(3e+2d+c-a)/5 \tag{4-5}$$

式中　L——标准曲线的最低浓度的抑菌圈直径（四环素、强力霉素、土霉素为 0.050 μg/mL，金霉素为 0.005 μg/mL）；

D——标准曲线的最高浓度的抑菌圈直径（四环素、强力霉素、土霉素为 0.800 μg/mL，金霉素为 0.400 μg/mL）；

c——参照浓度 0.100 μg/mL 的所有抑菌圈直径的平均值；

a、b、d、e——标准曲线中其他标准浓度的抑菌圈直径经校准后的平均值。

然后根据计算所得的 L 和 D 作为横坐标，L 和 D 对应的浓度的对数值作为纵坐标，绘制标准曲线。

6. 样品测定

每个样品用 3 个检定平板，每个检定平板放入 6 个牛津杯。将 3 个间隔的牛津杯中注满被检测液。另 3 个牛津杯中注满 0.100 μg/mL 标准液。将培养皿小心轻放入（30 ±1）℃恒温箱中，培养 17 h。培养后用游标卡尺测量抑菌圈内直径（精确到 0.1 mm），并分别求出平均值，经校正后，从标准曲线查出被检样液中四环素、强力霉素、金霉素和土霉素的含量，再乘以稀释倍数。

五、计算

猪肉组织中四环素类抗生素残留量按照式（4-6）计算：

$$X=\frac{c\times V}{m} \tag{4-6}$$

式中　X——样品中四环素类抗生素残留量，mg/kg；

c——样品溶液中四环素类抗生素残留的浓度，μg/mL；

V——样品溶液的体积，mL；

m——样品质量，g。

六、思考题

（1）猪肉中四环素类抗生素快速检测技术有哪些?

（2）微生物法检测四环素类抗生素的原理是什么？能够区分不同类别的抗生素吗，比如能够区分四环素类和喹诺酮类抗生素吗?

七、说明

（1）本方法中四环素、土霉素和强力霉素的检测限为 0.05 mg/kg，金霉素的检测限为 0.01 mg/kg。各四环素类抗生素在各浓度水平下回收率均在 60%～110%。本方法的批内误差小于 10%，批间误差小于 15%。

（2）食品中四环素类抗生素的快速检测还可以参考：① GB/T 20444—2006《猪组织中四环素族抗生素残留量检测方法　微生物学检测方法》；② SN/T 3256—2012《出口牛奶中 β- 内酰胺类和四环素类药物残留快速检测法　ROSA 法》。

实验二十七　水产品中雌二醇激素的测定

一、实验目的

（1）了解 17α- 雌二醇激素和 17β- 雌二醇激素的前处理方法。

（2）掌握气相色谱 - 质谱法测定水产品中 17α- 雌二醇激素和 17β- 雌二醇激素的方法。

二、实验原理

样品中的 17α- 雌二醇激素、17β- 雌二醇激素及其代谢物雌三醇经乙酸乙酯提取，凝胶渗透色谱及固相萃取净化，七氟丁酸酐衍生后，气相色谱 - 质谱法测定，外标法定量。

三、实验材料与仪器

1. 试剂与材料

市售水产品，乙酸乙酯（色谱纯），丙酮（色谱纯），正己烷（色谱纯），甲醇（色谱纯）、环己烷（色谱纯），七氟丁酸酐，碳酸钠，环己烷，乙酸乙酯，甲醇。标准品：17α - 雌二醇、17β- 雌二醇和雌三醇，含量均≥ 98%。

2. 试剂配制

碳酸钠溶液（100 g/L）：称取 10 g 碳酸钠定容于 100 mL 水中。

环己烷 - 乙酸乙酯溶液（1+1）：量取等体积的环己烷和乙酸乙酯，混合。

甲醇 - 水溶液（50%）：量取等体积的甲醇和水，混合。

标准储备溶液：精密称取标准品各 10 mg，于 10 mL 棕色容量瓶中，用甲醇溶解并定容，获得 1 mg/mL 的标准储备溶液。–18 ℃保存，有效期 6 个月。

3. 仪器与设备

气相色谱 - 质谱联用仪（EI 源），分析天平，均质机，离心机，涡旋振荡器，氮吹仪，固相萃取装置，聚丙烯离心管，具塞玻璃离心管，梨形瓶，HLB 固相萃取柱（60 mg，3 mL），聚苯乙烯凝胶填料（Bio–Beads S–X3，200 ~ 400 目）。

四、实验步骤

1. 样品处理

（1）样品准备　取适量新鲜或冷冻的水产品样品，搅碎并均质。取均质后的样品，作为待测试料；取均质后的空白样品，作为空白试料；取均质后的空白样品，添加适宜浓度的标准工作液，作为空白添加试料。–18 ℃以下保存。

（2）提取　取试料 5 g（准确至 ± 20 mg），于 50 mL 离心管中加碳酸钠溶液 3 mL、乙酸乙酯 20 mL，涡旋混匀，超声提取 10 min，4000 r/min 离心 10 min，取上清液至 100 mL 梨形瓶中。残渣用乙酸乙酯 10 mL 重复提取一次，合并上清液，于 40 ℃旋转蒸发至干，用环己烷 - 乙酸乙酯溶液 5 mL 溶解残留物，备用。

（3）凝胶净化　凝胶净化柱的准备：长 25 cm，内径 2 cm，具活塞玻璃层析柱。将环己烷 - 乙酸乙酯溶液浸泡过夜的聚苯乙烯凝胶填料以湿法装入柱中，柱高 20 cm 。柱床始终保持在环己烷 - 乙酸乙酯溶液中。

将备用液转至凝胶净化柱上，用环己烷－乙酸乙酯溶液 110 mL 淋洗，根据凝胶净化洗脱曲线确定收集淋洗液的体积，40 ℃旋转蒸干，残渣用甲醇 1 mL 溶解，加水 9 mL 稀释，备用。

凝胶净化柱洗脱曲线的绘制：将 5 mL 混合标准溶液上柱，用环己烷－乙酸乙酯溶液淋洗，收集淋洗液，每 10 mL 收集一管，于 40 ℃氮气吹干。经过下述的衍生化反应后，用气相色谱－质谱法测定，根据淋洗体积与回收率的关系确定需要收集的淋洗液体积。

（4）固相萃取净化 固相萃取柱依次用 5 mL 甲醇、5 mL 水活化，取备用液过柱，控制流速不超过 2 mL/min，用 10 mL 50% 甲醇－水溶液淋洗，抽干，用 10 mL 甲醇洗脱，控制流速不超过 2 mL/min。收集洗脱液于 10 mL 具塞玻璃离心管中，于 40 ℃氮气吹干。

（5）衍生化 于上述具塞玻璃离心管中加入 30 μL 七氟丁酸酐、70 μL 丙酮，盖紧盖，涡旋混合 30 s，于 30 ℃恒温箱中衍生 30 min，氮气吹干，精密加入正己烷 0.5 mL，涡旋混合 10 s，溶解残余物，供 GC–MS 分析。

2. 标准曲线的制作

将标准储备溶液用甲醇稀释，配成浓度为 100 μg/L 的混合标准工作液。该标准工作液在 2 ~ 8 ℃避光保存，有效期 1 周。

取混合标准工作溶液 50，100，200，500，1000 μL 于 1.5 mL 样品反应瓶中，40 ℃水浴中氮气吹干，衍生后制备一系列浓度的标准测试溶液。分别进样 1 μL，以定量离子峰面积为纵坐标，浓度为横坐标，绘制标准曲线。

3. 仪器条件

（1）气相色谱 色谱柱：HP–5MS 石英毛细管柱，30 m × 0.25 mm × 0.25 μm；载气：高纯氦气，纯度≥ 99.999%，流速 1.0 mL/min；无分流进样，进样量 1 μL，进样口温度 250 ℃；柱温：初始柱温 120 ℃，保持 2 min，以 15 ℃ /min 升至 250 ℃，再以 5 ℃ /min 升至 300 ℃，保持 5 min。

（2）质谱 EI 离子源温度 230 ℃；四极杆温度 150 ℃；接口温度 280 ℃；溶剂延迟 7 min；选择离子检测（SIM）：17*α*– 雌二醇激素，17*β*– 雌二醇激素和雌三醇。

4. 样品测定

（1）定性 在同样测试条件下，样品液中与标准工作液中待测物的保留时间偏差在 ± 0.10 min 以内，并且在扣除背景后的样品质谱图中，所选择的特征离子均应出现，且检测到的离子的相对丰度，应当与浓度相当的校正标准溶液相对丰度一致。其允许偏差应符合表 4–4 要求。

表 4–4 定性确证时相对离子丰度的允许偏差

相对丰度（基峰）	> 50%	20% ~ 50%	10% ~ 20%	≤ 10%
允许的相对偏差	± 10%	± 15%	± 20%	± 50%

（2）定量 以标准工作溶液浓度为横坐标，以峰面积为纵坐标，绘制标准曲线，作单点或多点校准，按照外标法计算样品中目标分子的残留量。除不加试料外，进行空白试验。

五、计算

样品中待测组分的含量按式（4–7）计算：

$$X = \frac{A \times C \times V}{A_s \times m} \tag{4-7}$$

式中 X——样品中被测组分的残留量，μg/kg；

A——样品溶液中被测组分的峰面积；

C——标准工作液中被测组分的浓度，ng/mL；

V——样品溶液最终体积，mL；

A_s——标准工作液中被测组分的峰面积；

m——样品质量，g。

六、思考题

（1）试分析造成加标回收率偏低（比如 <70%）的原因有哪些?

（2）为了提高检测结果的准确度，可以采取哪些措施?

七、说明

食品中雌二醇类物质的检测分析方法，还可以参考下列标准：① GB 29698—2013《食品安全国家标准　奶及奶制品中 17β- 雌二醇、雌三醇、炔雌醇多残留的测定　气相色谱 - 质谱法》；② GB 31660.2—2019《食品安全国家标准　水产品中辛基酚、壬基酚、双酚 A、己烯雌酚、雌酮、17α- 乙炔雌二醇、17β- 雌二醇、雌三醇残留量的测定　气相色谱 - 质谱法》；③ GB/T 20749—2006《牛尿中 β- 雌二醇残留量的测定　气相色谱 - 负化学电离质谱法》。

实验二十八　植物油脂中铅和镉的测定

一、实验目的

（1）掌握分析植物油脂中重金属元素的前处理方法及原理。

（2）掌握原子吸收分光光度法测定重金属元素铅和镉的基本原理和操作过程。

二、实验原理

本实验采用原子吸收分光光度计进行分析。植物油脂经前处理后，取适量于石墨炉原子化器中原子化，分别选用铅 / 镉的空心阴极灯，当空心阴极灯光源发射的某一特征波长的辐射，通过原子蒸气时，被样品中所含有铅 / 镉原子中的外层电子选择性地吸收，使透过原子蒸气的入射辐射强度减弱，其减弱程度与蒸气相中该元素的原子浓度成正比。在选定的仪器参数及设定的最佳波长下测定其吸光度，以相应的有机金属元素化合物的标准溶液进行校准，计算油脂中金属元素的含量。

三、实验材料与仪器

1. 试剂与材料

硝酸，氧化铝，镉，铅，食用油。

所用玻璃器皿使用前应当用稀硝酸浸泡 2 ~ 4 h，然后用水冲洗干净并晾干。

2. 试剂配制

硝酸溶液（50%）：取等体积的浓硝酸与水，混合均匀。

稀硝酸溶液（1%）：取 10 mL 浓硝酸溶于 990 mL 水中。

镉标准储备溶液：称取 1.000 g 光谱纯金属镉于 50 mL 烧杯中，加入 20 mL 硝酸溶液（50%），微热溶解，冷却后转移至 1 L 容量瓶中，用水定容至刻度，摇匀，此溶液镉含量为 1000 mg/L（也可以在国家认可的部门直接购买标准储备溶液）。

铅标准储备溶液：称取 1.000 g 光谱纯金属铅于 50 mL 烧杯中，加入 20 mL 硝酸溶液（50%），微热溶解，冷却后转移至 1 L 容量瓶中，用水定容至刻度，摇匀，此溶液铅含量为

1000 mg/L（也可以在国家认可的部门直接购买标准储备溶液）。

稀释用油：在环境温度下呈液态的精炼食用油，储存于不含金属成分的聚乙烯或聚丙烯瓶中。可通过下列步骤进行制备：按 1 kg 油加 3 L 石油醚（沸程 40 ~ 60 ℃）的比例将油溶于石油醚。用两倍于欲纯化油质量的氧化铝（在 150 ℃下活化 14 h）制备一根氧化铝柱。将油溶液上柱，并以相当于溶解油脂所用石油醚 5/3 倍体积的石油醚进行洗脱。在氮气流保护下于热水浴上蒸除洗脱液中的石油醚，最后残留的少量石油醚以减压蒸馏法除尽。

镉标准工作液：吸取 1000 mg/mL 镉标准储备溶液，用稀释用油逐级稀释至 0.5 mg/L，此溶液作为镉的标准工作液，临用前配制。

铅标准工作液：吸取 1000 mg/mL 铅标准储备溶液，用稀释用油逐级稀释至 0.5 mg/L，此溶液作为铅的标准工作液，临用前配制。

3. 仪器与设备

原子吸收光谱仪：具备石墨炉原子化器；铅空心阴极灯：283.3 nm；镉空心阴极灯：228.8 nm；分析天平。

四、实验步骤

1. 样品处理

将油脂样品混合均匀，必要时可以适当加热熔化。如果需要，可以用滤纸除掉不溶性物质。

2. 仪器条件

狭缝 0.8 nm；灯电流：4.0 mA；背景校正为塞曼模式；程序升温参考条件如表 4–5 所示。

表 4–5　　石墨炉原子化器程序升温参考条件

序号	流程	温度/℃	速率/（℃/s）	保持时间/s
1	干燥	90	5	20
2	干燥	105	3	20
3	干燥	110	2	10
4	灰化	850	250	20
5	调零	850	0	4
6	原子化	1500	1400	4
7	除残	2300	500	4

3. 标准曲线的制作

用稀释用油配制标准工作液，浓度为 0，8，16，24，32，40 μg/L。分别吸取 15 μL 作为标准加入液，加入到石墨管中，测得吸光度，并求出吸光度与浓度之间的线性回归方程，要求相关系数 r^2>0.995。

4. 样品测定

分别吸取样品和试剂空白各 15 μL，测定其吸光度，带入回归方程求得样液中的重金属含量（μg/L）。

计算结果须扣除空白值，测定结果用平行测定的算术平均值表示，保留两位有效数字。在重复性条件下获得的两次独立测定结果的绝对差值不得超过算术平均值的 15%。

五、思考题

（1）石墨炉原子吸收分光光度法还可以测其他金属元素吗，比如铁、铜、锌？

（2）为什么要用稀释用油去配制标准工作液？

六、说明

食品中重金属含量的测定还可以参考下述资料：① GB/T 15687—2008《动植物油脂　试样的制备》；② GB/T 31576—2015《动植物油脂　铜、铁和镍的测定　石墨炉原子吸收法》；③ GB/T 23739—2009《土壤质量　有效态铅和镉的测定　原子吸收法》；④ LS/T 6135—2018《粮油检验　粮食中铅的快速测定　稀酸提取－石墨炉原子吸收光谱法》。

石墨炉原子吸收仪基本知识

实验二十九　基于二维码技术实现婴幼儿奶粉的溯源性分析

一、实验目的

（1）了解二维条码标签技术的基本原理。

（2）掌握二维条码技术实现食品溯源分析的过程。

二、实验原理

商品二维码（Two Dimensional Code for Commodity）是用于标识商品及商品特征属性、商品相关网址等信息的二维码。其核心功能是实现商品的唯一标识，兼容现有零售商品一维条码承载的信息；其数据结构方案灵活，兼顾多种市场需求；统一入口，解决平台壁垒和安全疑虑；有利于商品的跨国流通等。我国的商品二维码基于 GB/T 33993—2017《商品二维码》生成，更加精准和可靠。由官方权威机构中国物品编码中心管理维护和运行。

与一维条码一样，二维条码也有许多不同的编码方法，或称码制。就这些码制的编码原理而言，通常可分为以下两种类型：一种是矩阵式二维条码，在一个矩形空间通过黑、白像素在矩阵中的不同分布进行编码，它是建立在计算机图像处理技术、组合编码原理等基础上的一种新型图形符号自动识读处理码制，如 Data Matrix、Maxi Code、Aztec Code、QR Code、Vericode 等；另一种是行排式二维条码，其编码原理是建立在一维条码基础之上，按需要堆积成两行或多行，如 PDF417、Ultracode、Code 49、Code 16K 等。

基于二维条码的生成原理及特点，商品二维码对某一商品具有唯一性，且能够存储商品的各种信息数据，比如生产、加工、运输和销售等各个环节的信息数据，通过扫码设备或软件识别商品二维码，即可解析获得商品的各种信息，进行商品溯源性分析。

三、实验材料与仪器

某品牌较大婴儿配方奶粉 2 段 900 g 罐装，智能手机，联网计算机。

四、实验步骤

1. 智能手机溯源分析

（1）获取溯源二维码

（2）微信“扫一扫”或支付宝“扫一扫”

从智能手机提取的信息来看，可以知道奶粉的原产地、奶粉的包装日期、奶粉的运输方式和时间节点（包括运输时间和停留时间等）、国内的销售环节信息等。通过支付宝扫一扫和微信扫一扫，获得的信息会有所差异，原因在于溯源产品生产厂家在两个软件中提供的信息存在差别。

2. 网络平台溯源分析

（1）登录“国家食品（产品）安全追溯平台”http://www.chinatrace.org/

（2）输入追溯码或“商品条码＋批次号”

选择追溯码查询条件，填入奶粉的“溯源二维码”，如果出现无此溯源码，说明该罐的溯源二维码未在该平台系统注册，无法用溯源码查询；如果该平台系统存储有该溯源码，则会显示出该商品的相关填报信息。

选择“商品条码＋批次号”查询方式，依次填入商品条码和批次号，会显示如下信息：产品名称、品牌和规格，以及其余溯源地图、检验数据、产品流向等消费者关心的信息。如果显示空白，说明该罐奶粉的信息在国家食品（产品）安全追溯平台未填报完全。

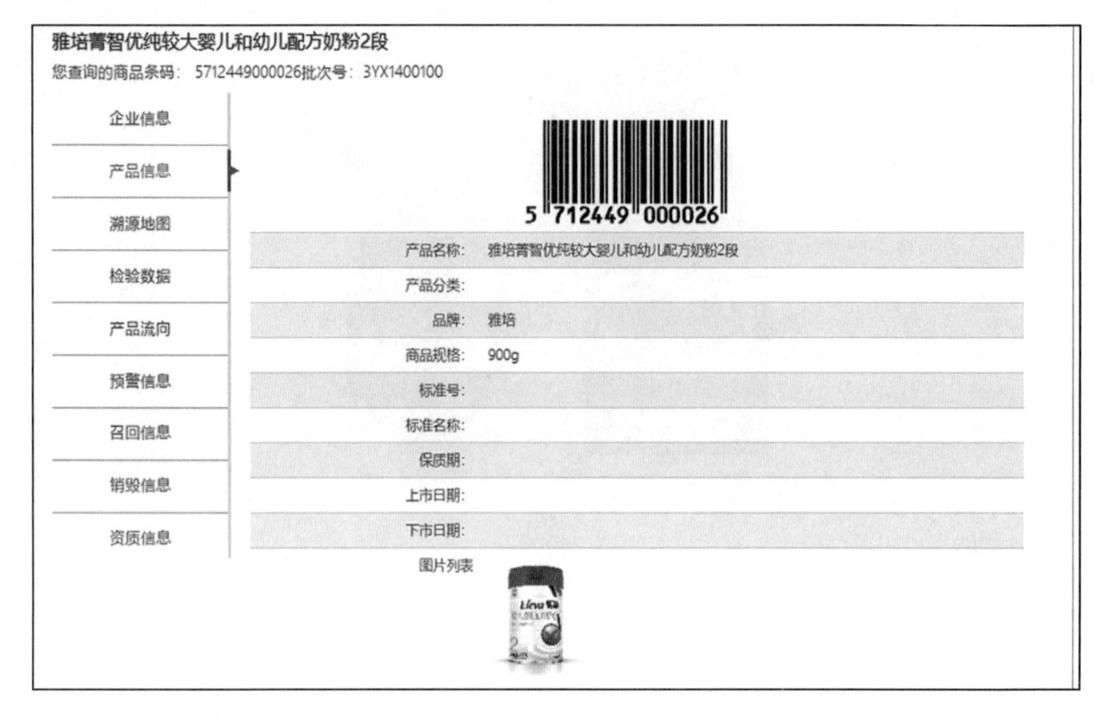

五、思考题

（1）为什么微信扫码和支付宝扫码获得信息不一样？

（2）与智能手机相比，为什么从网络溯源平台获得的信息更少？

（3）二维码是无穷无尽，永远用不完的吗？

六、说明

（1）基于二维码技术的商品标签，为商品的追溯提供了方便的载体，人们能够通过多种方式进行商品信息的查询，不再局限于电话咨询等传统方式。但是，还是有很多尚待完善的地方，比如不同识别软件如何统一信息、不同数据平台如何实现数据共享、如何进一步完善动态数据填报等。

（2）更多资料可以在下述网站获得：① 国家食品（产品）安全追溯平台（http：//www.chinatrace.org/）；② 中国物品编码中心网站（http：//www.gs1cn.org/）；③ 统一二维码标识注册管理中心中国运营中心（https：//www.idcode.org.cn/）。

实验三十　基于 RFID 技术构建农产品苹果的溯源系统

一、实验目的

（1）了解 RFID 标签技术的基本原理。

（2）了解基于 RFID 技术实现食品溯源分析的过程。

二、实验原理

食品追溯对象需要进行物理标识以实现追溯。物理标识可以使用商品条码、射频识别技术（Radio Frequency Identification，RFID）等标签实现数据存储。基于商品条码的追溯方案已在全球 60 多个国家得到了广泛应用。通过商品条码技术，将食品的生产、加工、贮藏、运输及零售等供应链各环节进行编码标识，并相互关联，可获取各个环节的数据信息。一旦食品出现安全问题，可通过这些标识代码进行追溯，能够快速缩小发生安全问题的食品范围，准确查出问题出现的环节所在，直至追溯到食品生产的源头，从而确保产品撤回和召回的高效性、准确性。但是商品条码技术在标识动态数据方面存在不足，不能将动态数据嵌入包装图形中，即在条码中添加动态数据将对打印和打包速度产生影响。

RFID 通常是利用无线电波对记录载体进行读写。RFID 标签具有非接触读写和良好的穿透性等特性，可以被动、主动或半被动读取物体的数据信息。其中，无源标签没有内部电源，可以由其他供电设备从几米之外读取；有源标签具有内部电源，能够向其他设备生成消息，其范围可达数百米；半无源标签与有源标签类似，区别在于它们的能量电源只对微芯片供电，而不对广播信号供电。由于 RFID 不是靠人工识读的，具有优良的防伪功能。

虽然 RFID 识别技术具有诸多优势，在食品安全领域已经有所应用，但是如何基于 RFID 技术构建系统完整的食品追溯体系尚存在一些问题。比如：如何消除整合生产和流通的信息，保证 RFID 记录的产品信息（从生产、采摘、物流、仓储、零售到用户的全部流程数据）透明公开、真实不可篡改，让生产和流通各个环节真正实现信息共享；如何降低 RFID 芯片及读卡器的制备成本，并且提高读取数据的成功率。

本实验属于设计讨论类实验，旨在学习如何利用 RFID 技术优势构架水果类食品的溯源系统，具体以农产品苹果及其加工产品为例。

三、实验材料与仪器

联网计算机。

四、实验步骤

1. 基于苹果及其加工产品的供应链展开追踪和溯源

在苹果树开始种植或者苹果开始挂果时就可以挂上 RFID 标签采集数据信息，并传输到数据平台和溯源码关联，直至到消费者手中，供应链中的所有企业和个人均可以通过溯源码对苹果进行追溯，特别是发生食品安全事件时，有利于快速查明原因，采取高效的措施，保障人们健康，降低经济损失。

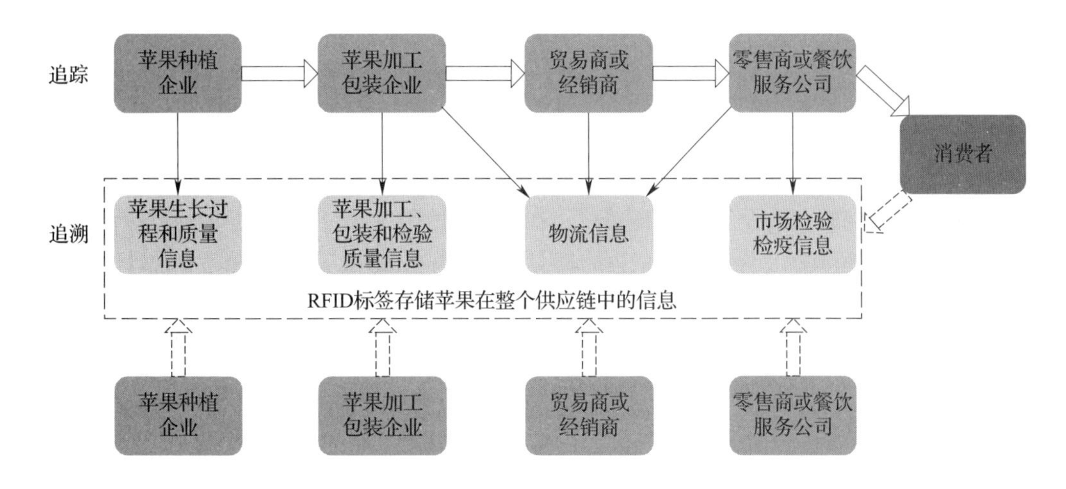

2. 苹果种植企业

需要记录下面的信息：种植企业信息；商品名和品种名；采摘日期；苹果质量信息比如农残；贸易合作伙伴 / 买方；发货 / 发运日期；发货地址；收货地址；农资信息比如打药时间和

次数、施肥时间和次数等。

那么，种植企业需要或者愿意共享哪些信息到追溯系统呢？如何让种植企业共享更多信息呢？可以从 RFID 技术角度开发适合种植企业要求的数据信息采集系统。

3. 苹果加工包装企业

为了确保产品的追溯，建立供应链中不同参与方之间的信息连接，企业必须采集、记录和共享下面的数据。

当公司是加工企业时：种植企业提供的物流单元（即入厂追溯单元）信息；加工过程信息；产品检验信息；出厂信息；收货方信息等。

当公司是包装企业时：种植企业提供的物流单元（即入厂追溯单元）信息；包装规格信息；发货信息；收获方信息等。

那么，基于 RFID 技术的追溯信息采集方法，相比其他标签技术的信息收集方法，在加工企业中的优势在哪里？在包装企业中的优势在哪里？

4. 贸易商或经销商

经销商 / 贸易商应从供应商处获取产品信息，并保证产品标识的唯一性，比如采用 GS1 全球贸易项目代码（GTIN）标识，品牌所有者负责为所交易的所有包装形式的产品分配 GTIN，并在交易产品之前将该编码录入到经销商 / 贸易商的内部系统内保存，将 GTIN 与产品批号相关联从而实现产品的追溯。每个箱标签上都提供 GTIN 和批次信息，采集、保存这些信息并提供给餐饮服务提供商或零售商。

为了实现产品的追溯，经销商 / 贸易商还必须保存产品其他输入信息，如包装材料，这些信息与企业内部的追溯信息同样重要，而且要将采购订单信息和出厂货物详细信息关联。另外，所有企业都必须保存数据记录，从而保证能够及时、准确地实施产品追溯和召回。建议企业根据如下几方面制定内部数据保存方案：政府或市场要求；产品可能存在于供应链内（某个位置）的时间；追溯流行病事件中可能涉及的企业产品时需要检索的数据。

RFID 技术如何在这一环节发挥优势，快速采集信息，便于产品追溯？

5. 零售商或餐饮服务公司

零售商或餐饮服务公司必须从供应商处采集产品信息，尤其是进店的物流单元的信息以及出厂货物信息，通常是箱信息。另外，零售商 / 餐饮服务公司也可能会创建新的物流单元，这种情况下还必须采集物流单元信息。为了实现产品的追溯，零售商或餐饮服务公司必须保存包装材料等其他产品输入的记录。

RFID 技术在零售行业已经获得广泛推广，在分析其使用现状的情况下，如何进一步提升其技术优势，降低使用成本，保障数据采集的真实性和不可篡改性，是值得思考和设计的方向。

6. 消费者

作为消费者，如何方便地通过溯源码或其他唯一标识查询所购买苹果及其相关产品的来源信息，需要供应链各个环节将 RFID 芯片收集的信息数据进行整合，并上传至查询平台。

五、思考题

（1）如何设计低成本的基于 RFID 技术的数据采集系统，用于物流管理？

（2）如何设计种植企业需求的且愿意使用的 RFID 标签，采集水果生长信息？

六、说明

（1）随着人们生活水平的提高，对水果产品质量日益关注，果品溯源势在必行，如果能够将果品从种植到消费过程中的关键环节信息化，并通过电子标签技术实施信息化管理，不仅能够让消费者放心，也有利于将消费者的评价和建议反馈给水果种植企业及其他中间商，促进水果产地的环境改善和物流管理的提升，为消费者提供高质量水果产品，实现良性循环。

（2）RFID 技术能够节约成本，减少人工操作的误差，已经被许多国家和地区应用于食品生产和流通的各个环节，进行溯源分析，保障了食品质量与安全。但是，RFID 还存在一些问题：① RFID 标签价格偏高；② 解读 RIFD 的技术和标准缺乏统一标准；③ 缺少相应的人才从事 RFID 技术研发、集成与应用。

实验三十一　基于 GS1 全球追溯标准建设进口冷链食品溯源性分析系统

一、实验目的

（1）了解 GS1 全球追溯标准的基本知识及其作用。

（2）了解冷链食品的特点及其溯源性分析系统的建立过程。

二、实验原理

GS1 组织成立于 1971 年，目前已经在 110 多个国家开设了办事处，并通过供应链标准聚集了 200 多万名会员，重点业务在于开发统一的商品语言，改变商品信息的分享方式，通过节约商品交易时间和成本，促进商业贸易更加容易进行。

GS1 全球追溯标准（GTS）旨在帮助组织或行业设计并实施基于 GS1 标准体系的追溯系统，该标准旨在为正在开发长期追溯目标的组织或行业提供关键见解和相关知识。因为追溯是要追溯目标对象的相关历史、应用或位置，所以在考虑产品或服务时，追溯可能涉及原材料和部件来源、加工历史、交付的产品或服务的分布和位置。

GS1 实现供应链追溯的方法侧重于使用开放标准来提供供应链相关对象的可视化，旨在通过以下方式帮助组织和行业实现全球供应链追溯：① 提供方法，供组织在制定符合其需求和目标的追溯系统设计要求时使用；② 为指定具体行业、区域和当地标准以及指南提供基础；③ 通过提供一致方法来标识追溯对象，并在其生命周期内创建和共享有关此类对象的移动或事件基于标准的数据，从而实现全供应链成功和互操作性通信；④ 通过应用现有和已验证的标准，避免碎片化方法造成应用案例的不可追溯。

随着经济水平的上升和冷冻科技的发展，冷链运输越来越流行。在冷链物流活动网络中，冷链物流中心是冷链物流实施过程中的一个重要节点，其中冷库是进出口冷链食品流转路径的必经环节。因此做好冷库商品的出入管理，进行详细的信息登记是溯源的必要条件，如何在不增加冷库经营成本和负担的前提下落实各环节的信息登记工作，成为溯源的关键点和难点。

通过实施 GS1 全球追溯标准，根据当地冷库实际情况，结合二维码标签技术和 RFID 标签技术的特点，为各类进口冷链食品赋码，建立人、物关联，实现对人、货、场、车等全环节精准管理及产、存、购、销、运等全流程动态感知，进而实现供应链全程可监管追溯。

三、实验材料与仪器

联网计算机。

四、实验步骤

1. 冷库出入商品系统对接方案（图 4–1）

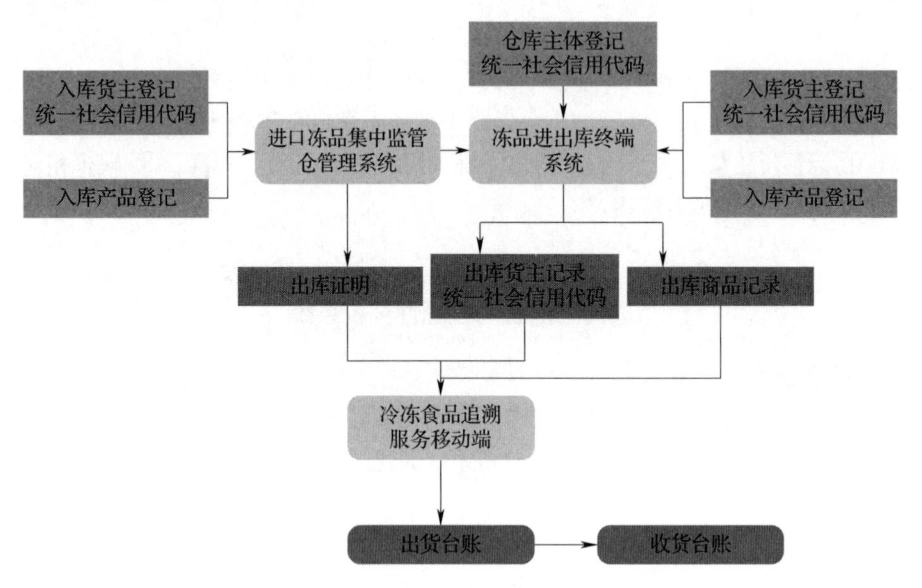

图 4–1 冷库出入商品系统对接方案

资料来源：黎志文，周哲 . 加强追溯系统建设 助进口冻品疫情防控［J］. 中国自动识别技术，2020，87（6）：63–67。

2. 对象、参与方和位置标识

（1）追溯对象 追溯对象是其供应链路径可以并且需要被确定的物理或数字对象。表 4–6 列出了可用于标识追溯对象的 GS1 标识代码。GS1 系统提供了全球明确的标识代码，为公司间的产品信息交流提供了一种通用语言。产品的 GS1 标识代码是 GS1 全球贸易项目代码（GTIN）。GS1 标识代码促进了供应链伙伴之间产品信息的共享和交流，还为许多行业的供应链管理创新改进提供了基础。

表 4–6 追溯对象的 GS1 标识代码

代码	全名	待标识的对象类型
GTIN	全球贸易项目代码	任何包装级别的产品类型，如消费单元、内包装、箱子、托盘
SSCC	系列货运包装箱代码	物流单元、包装在一起用于储存和 / 或运输用途的贸易项目组合；如箱子、托盘或包裹
GSIN	全球货物装运代码	将需要一起交付的物流单元分组。通常由发货人用于指导运输提供商或货运代理商
GINC	全球货物托运代码	将需要一起运输的物流单元（可能属于不同装运）分组。通常由货运代理用于指导运输提供商；如位于空运主提单（MAWB）或主提单（MBL）上
GIAI	全球单个资产代码	车辆、运输设备、仓库设备、备件等资产
GRAI	全球可回收资产代码	可回收的运输物品，如托盘、板条箱、啤酒桶、防滚架

续表

代码	全名	待标识的对象类型
GDTI	全球文件类型代码	实际文件，如发票、纳税申报表等
CPID	组件 / 部件标识代码	基于原始设备制造商（OEM）（如汽车制造商）技术规范生产和标识的组件 / 部件
GCN	全球优惠券代码	纸质和数字优惠券

注：GTIN 和 CPID 仅包含一个类型引用，使此类代码适用于品种级标识。只有与其他属性结合使用，其才能适用于批次 / 批号或序列号级标识。

GRAI、GDTI 和 GCN 包含一个类型引用和一个可选序列号组件，使得此类代码适用于品种级以及单品级标识。

SSCC 和 GIAI 只包含一个序列号引用，并且是单品级标识符。

GINC 和 GSIN 包含一个托运或装运引用，且用于标识物流单元分组。

资料来源：吴新敏、孔洪亮、李建辉等译 . GS1 全球追溯标准（第二版）：供应链互操作追溯系统设计框架 . 中国物品编码中心，2018 年 11 月。

GS1 标准提供关于贸易项目标识颗粒度的选择，从而导致不同程度的精确度。粒度从品种级到批次 / 批号级再到单品级，在供应链中追溯产品的能力依次增强，但记录和产品标记成本依次增加。

品种级：品种标识（GTIN）允许查看供应链中使用不同产品的地点，以及根据产品计数收集数据。这包括许多库存应用、销售分析等。但是，使用此级别时，给定产品的所有个体均难以区分，从而妨碍了真正的追溯。

批次 / 批号级标识（GTIN + 批次 / 批号）：可以将批次 / 批号中的产品与其他批次 / 批号区分开来。这在处理质量问题，且问题往往成批出现的业务流程中尤其有用，例如受污染的批次 / 批号的产品召回。批次 / 批号级追溯允许标识供应链中给定批次 / 批号已达到的所有地点，并确认来自该批次 / 批号的项目数量。

单品级或完全序列化标识（GTIN + 序列号标识）：允许单独标识每个产品个体。这允许对每个产品个体进行单独跟踪或追溯，从而可以精确地关联供应链中不同时间的观察结果。例如，其可用于产品生命周期较长的产品，其中，追溯要求可能涵盖与产品使用和维护有关的业务流程。单品级标识具有独一无二的优点，即标识代码表示在特定时间点仅存在于一个地点的单个产品。其他标识级别允许具有相同标识代码的多个单品或数量（固定或可变度量）在特定时间点存在于多个地点，这限制了有关此类单品的知识量。例如，如果使用单品级标识代码，则可以精确评价对象的特定监管链，否则只能以概率的方式进行估算。

在冷链配送和物流中，有时候贸易项目通常需要聚合（分组、包装、装载）。这导致需要对其他追溯对象进行追踪和溯源，如物流单元、包装箱、卡车和船只。图 4–2 将说明此类对象如何相互关联以及如何应用 GS1 标识代码。

为了保持高聚合级别和所含贸易项目之间的关系，需要记录各个聚合级别之间的联系。这是追溯系统的基本要素之一，也是各方（包括物流服务提供商）追溯系统之间建立联系的关键。

另一方面，GTIN 和 SSCC 有着本质区别，而且 GIAI 和 GRAI 也有本质区别。鉴于 SSCC 和 GTIN 可标识货物或产品（包括其包装），GIAI 和 GRAI 可标识运输资产（无论其内容如何）。配送资产本身时会发生特殊情况，如空托盘。在此类情况下，资产 ID 也可以用于标识内容。

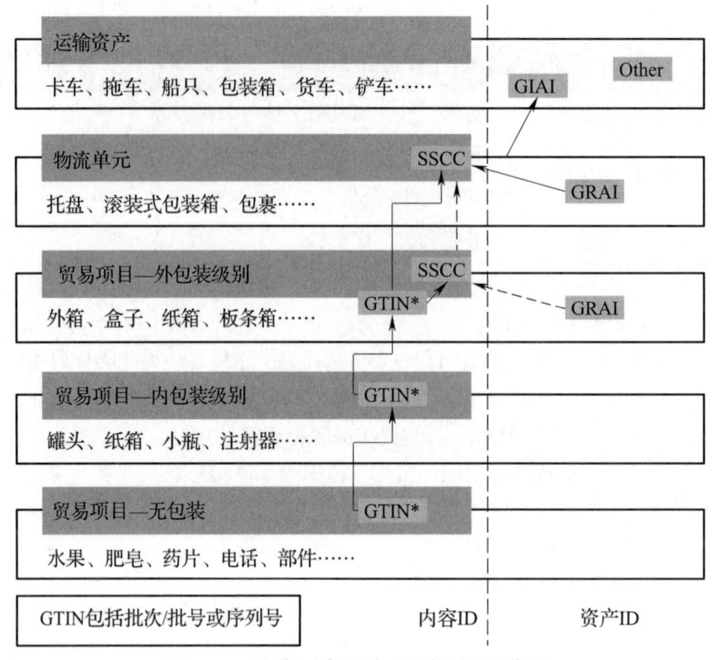

图 4-2 追溯对象聚合级别和标识代码

资料来源：吴新敏、孔洪亮、李建辉等译 . GS1 全球追溯标准（第二版）：供应链互操作追溯系统设计框架 . 中国物品编码中心，2018 年 11 月。

（2）追溯参与方　在任何追溯系统中，必须区分在供应链的监管链或所有权链中发挥作用的不同参与方。供应链各方可能包括制造商、代理商、分销商、运营商或零售商。为理解追溯的全部内容，必须理解发挥作用的人员，以及其在链中的彼此关系。使用全球位置代码（GLN）标识各方。在某些情况下，特别是在标识涉及个人时，全球服务关系代码（GSRN）也可以发挥作用。

（3）追溯地点　追溯地点是指确定在追溯系统范围内的指定物理区域，可以使用全球位置代码（GLN）标识组织为其业务运作确定的物理位置。GLN 可用于标识特定方所确定的业务地点。在追溯系统中，其他地点也具有重要性。因此，GS1 标准支持使用附加方法来标识地点，如地理坐标。

（4）交易和文件　如果需要在各方间共享文件或交易参考，各方系统可以使用全球唯一标识代码实现明确标识。例如，全球唯一标识代码可以应用于认证机构分配的质量证书。

3. 自动识别和数据采集（AIDC）（图 4-3）

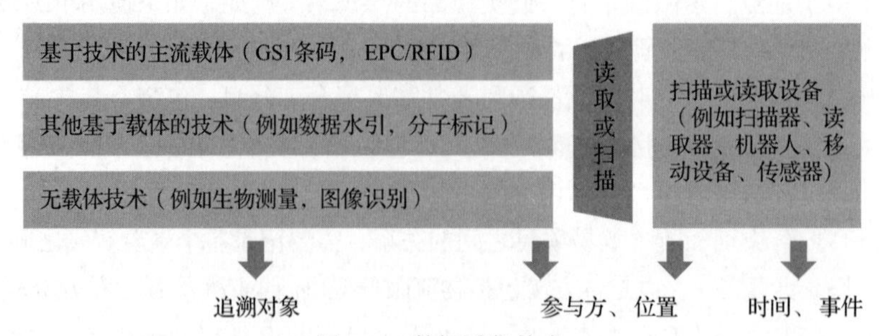

图 4-3 数据采集技术

资料来源：吴新敏、孔洪亮、李建辉等译 . GS1 全球追溯标准（第二版）：供应链互操作追溯系统设计框架 . 中国物品编码中心，2018 年 11 月。

追溯对象（在某些情况下，还包括参与方、位置、交易和文件）将需要进行物理标识以实现追溯。追溯系统可以使用 GS1 认可的条码符号体系和 EPC / RFID 标签对 GS1 标识代码进行编码，以唯一标识全球范围内的产品、贸易项目、物流单元、位置、资产和服务关系。附加信息（如保质期、序列号和批号）也可以编码成条码或 EPC / RFID。除条码和 EPC / RFID 外，其他基于载体的技术（如数字水印）和无载体技术（如图像识别）也可以发挥作用。

除从对象采集的数据外，用于扫描或读取数据的设备提供的数据［如日期和时间、读取点和用户（操作员）］对确定“参与方、位置、时间和事件”维度至关重要。

在采集数据时，主要涉及的问题有：

（1）采集数据有哪些流程步骤？

（2）采集数据的最经济有效的方法是什么？

通常，第一步就是在收到货物后扫描物流单元。对于条码，通常使用手持设备完成第一步。对于 EPC / RFID 标签，可以使用固定识读器。采集数据的其他流程步骤包括存储、拣选、包装、装运、运输、销售。通常组合使用固定安装的扫描器或读取器和手持设备来采集关键追溯事件。

这里需要特别提及移动设备的出现，因为其增加了扫描功能的可用性（使得扫描与条码一样普遍），从而允许以有限的附加成本记录附加事件。

4. 共享追溯数据

抓住冷库这个关键节点，从其他各方收集追溯数据，完善自身的记录信息，同时向其他各方提供数据，建立分布式追溯系统，更加有利于进口冷链食品的溯源性分析。

5. 追溯解决方案生态系统

各种供应商提供“即插即用”的解决方案来满足组织的追溯需求。大型组织及众多供应商均可以使用这种解决方案。

透明度解决方案倾向于提供供应链映射功能，从而允许根据产品类型标识建立供应商和消费者之间的连接。此类解决方案往往缺乏跟踪或追溯沿特定供应链路径移动的单个对象（具有全球唯一序列化标识）的能力，并且其可能更关注确定所有上游供应商是否持有针对有机 / 环保 / 道德规范签发的特定认证或认可的能力。追溯解决方案提供详细的可追溯级别，并且通常包括基于事件的数据存储库以及逻辑链接相关事件的能力。如果供应商解决方案应用专有数据模型和封闭生态系统，则其不太可能与竞争对手的解决方案相互操作。

此外，考虑到与用户现有 IT 系统的互操作性可能受到限制，确认符合相关 GS1 开放标准（如 GS1 条码、GDSN、EPCIS 和 CBV）的应用更有可能为追溯数据交换提供高水平的互操作性。需要注意的是，部分符合 GS1 标准可以为用户提供收益。例如，将 GTIN 支持添加到供应商解决方案可以增强互操作性。

除总包追溯解决方案外，还有其他几个授权服务。允许访问有关一方认证数据的服务对于追溯系统特别重要。GS1 标准旨在通过提供标准参考机制和推广使用 GS1 代码连接此类服务（如 GLN 来识别该方）来支持此类服务的连通性。

6. 构思进出口冷链食品追溯系统

随着全球贸易的发展和食品科学技术的进步，冷链食品越来越多。但是进口冷链食品也会存在安全性问题，比如病毒和细菌的污染，对其进行精准追溯管理，对保障人民健康安全非常重要。因此，如何对进口冻品实施有效追溯，追溯系统到底该怎样建设才能发挥应有的作用，食品追溯是一个极其有发展前景的行业。在构建进出口冷链食品追溯体系时，可以参照以下几点。

（1）政府主导的多方协调型的追溯体系　以政府为主导构建追溯体系，具有如下优势：一是应急管理和事后追责；二是事前风险防控；三是保障消费者知情权，让消费者放心；四是收集数据，为实施智慧监管、提升监管效能提供数据支撑。企业自建类追溯系统主要是以满足合法合规要求、规范管理、提高效率、提升品牌价值等方面为目的来开展。行业第三方平台从提供基础信息设施技术支持和信息服务能力，支持数字经济、开展大数据研究和分析角度出发，为各行业服务。

（2）追溯体系的建设必须考虑成本与效益　进口冻品在实际存储、加工、销售时，可能存在拆包、重新包装等操作。如果希望信息精准，需要产业链下游各环节再次加贴食品溯源标签，否则原始食品溯源码灭失、信息无法传递下去或消费者无法触及等，增加的不仅是源头企业的负担，而是全供应链的成本。

比如贴码精准追溯，会增加时间成本、经济成本、监管成本等。经初步测算，按 20 家进口冻品企业每天 40 个集装箱货柜，每柜 2000 件货物，每个货物平均流转 4 家上下游企业，涉及 5000 家冷库来测算，货品在集中监管仓内额外增加停留的时间约为 1 小时 / 柜，贴码产生的人力、标签成本约为 1056 万元 / 年（8 万张 / 天 ×0.2 元 / 张标签 ×30 天 ×12 个月 +50 人 ×0.8 万 ×12 个月），硬件设备 4000 万元（5000 家 ×2 台 ×0.4 万元 / 台手持打码扫码机），共计 5056 万元 / 年。因此，贴码追溯只能在非常时期、重点类型产品上实施，并不能大规模强制使用。

总之，如何平衡成本与效益，仍然具有挑战性。

（3）统一编码是追溯系统数据共享的关键　编码的不统一形成了一个个信息孤岛，未来要实现追溯系统的互联互通，统一编码是关键，并且要采用与国际一致的、被行业广泛应用且成熟的编码方案，只有这样，才能实现追溯系统的互联互通，实现全链条追溯和全球追溯。基于 GS1 编码体系的统一追溯码，能最大限度、最小成本地实现产品实物与追溯系统信息的关联，一般进口冻品外包装上都有基于 GS1 体系的商品条码，如果通过商品条码 + 批次号组成追溯码，也可以实现溯源管理的目的，有利于降低全社会的交易成本，实现全球统一的追溯管理体系。

（4）追溯体系长期有效运营的关键是多方获益　追溯体系的建设，不仅是信息化系统的建设，更重要的是法规保障体系和运营保障体系，追溯体系长期有效运营，需要食品生产、经营、监管、消费等各方的参与，多方获益才能有动力运营下去，特别是食品生产经营企业，需要从政府建立的信息系统中获取到信息化管理的能力，或者从政府开放数据中获取需要的数据。

（5）追溯系统的建设将是一个标准化不断促进信息化融合的过程　追溯系统不仅是一个数据采集系统，也是一个数据融合、公示的平台。只有相关利益方的数据不断标准化，并融合到统一的公共平台上，为政府安全防控和消费者查询服务，才能真正发挥作用。在食品安全追溯体系建设阶段，还存在大量中小型食品生产经营者的信息化程度不够，有些企业没有专用的信息化系统，有些企业内部的信息系统是割裂的，相互之间数据没有打通等问题，需要用标准化的方式进行重构。因此追溯系统建设将是一个标准化不断促进信息化融合的过程。

五、思考题

（1）如何从技术角度，降低进口冷链食品追溯系统的运行成本？

（2）如何从管理角度，降低进口冷链食品追溯系统的运行成本？

（3）追溯系统中各参与方的受益点和受益程度，有哪些？如何评估分析？

六、说明

围绕进口冷链食品，可以从下面几个方面思考构建有效的进口冷链食品追溯系统：① 以冷库系统为核心，完善进口冷链食品的各种信息，包括源头信息收集，冷库信息的录入，以及发出产品的追踪；② 与 GS1 国际追溯标准逐渐融合，实现数据的充分共享和无缝对接，并能够持续改进；③ 明确 GS1 追溯系统的关键指标，比如哪些追溯对象位于系统范围内？ 每个追溯对象的追溯数据所需精确度级别是什么？ 哪些位置位于系统范围内？④ 注重追溯系统的建设成本与质量，以及受益方的受益点分析。

CHAPTER 5

第五章 食品组分加工、贮藏过程中理化及功能性的变化

实验三十二　鱿鱼制品中水分活度的测定　康卫氏皿扩散法

一、实验目的

（1）掌握水分活度的概念和扩散法测定水分活度的原理。

（2）掌握康卫氏皿扩散法测定食品中水分活度的操作技术。

二、实验原理

食品水分活度的测定通常采用康卫氏皿扩散法，选择标准水分活度的试剂，形成相应湿度的空气环境，在康卫氏扩散皿的密封和恒温条件下，观察食品样品在此空气环境中因水分变化而引起的质量变化。通常使样品分别在 A_W 较高和较低的标准饱和盐溶液中扩散平衡后，根据样品质量的增加和减少的量，计算样品的 A_W。标准饱和盐溶液在 25 ℃时的 A_W 如表 5-1 所示。

表 5-1　　标准饱和盐溶液的 A_W（25 ℃）

试剂名称	A_W	试剂名称	A_W	试剂名称	A_W
溴化锂（$LiBr \cdot 2H_2O$）	0.064	氯化钴（$CoCl_2 \cdot 6H_2O$）	0.649	氯化钾（KCl）	0.843
氯化锂（$LiCl \cdot H_2O$）	0.113	氯化锶（$SrCl_2 \cdot 6H_2O$）	0.709	硝酸锶［$Sr(NO_3)_2$］	0.851
氯化镁（$MgCl_2 \cdot 6H_2O$）	0.328	硝酸钠（$NaNO_3$）	0.743	氯化钡（$BaCl_2 \cdot 2H_2O$）	0.902
碳酸钾（K_2CO_3）	0.432	氯化钠（NaCl）	0.753	硝酸钾（KNO_3）	0.936
硝酸镁［$Mg(NO_3)_2 \cdot 6H_2O$］	0.529	溴化钾（KBr）	0.809	硫酸钾（K_2SO_4）	0.973
溴化钠（$NaBr \cdot 2H_2O$）	0.576	硫酸铵［$(NH_4)_2SO_4$］	0.810		

三、实验材料与仪器

1. 试剂与材料

市售鱿鱼丝（传统干制品和添加水分活度降低剂的半干制品各一种），溴化锂，氯化锂，氯化镁，碳酸钾，氯化钴，氯化钠，硫酸铵，硫酸钾，凡士林。

2. 试剂配制

溴化锂饱和溶液：在易于溶解的温度下，准确称取 500 g 溴化锂（$LiBr \cdot 2H_2O$），加入热水 200 mL，冷却至形成固液两相的饱和溶液，贮藏于棕色试剂瓶中，常温下放置一周后使用。

氯化锂饱和溶液：在易于溶解的温度下，准确称取 220 g 氯化锂（$LiCl \cdot H_2O$），加入热水 200 mL，冷却至形成固液两相的饱和溶液，贮藏于棕色试剂瓶中，常温下放置一周后使用。

氯化镁饱和溶液：在易于溶解的温度下，准确称取 150 g 氯化镁（$MgCl_2 \cdot 6H_2O$），加入热水 200 mL，冷却至形成固液两相的饱和溶液，贮藏于棕色试剂瓶中，常温下放置一周后使用。

碳酸钾饱和溶液：在易于溶解的温度下，准确称取 300 g 碳酸钾（K_2CO_3），加入热水 200 mL，冷却至形成固液两相的饱和溶液，贮藏于棕色试剂瓶中，常温下放置一周后使用。

氯化钴饱和溶液：在易于溶解的温度下，准确称取 160 g 氯化钴（$CoCl_2 \cdot 6H_2O$），加入热水 200 mL，冷却至形成固液两相的饱和溶液，贮藏于棕色试剂瓶中，常温下放置一周后使用。

氯化钠饱和溶液：在易于溶解的温度下，准确称取 100 g 氯化钠（NaCl），加入热水 200 mL，冷却至形成固液两相的饱和溶液，贮藏于棕色试剂瓶中，常温下放置一周后使用。

硫酸铵饱和溶液：在易于溶解的温度下，准确称取 210 g 硫酸铵［$(NH_4)_2SO_4$］，加入热水 200 mL，冷却至形成固液两相的饱和溶液，贮藏于棕色试剂瓶中，常温下放置一周后使用。

硫酸钾饱和溶液：在易于溶解的温度下，准确称取 35 g 硫酸钾（K_2SO_4），加入热水 200 mL，冷却至形成固液两相的饱和溶液，贮藏于棕色试剂瓶中，常温下放置一周后使用。

3. 仪器与设备

康卫氏皿（图 5-1，带磨砂玻璃盖），称量皿（直径 35 mm，高 10 mm），分析天平，恒温培养箱，电热恒温鼓风干燥箱。

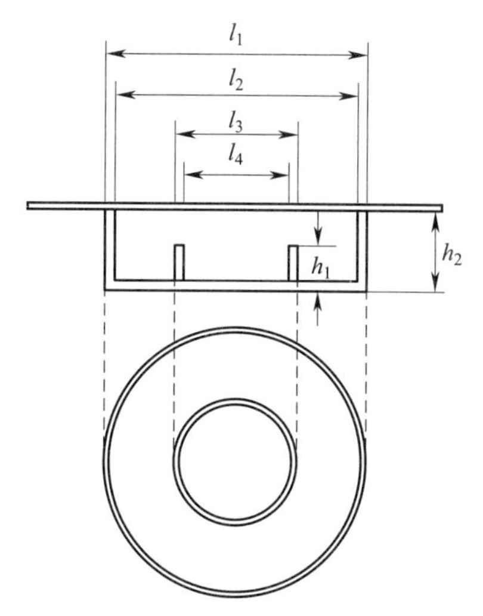

图 5-1　康卫氏皿

l_1—外室外直径，100 mm　l_2—外室内直径，92 mm　l_3—内室外直径，53 mm
l_4—内室内直径，45 mm　h_1—内室高度，10 mm　h_2—外室高度，25 mm

四、实验步骤

1. 样品处理

取可食用部分的代表性样品至少 200 g，在室温 18 ~ 25 ℃，湿度 50% ~ 80% 的条件下，迅速切成小于 3 mm × 3 mm × 3 mm 的小块，不得使用组织捣碎机，混匀后置于密封玻璃容器内。

2. 样品预测定

（1）预处理　将盛有鱿鱼丝样品的密封容器、康卫氏皿及称量皿置于恒温培养箱内，于（25 ± 1）℃ 条件下，恒温 30 min。取出后立即使用及测定。

（2）预测定　分别取 12.0 mL 溴化锂饱和溶液、氯化镁饱和溶液、氯化钴饱和溶液、硫酸钾饱和溶液于 4 只康卫氏皿的外室，用经恒温的称量皿，在预先干燥并称量的称量皿中（精确至 0.001 g），迅速称取与标准饱和盐溶液相等份数的同一样品约 1.5 g（精确至 0.001 g），放入盛有标准饱和盐溶液的康卫氏皿的内室。沿康卫氏皿上口平行移动盖好涂有凡士林的磨砂玻璃片，放入（25 ± 1）℃的恒温培养箱内，恒温 24 h。取出盛有鱿鱼丝样品的称量皿，立即称量（精确至 0.001 g）。

（3）预测定结果计算　鱿鱼丝样品质量的增减量按式（5–1）计算：

$$X = \frac{m_1 - m}{m - m_0} \tag{5–1}$$

式中　X——样品质量的增减量，g/g；

m_1——25 ℃扩散平衡后样品和称量皿的质量，g；

m——25 ℃扩散平衡前样品和称量皿的质量，g；

m_0——称量皿的质量，g。

（4）绘制二维直线图　以所选饱和盐溶液（25 ℃）的水分活度（A_W）为横坐标，对应标准饱和盐溶液的鱿鱼丝样品的质量增减数值为纵坐标，绘制直线图。该直线在横轴上的截距，即为该样品的水分活度预测值。

3. 样品的测定

依据预测定结果，分别选用水分活度数值大于和小于鱿鱼丝样品预测结果数值的饱和盐溶液各三种，各取 12.0 mL，注入康卫氏皿的外室。在预先干燥并称量的称量皿中（精确到 0.001 g），迅速称取鱿鱼丝约 1.5 g（精确到 0.001 g），放入盛有标准饱和盐溶液的康卫氏皿的内室。沿康卫氏皿上口平行移动盖好涂有凡士林的磨砂玻璃片，放在（25 ± 1）℃的恒温培养箱内，恒温 24 h。取出盛有鱿鱼丝样品的称量皿，立即称量（精确到 0.001 g）。

五、计算

鱿鱼丝样品质量的增减量按式（5–1）计算。以各种标准盐的饱和溶液在 25 ℃时 A_W 为横坐标，被测样品的增减质量为纵坐标作图，绘制二维直线图。此线与横轴的交点即为所测样品的 A_W。

六、思考题

（1）为什么样品中含有水溶性挥发性物质时会影响水分活度的准确测定？可以用这个方法测定冷冻食品的水分活度吗？

（2）为什么要对样品进行水分活度的预测定？

（3）举例说明有哪些常用的水分活度降低剂。

七、说明

（1）此实验方法为GB 5009.238—2016《食品安全国家标准　食品水分活度的测定》中第一法。

（2）粉末状固体食品的水分活度与粉末粒度有关。

（3）本方法适用于预包装谷物制品类、肉制品类、水产制品类、蜂产品类、薯类制品类、水果制品类、蔬菜制品类、乳粉、固体饮料的水分活度的测定。不适用于冷冻和含挥发性成分的食品。适用食品水分活度的范围为0.00～0.98。

实验三十三　鱿鱼制品中水分活度的测定　水分活度仪扩散法

一、实验目的

（1）掌握水分活度的概念。

（2）掌握水分活度仪测定食品中水分活度的操作技术。

二、实验原理

在密闭、恒温的水分活度仪测量舱内，样品中的水分扩散平衡。此时水分活度仪测量舱内的传感器或数字化探头显示出的响应值（相对湿度对应的数值）即为样品的水分活度（A_w）。

三、实验材料与仪器

1. 试剂与材料

同实验三十二的试剂与材料。

2. 仪器与设备

HD–3A型水分活度仪（无锡市华科仪器仪表有限公司，包括WSC–4型高密度传感器、微型打印机、智能水分活度测量仪主机），分析天平，样品皿。

四、实验步骤

1. 样品处理

同实验三十二中样品处理方法。

2. 仪器校准

安装：将WSC–4水分活度传感器的插头插入仪器后面板的传感器插座中。拔插传感器插头时，不可抓住电线拉扯，或试图旋转插头。将打印机电缆线一端插入仪器后面板的打印机控制信号插座中，另一端插入打印机信号插座中，将打印机的外接电源与打印机相连。在接通仪器电源之前，请确认仪器电源开关处于关闭。保证仪器良好接地。

校正：打开仪器及打印机开关，屏幕显示首页中的“测量”“校正”和“设置”三项可供选择的功能和当前时间。可根据需要利用“选择”键进行功能选择，如设置测量时间。在通常情况下（室温18～25 ℃，湿度50%～80%），使用环境温度变化不大时，可选用饱和氯化钠或饱和氯化镁溶液对仪器进行校正，每两周一次。校正时将饱和盐溶液倒入样品皿约2/3处，然后将样品皿放置传感器内，盖上传感器密封测量仓，选择“校正”功能，按“确认”键进入下一页，选择对应的饱和盐，“确认”后校正开始。

3. 样品的测定

称取约1 g（精确至0.001 g）鱿鱼丝样品，迅速放入样品皿中，在样品皿底部铺平，放入传感器内，盖上传感器密封测量仓，用“选择”键选择测量功能，按下“确认”键，水分活度仪进入测量状态，屏幕显示水分活度、温度和测量时间。每间隔5 min记录水分活度仪的响应值。当相邻两次响应值之差小于 0.005 A_w 时，即为测定值。测定结束后，打印机自动打印测量结果。

五、计算

仪器充分平衡后，同一样品重复测定 3 次，取平均值。

六、思考题

（1）饱和溶液配制时有哪些注意事项？

（2）水分活度仪扩散法与康卫氏皿扩散法相比有哪些优点和缺点？

（3）讨论水分活度与食品稳定性的关系。

七、说明

（1）此实验方法为 GB 5009.238—2016《食品安全国家标准　食品水分活度的测定》中第二法。

（2）在测量前先设置好具体测量时间（10 ~ 30 min），通常情况下 15 min 即可保证测量精密度，特殊需要可以适当延长，最长不超过 30 min。

（3）禁止测量水分活度高于 0.98 的物料（如水），如被测物水分活度大于等于 0.95 时，在测量结束后立即将干燥剂放置在传感器内，封闭 2 h，以免传感器敏感元件不可逆损伤。

（4）每次使用完毕后，将传感器上下盖错开放置，不可使其处于密封状态，以免室内温度降低后，传感器内部产生结露，损坏原件。如较长时间不使用，在传感器内放置干燥剂。

实验三十四　不同淀粉颗粒的形貌鉴别

一、实验目的

（1）掌握各种淀粉颗粒的显微特征。

（2）掌握用显微镜分析法鉴别不同品种的淀粉。

二、实验原理

淀粉是以颗粒状态存在于胚乳细胞中，不同来源的淀粉其形状、大小各不相同，应用显微镜观察可以区别不同的淀粉或确定未知样品的种类。淀粉颗粒的形状大致可分为圆形、椭圆形和多角形 3 种。在 400 ~ 600 倍显微镜下观察，可以看到有些淀粉表面有轮纹，与树木的年轮相似，马铃薯淀粉轮纹极明显。

三、实验材料与仪器

1. 试剂与材料

马铃薯淀粉，玉米淀粉，大米淀粉，小麦淀粉（自制或市售），无水乙醇，甘油，碘，碘化钾。

2. 试剂配制

乙醇（95%）：量取 475 mL 无水乙醇于 500 mL 容量瓶，用水稀释并定容至刻度，混匀。

乙醇（50%）：量取 250 mL 无水乙醇于 500 mL 容量瓶，用水稀释并定容至刻度，混匀。

甘油水溶液（1+1）：量取 100 mL 甘油加入等体积的水，混匀。

碘溶液（0.005 mol/L）：称取碘 0.6345 g 于有盖的玻璃称量瓶中，放入盛有碘化钾 2 g 和 60 mL 水的烧杯中。待碘全部溶解后，将溶液移入棕色容量瓶中，加水稀释至 1000 mL 并摇匀。

3. 仪器与设备

光学显微镜，分析天平，载玻片，盖玻片，滴管。

四、实验步骤

（1）非染色制样观察　取淀粉样品少许置载玻片上，摊薄均匀，加 1 ~ 2 滴 95% 乙醇，再加入 1 滴甘油水溶液，稍干，用盖玻片盖好，以滤纸除去过量液体。先用低倍显微镜调好视野，再用 400 倍镜观察淀粉颗粒的形状、大小和轮纹。

（2）染色制样观察　取淀粉样品少许置载玻片上，摊薄均匀，滴加 2 滴 50% 乙醇溶液，使淀粉充分湿润，稍干，滴加 2 滴甘油水溶液，再稍干，滴加 1 滴 0.005 mol/L 碘溶液，使碘溶液充分接触淀粉。稍干后，先用低倍显微镜调好视野，再用 400 倍镜观察淀粉颗粒的形态及颜色。

（3）用第一种方法逐一观察未知样品并绘图记录。

（4）再取 4 种未知样品的淀粉按第二种方法观察，对照绘图，判断淀粉的品种。

五、结果分析

绘图并描述 4 种不同淀粉粒的显微特征。

六、思考题

（1）观察淀粉颗粒时为什么要滴 1 滴碘溶液？

（2）淀粉颗粒形状大致有几种？其形状大小有何规律性？

（3）淀粉颗粒的轮纹结构是什么原因造成的？

七、说明

（1）载玻片上的淀粉样品要少量均匀，不可堆积。

（2）第一种方法不加盖玻片也可观察。

（3）观察淀粉颗粒时盖上盖玻片后要稍压一下，是为了排除在盖玻片下可能存在的气泡，避免气泡的存在影响观察效果。

（4）滴加溶液后，应放置稍干再观察，效果会更好。

实验三十五　淀粉糊化温度的测定　偏光十字消失法

一、实验目的

（1）掌握偏光显微镜的使用方法。

（2）掌握偏光十字法测定淀粉糊化温度的原理。

二、实验原理

淀粉的糊化是吸热反应，热破坏淀粉分子间氢键，颗粒膨胀、吸水，结晶结构被破坏，偏光十字消失，因此可以利用该性质测定淀粉的糊化温度，偏光十字消失温度即为糊化温度。

三、实验材料与仪器

1. 试剂与材料

马铃薯淀粉，玉米淀粉，大米淀粉，小麦淀粉（自制或市售）。

2. 仪器与设备

偏光显微镜，电加热台，分析天平，温度计，载玻片，盖玻片，滴管，滤纸。

四、实验步骤

取淀粉样品 0.5 g 加 50 mL 蒸馏水（浓度 0.1% ~ 0.2%），混匀，在一定温度下保温 5 min，取一滴淀粉浆（或糊）于载玻片上，100 ~ 200 个淀粉颗粒，四周滴甘油或矿物油，盖上载玻片，置于电加热台上，约 2 ℃ /min 速度加热，在偏光显微镜下分别记录视野内淀粉粒偏光十字2%消失、50%消失和98%消失时的温度，重复测定三次，取平均值。

五、结果分析

经偏光显微镜观察，记录不同淀粉颗粒偏光十字开始消失时的温度，记为糊化开始温度；随温度上升，更多颗粒糊化，根据颗粒糊化的数量，估计约50%颗粒被糊化的温度，记为峰值温度。约98%颗粒糊化，记为完全糊化温度。少量较小颗粒糊化困难，忽略。

实验三十六　淀粉糊化温度的测定　差示扫描量热法

一、实验目的

（1）掌握差示扫描量热仪（DSC）的使用方法。

（2）掌握采用差示扫描量热法（DSC法）测定淀粉糊化温度的工作原理。

二、实验原理

差示扫描量热是在程序控制温度下，测量输给样品和参比物的功率差与温度关系的一种技术。淀粉热糊化时，在DSC曲线上出现吸热峰。在DSC法中，样品的水分含量不受限制，加热过程也能够实现精确控制，并且能够精确测定淀粉的糊化温度和糊化焓。

三、实验材料与仪器

1. 试剂与材料

马铃薯淀粉，玉米淀粉，大米淀粉，小麦淀粉（自制或市售）。

2. 仪器与设备

差示扫描量热仪，坩埚。

四、实验步骤

称取5.0 mg干燥的不同淀粉于铝制小坩埚内，加入10 μL去离子水后将坩埚密封好，于4 ℃冰箱中冷藏过夜。将冷藏过夜的坩埚取出，于室温中平衡1 h以上，放入DSC仪器中测定，以空坩埚作为对照，设定升温速率为10 ℃/min，温度范围30～100 ℃。

测定淀粉糊化过程的热焓变化，利用配套软件分析样品热效应曲线，记录糊化起始温度（T_o）、峰值温度（T_p）、最终糊化温度（T_c），峰面积为糊化过程所需的热焓。其中，T_p即为淀粉的糊化温度，重复3次取平均值。

五、结果分析

记录不同淀粉颗粒的糊化起始温度（T_o）、峰值温度（T_p）、最终糊化温度（T_c）并与偏光十字消失法所得结果进行比较分析。

六、思考题

（1）DSC法测定参数中调整升热速率对测定结果会有什么样的影响？

（2）对比分析偏光十字法和DSC法的测定结果，讨论影响因素的差异。

实验三十七　绿豆粉丝的制备、淀粉的糊化与老化

一、实验目的

（1）掌握淀粉糊化与老化的定义和变化规律。

（2）了解粉丝的制备方法原理。

二、实验原理

绿豆中富含淀粉，淀粉糊化本质是水进入微晶束，破坏淀粉分子间的缔合状态，使淀粉分

子失去原有的取向排列，而变为混乱状态，即淀粉粒中有序态（晶态）及无序态（非晶态）的分子间的氢键断开，分散在水中成为胶体溶液。淀粉乳状液受热后，在一定温度范围内，淀粉粒开始破坏，晶体结构消失，体积膨大，黏度急剧上升，呈黏稠的糊状，即成为非结晶性的淀粉。各种淀粉的糊化温度随原料种类、淀粉粒大小等的不同而异。

“老化”是“糊化”的逆过程，实质是：在糊化过程中已经溶解膨胀的淀粉分子重新排列组合，形成一种类似天然淀粉结构的物质。值得注意的是：淀粉老化的过程是不可逆的，不可能通过糊化再恢复到老化前的状态。

三、实验材料与仪器

1. 试剂与材料

绿豆，纯净水，黄粉液，中浆水，小浆水，大浆水。

2. 仪器与设备

粉碎机，筛子（50～80 目），胶体磨，盆，锅，电炉，缸，pH 计，漏粉瓢。

四、实验步骤

1. 工艺流程

泡豆 ➡ 淘洗 ➡ 磨豆 ➡ 豆浆液过 50～80 目筛 ➡ 调浆 ➡ 撇浆水 ➡ 过细筛 ➡ 吊湿淀粉 ➡ 配粉 ➡ 打糊 ➡ 和面 ➡ 揉面 ➡ 压制粉丝

2. 具体操作步骤

泡豆：称取 1 kg 绿豆，加入两倍量（保证绿豆吸足水后水仍能盖住全部豆）的水浸泡 5 h。

淘洗：去掉绿豆中夹带的泥水及其他杂物，并清洗干净，捞出绿豆准备上磨。

磨豆：先用粉碎机粉碎，再用胶体磨细磨，磨浆愈细出粉愈高。磨豆的用水量应以磨口流出豆浆的温度为评价标准。磨豆时应注意豆浆液不发热，温度不超过 30 ℃为宜。因为温度太高将使淀粉部分糊化，降低淀粉收得率。

豆浆液过振动筛（50～80 目）：将磨好的浆料粗滤除去豆渣。可适当加冷水喷淋筛子。

调浆：充分混匀后，用泵将振动过的浆液打入大缸内，加入一定量的黄粉液（亦称油粉，为淀粉沉降层上面的浅黄色浓稠的胶状渣液）、中浆水（亦称为甜浆）、小浆水（亦称三盆浆）和大浆水（亦称酸浆水、老浆水），充分搅拌至 pH 为 5.2 左右。

撇浆水：将调好酸度的大缸浆液静置 30 min 后，撇出 2/3 缸浆水后进一步撇出淀粉层上的浮渣液并弃去。

过细筛（150～180 目）：用木棒将大缸内淀粉层撬起并搅匀，取出过细筛，粉水漏入缸内，过筛时用水冲洗渣粒，使淀粉完全洗出，残渣弃去。向小缸内加入一定量纯净水（由淀粉多少定），充分搅拌粉水，静置 1～2 h 后，将上层清澄的浆水除去，再静置 5 h 以上。

吊湿淀粉：淀粉水静置，将上层清液去除，留下洁白坚实的淀粉沉降层。若遇淀粉层不坚实，则加入 1～2 瓢清水，再将缸轻轻摇动，静置 1～2 h，淀粉即能坚实。将小缸内淀粉取出，放入白细布吊起，过滤去除残留水分，至不滴水时，称重。取出粉团转移到脱水机脱水。

打糊：将已脱水的湿淀粉搓碎、混匀放入盆中，加入少量温水（37 ℃）并置于 70 ℃水浴锅中保温，充分搅拌至完全分散。加入大量沸水搅拌混匀，使淀粉完全糊化。要求粉芡不夹生、不结块、没有粉粒。

搅面拉丝：将粉团分成小块，分别放在用开水烫过的小面盆里，使劲揉和，直至粉团拉起不结块、没有粉粒、不黏手、能拉丝为止，其粉条落在粉团上立即淌平不会成堆，漏下的粉丝不粗、不细、不断，即表明已符合标准。如果粉条下不来或太慢、粗细不均，表明太干，应加水调和均匀；如果下条太快、有断条现象，则说明淀粉太稀，应重新加粉揉匀。

漏粉：先给锅加满水并加温至 97 ~ 98 ℃，在锅上安好漏粉瓢，瓢底孔眼直径为 1 mm。根据瓢底与锅中水的距离不同，可以制作不同粗细的粉丝：制作粗粉丝，瓢与锅的距离应近些；制作细粉丝，距离可远些。将粉团陆续放在粉瓢内按压出细长的粉条，直落锅内沸水中，即凝固成粉丝浮于锅水上面，沿一个方向转动，防止粉丝下锅黏拢。要特别注意掌握锅内水温，使水温控制在 97 ~ 98 ℃（微沸）状态下。水温过高，容易断丝；水温过低，粉丝会沉到锅底黏成一团。待粉丝开始熟透时，可用筷子将其从锅中及时捞起。

晾晒：将捞出的粉丝排放在备好的竹竿上并放入有冷水的缸内降温 1 h，以增加弹性，待粉丝较为疏松开散、不结块时捞出晒干。晾晒时还要用冷水洒湿粉丝，轻轻搓洗，使之不黏拢，最后晒至干透，取下捆成把。

五、思考题

（1）绿豆粉丝制备过程中经历了几次糊化、几次老化的过程？

（2）粉丝制备过程中为什么要调节 pH ？

实验三十八　苹果全果、果汁和果渣中膳食纤维含量的比较

一、实验目的

（1）掌握膳食纤维的分类提取方法。

（2）掌握酶法测定食品中膳食纤维含量的方法。

二、实验原理

干燥样品经碱性蛋白酶、α- 淀粉酶和葡萄糖苷酶酶解去除蛋白质和淀粉后，经乙醇沉淀、抽滤，残渣用乙醇和丙酮洗涤，干燥称量，即为总膳食纤维残渣。另取样品同样酶解，直接抽滤，并用热水洗涤，残渣干燥称量，即得不溶性膳食纤维残渣；滤液用 4 倍体积的乙醇沉淀、抽滤、干燥称量，得可溶性膳食纤维残渣。扣除各类膳食纤维残渣中相应的蛋白质、灰分和试剂空白含量，即可计算出样品中可溶性、不溶性和总膳食纤维含量。

三、实验材料与仪器

1. 材料与试剂

苹果，耐高温 α- 淀粉酶（CAS：9000-90-2），碱性蛋白酶，葡萄糖苷酶，乙醇，氢氧化钠，盐酸，2-（*N*- 吗啉代）乙磺酸（MES），三羟甲基氨基甲烷（TRIS），碱性蛋白酶，硅藻土，重铬酸钾，乙酸，丙酮。

2. 试剂配制

乙醇溶液（85%）：取 895 mL 95% 乙醇，用水稀释并定容至 1 L，混匀。

乙醇溶液（78%）：取 821 mL 95% 乙醇，用水稀释并定容至 1 L，混匀。

氢氧化钠溶液（6 mol/L）：称取 24 g 氢氧化钠，用水溶解至 100 mL，混匀。

氢氧化钠溶液（1 mol/L）：称取 4 g 氢氧化钠，用水溶解至 100 mL，混匀。

盐酸溶液（1 mol/L）：取 8.33 mL 盐酸，用水稀释至 100 mL，混匀。

盐酸溶液（2 mol/L）：取 167 mL 盐酸，用水稀释至 1 L，混匀。

MES-TRIS 缓冲液（0.05 mol/L）：称取 19.52 g MES［2-（*N*- 吗啉代）乙烷磺酸］和 12.2 g TRIS［三羟甲基氨基甲烷］，用 1.7 L 水溶解，根据室温用 6 mol/L 氢氧化钠溶液调 pH，20 ℃时调 pH 为 8.3，24 ℃时调 pH 为 8.2，28 ℃时调 pH 为 8.1；20 ~ 28 ℃其他室温用插入法校正 pH。加水稀释至 2 L。

蛋白酶溶液：用 0.05 mol/L MES-TRIS 缓冲液配成浓度为 50 mg/mL 的蛋白酶溶液，使用前现配并于 0 ~ 5 ℃暂存。

酸洗硅藻土：取 200 g 硅藻土于 600 mL 的 2 mol/L 盐酸溶液中，浸泡过夜，过滤，用水洗至滤液为中性，置于（525 ± 5）℃马弗炉中灼烧灰分后备用。

重铬酸钾洗液：称取 100 g 重铬酸钾，用 200 mL 水溶解，加入 1800 mL 浓硫酸混合。

乙酸溶液（3 mol/L）：取 172 mL 乙酸，加入 700 mL 水，混匀后用水定容至 1 L。

3. 仪器与设备

组织捣碎匀浆机，高脚烧杯（400 mL 或 600 mL），坩埚，真空抽滤装置，恒温振荡水浴箱，分析天平，马弗炉，电热鼓风加热箱，干燥器，pH 计，真空干燥箱，筛（筛板孔径 0.3 ~ 0.5 mm）。

四、实验步骤

1. 实验设计

采用打浆、离心、过滤等方式将苹果分成全果果渣、果汁、果皮浆、果肉渣，并分别对苹果全果、果皮、果渣、果汁中的总膳食纤维含量、可溶性膳食纤维和不可溶性膳食纤维含量进行测定，并对测定结果进行分析。可采用分组测定后汇合所有数据进行结果分析与讨论。

2. 坩埚预处理

选用具粗面烧结玻璃板的坩埚，孔径 40 ~ 60 μm。清洗后的坩埚在马弗炉中（525 ± 5）℃灰化 6 h，炉温降至 130 ℃以下取出，于重铬酸钾洗液中室温浸泡 2 h，用水冲洗干净，再用 15 mL 丙酮冲洗后风干。用前，加入约 1.0 g 硅藻土，130 ℃烘干，取出坩埚，在干燥器中冷却约 1 h，称量，记录处理后坩埚质量（精确至 0.1 mg）。

3. 样品处理

（1）苹果汁与果渣的分离　挑选无腐烂、虫害的苹果，取一份多个苹果，称量、切块，去除果核，削皮。将果皮和果肉分别采用组织捣碎机混合打浆，得到果皮浆液和果肉浆液；另取一份等量去核苹果直接采用组织捣碎机匀浆处理，再将浆液过 40 目筛网，得到果渣和果汁。

（2）干燥　分别准确称取约 500 g 全果、苹果皮、苹果肉或苹果汁样品（m_C），置于（70 ± 1）℃真空干燥箱烘干，并记录烘干前后质量。将干燥后样品转置干燥器中，待样品温度降到室温后称量（m_D）。根据干燥前后样品质量，计算样品质量损失因子（f）。干燥后样品反复粉碎至完全过筛，置于干燥器中待用。各干燥样品继续测定各膳食纤维含量。

（3）脱糖处理　因苹果含糖量大于 5%，需经脱糖处理。称取已干燥过筛样品（m_C，不少于 50 g），置于漏斗中，按每克样品 10 mL 的比例用 85% 乙醇溶液冲洗，弃去乙醇溶液，连续 3 次。脱糖后将样品置于 40 ℃烘箱内干燥过夜，称量（m_D），记录脱糖、干燥后样品质量损失因子（f）。干样反复粉碎至完全过筛，置于干燥器中待用。

（4）酶解　准确称取双份样品（m），约 1 g（精确至 0.1 mg），双份样品质量差≤ 0.005 g。

将样品转置于400～600 mL高脚烧杯中，加入0.05 mol/L MES–TRIS缓冲液40 mL，用磁力搅拌直至样品完全分散在缓冲液中。同时制备两个空白样液与样品液进行同步操作，用于校正试剂对测定的影响。

① α–淀粉酶酶解：向样品液中分别加入50 μL α–淀粉酶液缓慢搅拌，加盖铝箔，置于95～100 ℃恒温振荡水浴箱中持续振摇，当温度升至95 ℃开始计时，通常反应35 min。将烧杯取出，冷却至60 ℃，打开铝箔盖，用刮勺轻轻将附着于烧杯内壁的环状物以及烧杯底部的胶状物刮下，用10 mL水冲洗烧杯壁和刮勺。

② 蛋白酶酶解：将样品液置于（60±1）℃水浴中，向每个烧杯加入100 μL蛋白酶溶液，盖上铝箔，开始计时，持续振摇，反应30 min。打开铝箔盖，边搅拌边加入5 mL 3 mol/L乙酸溶液，控制样品温度保持在（60±1）℃。用1 mol/L氢氧化钠溶液或1 mol/L盐酸溶液调节样品液pH至4.5±0.2。

③ 淀粉葡萄糖苷酶酶解：边搅拌边加入100 μL淀粉葡萄糖苷酶液，盖上铝箔，继续于（60±1）℃水浴中持续振摇，反应30 min。

4. 总膳食纤维（TDF）测定

（1）沉淀　向每份样品酶解液中，按乙醇与样品液体积比4∶1的比例加入预热至（60±1）℃的95%乙醇（预热后体积约为225 mL），取出烧杯，盖上铝箔，于室温条件下沉淀1 h。

（2）抽滤　取已加入硅藻土并干燥称量的坩埚，用15 mL 78%乙醇润湿硅藻土并展平，接上真空抽滤装置，抽去乙醇使坩埚中硅藻土平铺于滤板上。将样品乙醇沉淀液转移入坩埚中抽滤，用刮勺和78%乙醇将高脚烧杯中所有残渣转至坩埚中。

（3）洗涤　分别用78%乙醇15 mL洗涤残渣2次，用95%乙醇15 mL洗涤残渣2次，丙酮15 mL洗涤残渣2次，抽滤去除洗涤液后，将坩埚连同残渣在105 ℃烘干过夜。将坩埚置干燥器中冷却1 h，称量（m_{GR}，包括处理后坩埚质量及残渣质量），精确至0.1 mg。减去处理后坩埚质量，计算样品残渣质量（m_R）。

（4）蛋白质和灰分的测定　取2份样品残渣中的1份按GB 5009.5—2016测定氮（N）含量，以6.25为换算系数，计算蛋白质质量（m_P）；另1份样品测定灰分，即在525 ℃下灰化5 h，于干燥器中冷却，精确称量坩埚总质量（精确至0.1 mg），减去处理后坩埚质量，计算灰分质量（m_A）。

5. 不溶性膳食纤维（IDF）测定

称取一定质量（m）的已脱水脱糖样品进行酶解，按照下述步骤抽滤洗涤：取已处理的坩埚，用3 mL水润湿硅藻土并展平，抽去水分使坩埚中的硅藻土平铺于滤板上。将样品酶解液全部转移至坩埚中抽滤，残渣用70 ℃热水10 mL洗涤2次，收集并合并滤液，转移至另一600 mL高脚烧杯中，备测可溶性膳食纤维。残渣按4（3）洗涤、干燥、称量，记录残渣质量，然后按照4（4）测定蛋白质和灰分。

6. 可溶性膳食纤维（SDF）测定

计算滤液体积：收集不溶性膳食纤维抽滤产生的滤液，至已预先称量的600 mL高脚烧杯中，通过称量“烧杯+滤液”总质量，扣除烧杯质量的方法估算滤液体积。

沉淀：按滤液体积加入4倍量预热至60 ℃的95%乙醇，室温下沉淀1 h，然后按总膳食纤维测定步骤4（2）～4（4）进行。

五、计算

1. 试剂空白质量按式（5–2）计算

$$m_B = \bar{m}_{BR} - m_{BP} - m_{BA} \quad (5\text{–}2)$$

式中　m_B——试剂空白质量，g；

$\bar{m}_{BR}$——双份试剂空白残渣质量均值，g；

m_{BP}——试剂空白残渣中蛋白质质量，g；

m_{BA}——试剂空白残渣中灰分质量，g。

2. 样品中膳食纤维的含量按式（5–3）~式（5–5）式计算

$$m_R = m_{GR} - m_G \quad (5\text{–}3)$$

$$X = \frac{\bar{m}_R - m_P - m_A - m_B}{\bar{m} \times f} \quad (5\text{–}4)$$

$$f = \frac{m_C}{m_D} \quad (5\text{–}5)$$

式中　m_R——样品残渣质量，g；

m_{GR}——处理后坩埚质量及残渣质量，g；

m_G——处理后坩埚质量，g；

X——样品中膳食纤维的含量，g；

$\bar{m}_R$——双份样品残渣质量均值，g；

m_P——样品残渣中蛋白质质量，g；

m_A——样品残渣中灰分质量，g；

m_B——试剂空白质量，g；

$\bar{m}$——双份样品取样质量均值，g；

f——样品制备时因干燥、脱糖导致质量变化的校正因子；

m_C——样品制备前质量，g；

m_D——样品制备后质量，g。

六、结果分析

（1）以苹果全果中的总膳食纤维为100%，绘制果皮渣、果肉渣、果汁中膳食纤维占比的圆饼图，反映全果中总膳食纤维含量的分布情况。

（2）分别以全果、果肉、果皮、果汁的总膳食纤维含量为100%，绘制圆饼图，分析可溶性、不可溶性膳食纤维占比。

七、思考题

（1）膳食纤维的定义是什么？主要包括哪些物质？

（2）影响该法分析结果的主要因素有哪些？

（3）测定食物中膳食纤维的方法有哪些？

（4）讨论加工对苹果的营养价值的影响。

八、说明

（1）本实验采用的方法为GB 5009.88—2014《食品安全国家标准　食品中膳食纤维的测定》中的酶重量法，适用于所有植物性食品及其制品中可溶性、不溶性和总膳食纤维含量的测定，即所测定的总膳食纤维为不能被α–淀粉酶、蛋白酶和葡萄糖苷酶酶解的碳水化合物聚合物，包括不溶性膳食纤维和能被乙醇沉淀的高相对分子质量可溶性膳食纤维，如纤维素、半纤维素、木质素、果胶、部分回生淀粉，及其他非淀粉多糖和美拉德反应产物等；不包括低相对分子质量（聚合度 3～12）的可溶性膳食纤维，如低聚果糖、低聚半乳糖、聚葡萄糖、抗性麦芽糊精以及抗性淀粉等。

（2）当试样中添加了抗性淀粉、抗性麦芽糊精、低聚果糖、低聚半乳糖、聚葡萄糖等符合膳食纤维定义却无法通过酶重量法检出的成分时，宜采用适宜方法测定相应的单体成分，总膳食纤维可采用如下公式计算：总膳食纤维 = TDF（酶重量法）+ 单体成分。

（3）如果试样没有经过干燥、脱脂、脱糖等处理，f=1。

（4）TDF 的测定可以按照步骤（4）进行独立检测，也可分别按照步骤（5）和步骤（6）测定 IDF 和 SDF，根据公式计算，TDF=IDF+SDF。

实验三十九　柠檬皮中果胶的提取及含量测定

一、实验目的

（1）掌握果胶的提取方法。

（2）掌握果胶含量的测定方法。

二、实验原理

酸提取法是利用果胶在酸性溶液中的可溶性，将果胶从植物组织中萃取出来，经酸萃取后得到很稀的果胶水溶液。将果胶分离出来的方法包括沉淀法、盐析法、电解沉淀法和胶体沉淀法，在工业生产中常采用醇沉淀法和盐析法。本实验采用醇沉淀法，其基本原理是利用果胶不溶于醇类溶剂的特点，将大量的醇加入果胶的水溶液中形成醇 - 水的混合剂将果胶沉淀出来。

三、实验材料与仪器

1. 材料与试剂

柠檬皮干渣，95% 乙醇，柠檬酸，无水乙醇。

2. 试剂配制

柠檬酸（0.5 mol/L）：称取 9.6 g 柠檬酸，加水定容至 100 mL。

3. 仪器与设备

高速粉碎机，磁力搅拌器，pH 计，离心机，电子天平，水浴锅，旋转蒸发仪。

四、实验步骤

果胶提取的工艺流程如下。

① 酸提取：

500 g 柠檬皮干渣→料液比 1∶20（g∶mL）→ 0.5 mol/L 柠檬酸调节 pH 1.8，80 ℃搅拌 150 min → 1500 r/min 离心 20 min 收集上清液→滤渣用蒸馏水洗涤→ 60 ℃旋转蒸发浓缩至原体积的 1/2

② 醇沉淀：

2 倍体积的 95% 乙醇沉淀 45 min，并用无水乙醇洗涤 3 次，得沉淀→ 60 ℃干燥果胶→粉碎→果胶成品

五、计算

柠檬皮干渣果胶得率按式（5–6）计算：

$$P = \frac{m}{W} \times 100\% \tag{5-6}$$

式中 P——果胶得率，%；

m——干燥后得到的果胶的质量，g；

W——样品柠檬皮干渣的质量，g。

六、思考题

（1）提取果胶的过程中，加热的作用是什么？

（2）沉淀果胶时除了用乙醇还能使用什么试剂？

七、说明

柠檬皮渣是柠檬加工的主要副产物，其干基中果胶含量可达30%，与其他种类的果胶相比，其凝胶性强，酯化度高，相对分子质量大，是一种较好的天然果胶来源。一般果胶为白色或淡黄褐色粉末，溶于水成黏稠状液体，在人体内具有生理活性。

实验四十 焦糖化和美拉德反应产生色泽的评价及影响因素分析

一、实验目的

（1）掌握焦糖色素的性质和用途。

（2）掌握非酶褐变反应中的美拉德反应和焦糖化反应的作用机制。

（3）掌握色差计评价色泽的方法。

二、实验原理

将糖和糖浆直接加热可以产生焦糖化反应。热解反应引起糖分子脱水，产生不饱和中间产物，共轭双键和不饱和环形成颜色。少量的酸和某些盐可以加速反应，使反应产物具有不同类型的焦糖色素。此外，还原糖与游离的氨基酸或者蛋白分子氨基酸残基的游离氨基发生的羰胺反应，称之为美拉德反应，最终生成棕色甚至是黑色的大分子物质类黑精或称拟黑素。

色泽是焦糖色素的重要质量指标。不同的用途对焦糖色素的色泽有不同要求，如：酱油分为生抽和老抽两类，生抽中添加的焦糖色素要求亮度高、偏红，老抽中使用的焦糖色素要求颜色呈深褐色。亮度和色度指标可用色差计进行分析。色差计是一种常见的光电积分式测色仪器。它利用仪器内部的标准光源照明被测物体，在整个可见光波长范围内进行一次积分测量，得到透射或反射物体色的L^*，a^*，b^*值。在表色系统CIELAB中，L^*表示亮度，称为亮度指数，L^*=100表示白色，L^*=0表示黑色，L^*越大说明色素的亮度越好；a^*为彩度，$+a^*$代表红色，$-a^*$代表绿色；b^*为色相，$+b^*$代表黄色，$-b^*$代表蓝色。

本实验以蔗糖和葡萄糖为原料制备焦糖化和美拉德反应产物，用色差计测定其L^*，a^*，b^*，通过反应条件，观察制得的色素色泽的变化。

三、实验设备与材料

1. 试剂与材料

蔗糖，葡萄糖，甘氨酸，尿素，冰醋酸。

2. 试剂配制

5%甘氨酸：称取5 g甘氨酸，加水溶液至100 mL。

12%醋酸溶液：量取冰醋酸12.0 mL，加水稀释至100 mL。

40% 蔗糖水溶液：称取 40 g 蔗糖，加水溶液至 100 mL。

40% 葡萄糖水溶液：称取 40 g 葡萄糖，加水溶液至 100 mL。

3. 仪器与设备

可见光分光光度计，色差仪，高压灭菌锅。

四、实验步骤

1. 实验设计

本实验拟对比分析葡萄糖或蔗糖与甘氨酸的美拉德反应、蔗糖焦糖化反应产生的色素的色泽差异，并探索反应时间、反应物种类等因素的影响。

2. 焦糖制备

在质量浓度为 40%（W/V）的葡萄糖水溶液中加入 5% 的甘氨酸溶液，置于油浴中，在 120 ℃下反应不同的时间（30，60，90，120 min），取出反应物，置于冰水浴中冷却，制得不同的色素，并分别编号 1 号 ~ 4 号。

在质量浓度为 40%（W/V）的蔗糖水溶液中加入 5% 的甘氨酸溶液，置于油浴中，在 120 ℃下反应不同的时间（30，60，90，120 min），取出反应物，置于冰水浴中冷却，制得不同的色素，并分别编号 5 号 ~ 8 号。

将质量浓度为 40%（W/V）的蔗糖水溶液置于油浴中，在 120 ℃下反应不同的时间（30，60，90，120 min），取出反应物，置于冰水浴中冷却，制得不同的焦糖色素，并分别编号 9 号 ~ 12 号。

3. 色泽分析

用吸管分别吸取 1 号 ~ 12 号色素 1.0 mL，分别移入测试盒，用色差计测定 L^*，a^*，b^* 值。

五、结果分析

（1）以反应时间为横坐标，分别以 L^*，a^*，b^* 值为纵坐标，绘制复式点线图，分析反应时间对色素色泽的影响规律。

（2）以不同反应底物为横坐标，分别以 L^*，a^*，b^* 值为纵坐标，绘制复式柱形图，对比不同反应底物产生的色素色泽的特点，分析不同影响因素的影响规律。

六、思考题

（1）何为酶促褐变和非酶促褐变？

（2）比较焦糖化反应与美拉德反应的原理和形成色素的差异。

（3）焦糖色素作为食品添加剂可能用于哪些食品？

（4）举例说明食品加工过程哪些工艺或措施是为了防止非酶促褐变？

七、说明

蔗糖通常用于制造焦糖色素，有三种商品化的焦糖色素分别为，亚硫酸氢铵催化产生的耐酸焦糖色素（pH 2 ~ 4.5），主要用于可乐等其他酸性饮料、烘焙食品、糖浆、糖以及调味料；糖与铵盐加热产生红棕色焦糖色素（pH 4.5 ~ 4.8），主要用于烘焙食品、糖浆以及布丁；蔗糖直接加热产生红棕色焦糖色素（pH 3 ~ 4），用于啤酒和其他含醇饮料。

实验四十一　乳状液（O/W）的制备和类型鉴定

一、实验目的

（1）掌握乳状液的特点和基本性质。

（2）掌握制备乳状液和鉴别乳状液类型的方法。

二、实验原理

乳状液是指一种液体均匀分散在另外一种与之不相混溶的液体中所形成的分散体系。乳状液有两种类型，即水包油型（O/W）和油包水型（W/O）。只有两种不相溶的液体是不能形成稳定乳状液的，要形成稳定的乳状液，必须有乳化剂存在，一般的乳化剂大多为表面活性剂。表面活性剂主要通过降低表面能、在液珠表面形成保护膜或使液珠带电来稳定乳状液。乳化剂也分为两类，即水包油型乳化剂和油包水型乳化剂。通常，一价金属的脂肪酸皂类（如油酸钠）由于亲水性大于亲油性，所以为水包油型乳化剂。而两价或三价脂肪酸皂类（如油酸镁）由于亲油性大于亲水性，所以是油包水型乳化剂。

鉴别乳状液类型的方法如下。

（1）稀释法　乳状液由两相组成，分散相和连续相（分散介质）。连续相（分散介质）可稀释。如，乳状液加水可以稀释，即说明乳状液的分散介质为水，故乳状液属水包油型；如不能稀释，即为油包水型。

（2）电导法　水相中一般都含有离子，故其导电能力比油相大得多。当水为分散介质（即连续相）时乳状液具有导电能力；反之，油为连续相，水为分散相，水滴不连续，乳状液没有导电能力。

（3）染色法　选择一种水溶性，或油溶性染料（如苏丹Ⅲ为仅溶于油但不溶于水的红色染料）加入乳状液。若染料溶于分散相，则在乳状液中出现一个个染色的小液滴。若染料溶于连续相，则乳状液内呈现均匀的染料颜色。因此，根据染料的分散情况可以判断乳状液的类型。

三、实验材料与仪器

1. 试剂与材料

卵黄蛋白，5% 大豆分离蛋白，氯化钠，植物油，油红，亚甲蓝溶液。

2. 仪器与设备

电导率仪，显微镜，均质机，烧杯，试管。

四、实验步骤

1. 乳状液的制备

在 250 mL 的烧杯中加入 5 g 卵黄蛋白、100 mL 5% 大豆分离蛋白、0.5 g 氯化钠、95 mL 水，用均质机搅拌均匀后，在不断搅拌下滴加植物油 10 mL，滴加完后，强烈搅拌 2 min 使其分散成均匀的乳状液，静置 10 min，待泡沫大部分消除后，取出 10 mL，取一滴乳状液在显微镜下仔细观察其乳状液的稳定性。

2. 乳状液类型的鉴别

（1）稀释法　取 100 mL 烧杯，加水 60 mL，倒入乳状液少许，显微镜下观察乳状液的变化。

（2）染色法　取两支试管，分别加入 5 mL 乳状液，向试管中滴加油红，观察乳状液连续相颜色，并在显微镜下观察分散相颜色；同样操作，加入亚甲蓝溶液，振荡，分别观察连续相和分散相颜色变化。

（3）电导法　取乳状液，用电导率仪测定其导电性。

五、实验结果

说明所得乳状液鉴别的结果，何者为分散相，何者为介质。

六、思考题

（1）胶体与乳状液有何区别？

（2）乳状液的稳定条件是什么？

（3）乳化剂有何作用？

（4）如何选择乳化剂？

实验四十二　Rancimat 法比较不同油脂氧化稳定性以及抗氧化剂活性

一、实验目的

（1）掌握油脂氧化稳定性的测定原理。

（2）掌握 Rancimat 油脂氧化稳定性测定仪的使用方法。

（3）掌握用 Rancimat 油脂氧化稳定性测定仪评价抗氧化剂的活性。

二、实验原理

油脂的自动氧化，首先是不饱和脂肪酸发生自由基链反应，生成油脂氢过氧化物——一级产物。氢过氧化物进一步分解生成次级产物——小分子的醛、酮、醇类和羧基化合物，表明油脂开始劣变。

743 Rancimat 油脂氧化稳定性测定仪的工作原理为：油脂样品在恒温下，以恒定速率向油脂中通入干燥空气，油脂氧化过程中形成易挥发的小分子物质，被空气带入盛蒸馏水的电导率测量池中，在线测量测量池中的电导率，记录电导率对反应时间的氧化曲线，对曲线求二阶导数，从而测出样品的诱导时间。

三、实验材料与仪器

1. 试剂与材料

猪油，不含抗氧化剂的菜籽油、玉米油，二丁基羟基甲苯（BHT），茶多酚，β- 胡萝卜素，超纯水。

2. 仪器与设备

743 Rancimat 油脂氧化稳定性测定仪（图 5-2），分析天平，胶头滴管。

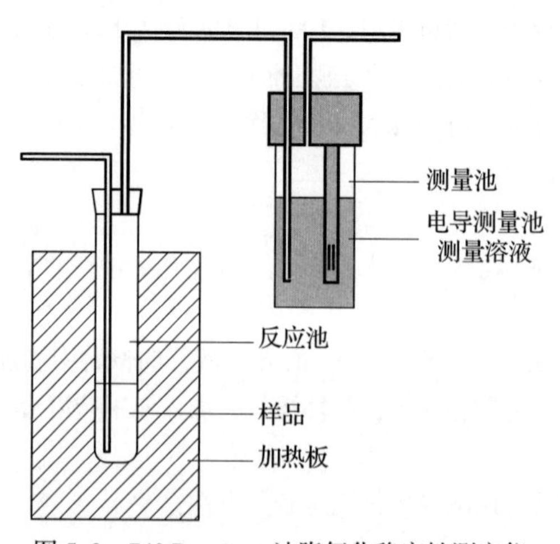

图 5-2　743 Rancimat 油脂氧化稳定性测定仪

四、实验步骤

（1）打开 743 Rancimat 电源和电脑，启动 <743 Rancimat> 程序。在打开的控制窗口，选择方法［温度 =（120 ± 1.9）℃，气体流速 =20 L/h］，选择反应池的对应位置开启加热升温。

（2）在 6 个测量池中分别加入 50 mL 蒸馏水，盖上盖子。在 1 号、2 号、3 号反应池中分别称取 5.0 g 猪油、菜籽油、玉米油；4 号反应池中加入 5.0 g 猪油和 100 mg/kg BHT；5 号反应池中加入 5.0 g 猪油和 100 mg/kg 茶多酚；6 号反应池中加入 5.0 g 猪油和 100 mg/kg β- 胡萝卜素。

（3）如图 5-2 所示，将空气管与接头紧密连接，接入到反应池中。用白色连接管将反应池和测量池连接，放在仪器上，将气体连接管与反应池连接。

（4）在 ID 中输入对应控制窗口的样品信息，点击电脑软件中“start”，开始测定，从电脑软件显示图中记录不同油脂的诱导时间。

五、结果分析

记录六个测量池的诱导时间，分析比较三种油脂（猪油、菜籽油、玉米油）的稳定性（表 5-2）；分析比较合成抗氧化剂 BHT、天然抗氧化剂茶多酚、β- 胡萝卜素三者的抗氧化活性（表 5-3）。

表 5-2　　不同油脂的氧化稳定性测定结果

	猪油	菜籽油	玉米油
诱导时间 /min			

表 5-3　　不同抗氧化剂对猪油氧化稳定的影响

	BHT	茶多酚	β - 胡萝卜素
诱导时间 /min			

六、思考题

（1）什么是诱导时间？

（2）为什么油脂氧化会导致电导池的电导率上升？

七、说明

（1）Rancimat 油脂氧化稳定性测定仪能够按照国际标准，全自动测定油脂的氧化稳定性，是 ISO 6886，AOCS Cd 12b-92 推荐使用仪器。

（2）该方法符合 GB/T 21121—2007《动植物油脂 氧化稳定性的测定（加速氧化测试）》。

实验四十三　面筋蛋白的提取和分离

一、实验目的

（1）掌握提取和分离面筋蛋白的原理。

（2）掌握分离麦醇溶蛋白和麦谷蛋白的操作步骤。

二、实验原理

小麦面粉样品，用氯化钠缓冲溶液制成面团，再用氯化钠缓冲溶液洗涤，分离出面团中淀粉糖、纤维素及可溶性物质等，再除去多余的洗涤液，剩余胶状物质即为湿面筋。

面筋是由麦谷蛋白和麦醇溶蛋白互相交联共同形成的，其中麦醇溶蛋白的含量为小麦蛋白总量的40%～50%。在稀酸中溶解小麦面粉中的面筋，添加乙醇，使蛋白沉淀，然后添加足够的碱中和酸，在4 ℃下放置一夜，使麦谷蛋白沉淀；而溶液中剩下的是麦醇溶蛋白。

三、实验材料与仪器

1. 试剂与材料

氯化钠，乙醇，二氯甲烷，盐酸，氢氧化钠，面粉（市售）。

2. 试剂配制

氯化钠溶液（0.4 mol/L）：称取20 g氯化钠，加水溶解，定容至1 L。临用现配。

盐酸溶液（0.1 mol/L）：吸取4.5 mL盐酸，用水定容至500 mL。

氢氧化钠溶液（0.1 mol/L）：称取4 g氢氧化钠，加少量水溶解，冷却后定容至1 L。

3. 仪器与设备

分析天平，和面机，旋转蒸发仪，电导率仪，离心机，粉碎机，磁力搅拌器，pH试纸，80目筛，100目筛，计时器，真空干燥机鼓风干燥机、冷冻干燥机。

四、实验步骤

1. 面筋蛋白提取

准确称取300 g（精确至0.01 g）面粉于和面机中，加入165 mL 0.4 mol/L氯化钠溶液，室温低速混合2 min形成面团。静置10 min后，用2 L 0.4 mol/L氯化钠溶液洗涤直至面筋形成。再用足量的去离子水洗涤面筋，用电导率仪测定洗涤液以保证除尽氯化钠。冷冻干燥后高速间歇粉碎30 s并过100目筛。在20 g面筋蛋白中加入300 mL二氯甲烷搅拌30 min进行脱脂，过滤。再重复萃取两次，时间分别为1 h和1.5 h。放置在通风橱内过夜干燥。

2. 麦谷蛋白与麦醇溶蛋白分离

取制备所得的小麦面筋蛋白50 g与65%乙醇按固液比1∶20（M/V）混合，常温下磁力搅拌2 h使其均匀分散，5000 r/min离心10 min，收集上层清液。将沉淀再用75%乙醇提取2 h，3000 r/min离心10 min，合并两次上清液混合均匀。用旋转蒸发仪40 ℃蒸发浓缩，浓缩液40 ℃鼓风干燥，粉碎后过80目筛，即得麦醇溶蛋白，4 ℃储存备用。沉淀用水洗涤，5000 r/min下离心15 min，将沉淀于50 ℃下真空干燥即得麦谷蛋白。

五、计算

蛋白得率按式（5–7）和式（5–8）计算：

$$X_1=\frac{m_1}{M}\times 100\% \tag{5–7}$$

$$X_2=\frac{m_2}{M}\times 100\% \tag{5–8}$$

式中 X_1——麦醇溶蛋白得率，%；

X_2——麦谷蛋白得率，%；

m_1——提取的麦醇溶蛋白质量，g；

m_2——提取的麦谷蛋白质量，g；

M——称取的面粉质量，g。

六、思考题

（1）麦醇溶蛋白和麦谷蛋白的得率受哪些因素影响？

（2）麦谷蛋白的等电点是多少？

七、说明

小麦制粉后，保留在其中的蛋白质主要是面筋蛋白，面筋网络是麦谷蛋白和麦醇溶蛋白互相交联共同形成的，两者共同决定了面团的黏弹性，是影响面粉加工品质的重要因素。其中麦醇溶蛋白的含量为小麦蛋白总量的40%～50%，麦谷蛋白的含量为小麦蛋白总质量的30%～40%。

实验四十四　蛋白质的功能性研究　溶解性和盐溶、盐析

一、实验目的

（1）掌握蛋白质盐溶和盐析的原理。

（2）了解蛋白质溶解性的影响因素。

二、实验原理

蛋白质溶解度是在一定的氢氧化钾溶液中溶解的蛋白质质量占试样中总蛋白质量的百分数，通常采用氮溶解指数（NSI）来表示。测定原理为：用一定浓度的氢氧化钾溶液提取试样中的可溶性蛋白质，再用凯氏定氮法测定蛋白质含量，即在催化剂作用下用浓硫酸将提取液中可溶性蛋白质的氮转化为硫酸铵。加入强碱进行蒸馏使氨逸出，用硼酸吸收后，再用盐酸滴定测出试样中可溶性蛋白质含量；同时，测定原始试样中粗蛋白质含量，计算出试样的蛋白溶解度。

在蛋白质水溶液中，加入少量的中性盐，如硫酸铵、硫酸钠、氯化钠等，会增加蛋白质分子表面的电荷，增强蛋白质分子与水分子的作用，从而使蛋白质在水溶液中的溶解度增大，这种现象称为盐溶。向蛋白质溶液中加入高浓度的中性盐，以破坏蛋白质分子的水化层，同时电解质离子中和了蛋白质所带的电荷，蛋白质的稳定因素被消除，分子相互碰撞而凝聚沉淀，使溶解度降低从溶液中析出的现象称为盐析。

三、实验材料与仪器

1. 试剂与材料

大豆分离蛋白粉，蛋清，氯化钠，硫酸铵，氢氧化钾，盐酸，氢氧化钠。

2. 试剂配制

氢氧化钾溶液（0.042 mol/L）：称取2.360 g氢氧化钾，加水溶解后，转移至1000 mL容量瓶中，用水定容至刻度。

盐酸溶液（1 mol/L）：量取83 mL盐酸，缓慢加入100 mL水中，冷却后用水定容至1000 mL。

氢氧化钠溶液（1 mol/L）：称取4 g氢氧化钠，用水溶解至100 mL，混匀。

氯化钠饱和溶液：在易于溶解的温度下，称取50 g氯化钠，加入热水100 mL，冷却至形成固液两相的饱和溶液。

硫酸铵饱和溶液：在易于溶解的温度下，称取105 g硫酸铵，加入热水100 mL，冷却至形成固液两相的饱和溶液。

3. 仪器与设备

滴管，滤纸，烧杯，pH 计，离心机，磁力搅拌器，水浴锅，分析天平，凯氏定氮仪。

四、实验步骤

1. 溶解性的观察

在四个试管中各加入 0.1 ~ 0.2 g 大豆分离蛋白粉，分别加入 5 mL 水、5 mL 饱和氯化钠水溶液、5 mL 1 mol/L 的氢氧化钠溶液、5 mL 1 mol/L 的盐酸溶液，摇匀，在温水浴中温热片刻，观察大豆蛋白在不同溶液中的溶解度。在第 1 支和第 2 支试管中加入饱和硫酸铵溶液 3 mL 析出大豆蛋白沉淀。第 3 支和第 4 支试管中分别用 1 mol/L 盐酸及氢氧化钠中和至 pH 4 ~ 4.5，观察沉淀的生成，解释大豆蛋白的溶解性以及 pH 对大豆蛋白溶解性的影响。

2. 溶解度的测定

（1）样品处理　称取样品 1.5 g（准确至 0.0002 g）置于 250 mL 烧杯中，准确移入 0.042 mol/L 氢氧化钾溶液 75 mL，磁力搅拌 20 min，然后将样品转移至离心管中，以 2700 r/min 的速度离心 10 min，得上清液。

（2）测定　吸取上清液 15 mL 放入消化管中，按照实验五中凯氏定氮法测定样品中可溶性蛋白质的含量。同时，按照实验五凯氏定氮法测定样品中粗蛋白质的含量。

3. 盐溶与盐析

在 50 mL 的小烧杯中加入 0.5 mL 卵清蛋白，加入 5 mL 水，摇匀，观察其水溶性，有无沉淀产生。在溶液中逐滴加饱和氯化钠溶液，摇匀，得到澄清的蛋白质氯化钠溶液。

取上述蛋白质氯化钠溶液 3 mL，加入 3 mL 饱和硫酸铵溶液，观察球蛋白的沉淀析出，再加入粉末硫酸铵至饱和，摇匀，观察卵清蛋白从溶液中析出。

五、结果分析

（1）分析大豆分离蛋白粉在不同溶液中的溶解性以及 pH 的影响规律。

（2）解释卵清蛋白在水中及氯化钠溶液中的溶解度以及蛋白质沉淀的原因。

六、思考题

（1）蛋白质的盐析性质在食品工业中有哪些应用？

（2）蛋白质溶解性的影响因素有哪些？

实验四十五　蛋白质的功能性研究　乳化性

一、实验目的

（1）掌握分光光度法测定蛋白质乳化性的原理与方法。

（2）掌握蛋白质的乳化活力指标的概念和影响因素。

二、实验原理

蛋白质由极性、带电荷的氨基酸和非极性氨基酸组成，是同时含有亲水和亲油基团的双亲分子，能够定向于油、水两相界面，降低体系的表面张力，从而形成稳定的乳状液体系。蛋白质稳定乳剂的能力与蛋白质所能包覆的界面面积有关。根据光散射的 Mie 理论，乳化液的浊度和界面面积之间存在简单的关系。因此，浊度法是被用于评价蛋白质乳化特性的常用方法。乳剂由已知质量的蛋白质溶液和植物油均质形成，再将乳液连续稀释，使其在 500 nm 处测定的吸光度为 0.01 ~ 0.6。利用基于浊度、分散相体积分数和蛋白质质量浓度的简单公式，计算与乳液界面面积有关的乳化活性指数（EAI）和乳液稳定性指数（ESI）。

三、实验材料与仪器

1. 试剂与材料

大豆分离蛋白，乳清蛋白，大豆油，十二烷基硫酸钠（SDS）。

2. 试剂配制

0.1% SDS 溶液：称取 1 g SDS，加水溶解，稀释至 1 L。

5% 大豆分离蛋白溶液：称取 5 g 大豆分离蛋白，加 100 mL 水溶解，室温下缓慢搅拌 1 h，得到大豆分离蛋白溶液。

5% 乳清蛋白溶液：称取 5 g 乳清蛋白，加 100 mL 水溶解，室温下缓慢搅拌 1 h，得到乳清蛋白溶液。

3. 仪器和设备

紫外分光光度计，高速分散机，分析天平，微量移液器（50 μL），试管，烧杯（50 mL）。

四、实验步骤

1. 实验设计

（1）对比不同种类的蛋白质（大豆分离蛋白和乳清蛋白）乳化性的强弱　配制浓度为 5% 的大豆分离蛋白溶液和乳清蛋白溶液，得待测液 1 和 2，进行后续测定分析。

（2）对比不同蛋白质浓度的同种蛋白质溶液乳化性的强弱　配制一系列浓度分别为 1%，2%，3%，4%，5% 的大豆分离蛋白溶液和乳清蛋白溶液，得一系列待测液进行后续乳化性分析。

2. 乳液制备

取大豆油 10 mL 分别与 30 mL 不同浓度待测溶液混合，然后用高速分散机以 13500 r/min 的转速分散 2 min，得待测乳液。

3. 浊度的测定

分散结束后，迅速倒入 50 mL 烧杯中，从离烧杯底部 1 cm 处取 30 μL 乳液于试管中，加 5 mL 的 0.1% SDS 溶液，混匀。在波长为 500 nm 处测定吸光度，记作 A_0。

静置 30 min 后，再从离烧杯底部 1 cm 处取 30 μL 乳液于试管中，加 5 mL 的 0.1% SDS 溶液，混匀。在波长为 500 nm 处测定吸光度，记作 A_{30}。待测样品平行测定三次，记录每次的吸光度。

五、计算

乳化活性指数（EAI，m^2/g）和乳化稳定性指数（ESI，min）分别按式（5-9）和式（5-10）计算：

$$\mathrm{EAI} = \frac{2 \times T \times N \times A_0}{c \times \Phi \times 10^4} \quad (5\text{-}9)$$

$$\mathrm{ESI} = \frac{A_0}{A_0 - A_{30}} \times t \quad (5\text{-}10)$$

式中　T——2.303；

N——稀释倍数；

c——乳液形成前蛋白质的浓度，g/mL；

Φ——乳液中油相的体积分数，%；

A_0——初始乳液的吸光度；

A_{30} ——静置 30 min 后乳液的吸光度；

t ——静置时间，min。

六、结果分析

（1）绘制柱形图比较不同蛋白质乳化活性和乳化稳定性的差异。

（2）绘制复合点线图比较不同蛋白质浓度对蛋白质 EAI 和 ESI 的影响。

七、思考题

（1）蛋白质的乳化性质在食品工业中有哪些应用？

（2）蛋白质的乳化机理是什么？

八、说明

蛋白质乳化特性影响因素包括均质程度、均质器类型、蛋白质浓度、分散体积、油体积分数等因素。此外，pH 和油的类型影响乳液的形成。

实验四十六　蛋白质的功能性研究　起泡性

一、实验目的

（1）掌握蛋白质起泡性的测定方法。

（2）了解影响蛋白质起泡性的因素。

二、实验原理

食品泡沫通常指气体在连续液相或半固相中分散所形成的分散体系。在稳定的泡沫体系中，由弹性的薄层连续相将各个气泡分开，气体所形成的气泡的直径从 1 μm 到几厘米，典型的食品例子就是冰淇淋、啤酒、搅打奶油等。蛋白质在泡沫中的作用就是吸附在气液界面，降低界面张力，同时对所形成的吸附膜产生必要的稳定作用。

蛋白质的起泡性通常用泡沫气体量表示，即起泡能力（FC）和泡沫稳定性（FS）。FC 指蛋白质能产生的界面面积的量；FS 通常指将上述泡沫体系在室温条件下放置一定时间后剩余泡沫的体积分数。

三、实验材料与仪器

1. 试剂与材料

乳清蛋白，大豆分离蛋白，酒石酸，氯化钠。

2. 试剂配制

2% 大豆分离蛋白溶液：称取 2 g 大豆分离蛋白，加 100 mL 水溶解，室温下缓慢搅拌 1 h。

2% 乳清蛋白溶液：称取 2 g 乳清蛋白，加 100 mL 水溶解，室温下缓慢搅拌 1 h。

3. 仪器与设备

电动搅拌器，分析天平，刻度烧杯，玻璃棒。

四、实验设计

1. 搅打方式的影响

在 2 个刻度烧杯中分别加入 30 mL 2% 的乳清蛋白溶液，一份用电动搅拌器连续搅拌 2 min；一份用玻璃棒不断搅打 2 min。观察各自泡沫的生成，准确记录泡沫层与溶液总体积，记作 V_0。静置 30 min 后，重新记录泡沫层体积，记作 V_{30}。

2. 温度的影响

在两个刻度烧杯中分别加入 30 mL 2% 的乳清蛋白溶液，一份放入冷水或冰箱中冷至

10 ℃，一份保持常温（30 ~ 35 ℃），同时以相同的方式搅打 2 min。观察各自泡沫的生成，准确记录泡沫层与溶液总体积，记作 V_0。静置 30 min 后，重新记录泡沫层体积，记作 V_{30}。

3. 有机酸和盐的影响

在 2 个刻度烧杯中分别加入 30 mL 2% 的乳清蛋白溶液，其中一份加入 0.5 g 酒石酸，一份加入 0.1 g 氯化钠，以相同的方式搅打 2 min。观察各自泡沫的生成，准确记录泡沫层和溶液总体积，记作 V_0。静置 30 min 后，重新记录泡沫层体积，记作 V_{30}。

4. 蛋白质种类的影响

用 2% 的大豆蛋白质溶液代替乳清蛋白进行实验设计中 1 ~ 3 相同的实验，记录结果。

五、计算

蛋白质的起泡能力（FC，%）和泡沫稳定性（FS，%）分别按式（5-11）和式（5-12）计算：

$$FC = \frac{V_0 - V_{30}}{V_{30}} \times 100\% \tag{5-11}$$

$$FS = \frac{V_{30}}{V_0 - V_{30}} \times 100\% \tag{5-12}$$

式中　V_0——初始溶液加泡沫层总体积，mL；

V_{30}——静置 30 min 后泡沫层体积，mL。

六、结果分析

（1）评价不同的搅打方式对蛋白质起泡性的影响。

（2）评价温度对蛋白质起泡性的影响。

（3）评价有机酸和盐对蛋白质起泡性的影响。

（4）比较乳清蛋白与大豆蛋白的起泡性。

七、思考题

（1）影响蛋白质起泡的因素有哪些？

（2）当蛋白质起泡影响加工工艺的操作时，该如何进行消除？

（3）具有良好起泡能力的蛋白质并非一定具有良好的泡沫稳定性，为什么？

实验四十七　蛋白质的功能性研究　凝胶性和持水性

一、实验目的

（1）掌握蛋白质凝胶性和持水性的原理。

（2）掌握蛋白质凝胶性和持水性的测定方法。

二、实验原理

蛋白质的凝胶是变性蛋白质发生的有序聚集反应。在这种聚集过程中，吸引力和排斥力处于平衡，以至于形成能保持大量水分高度有序的三维网络结构或基体。如果吸引力占主导，则形成凝结物，水分从凝胶基体排除出来。如果排斥力占主导，便难以形成网络结构。

大豆分离蛋白成胶方式较多，如加热、加酸、离子诱导等，均使蛋白形成凝胶。蛋白凝胶性受多种因素的影响，包括内在因素如表面疏水性、巯基等；外在因素如蛋白质质量浓度、加热温度、pH、Na^+ 质量浓度等。凝胶形成的过程首先是巯基、疏水基团等功能性基团的逐渐暴露，紧接着暴露的基团通过疏水、氢键、静电相互作用或二硫键形成聚集体，当蛋白质浓度足够高，会进一步形成凝胶。例如，热凝胶是一定浓度的蛋白质溶液在加热后通过转变成“预凝胶”（此时已经导致蛋白质的展开和功能基团的暴露），再冷却时，暴露的功能基团之间形成稳定的非共价键，就形成蛋白的凝胶，即一种有弹性的半固体。

持水能力是指蛋白质吸收水并将水保留在蛋白质组织（如蛋白质凝胶、肉制品）中的能力。被保留的水是指结合水、滞留水、毛细管水和物理截留水的总和。

三、实验材料与仪器

1. 试剂与材料

大豆分离蛋白。

2. 仪器与设备

离心机，分析天平，水浴锅，烧杯。

四、实验步骤

1. 不同浓度大豆分离蛋白溶液的配制

分别准确称取 6，8，10，12，14，16 g 大豆分离蛋白于烧杯中，加入 100 mL 水在室温下缓慢搅拌 1 h 进行溶解。取 6 只离心管进行编号，称量空离心管的质量为 m。分别取 5 mL 上述溶液于离心管中。

2. 凝胶的制备

将上述离心管置于 95 ℃水浴锅中加热 30 min，然后置于冰水中冷却至室温，擦干，置于 4 ℃冰箱放置 12 h 后，取出，称量离心管加凝胶的质量为 m_1，并观察凝胶的状态，然后将凝胶倒置，倒置后不滑落时的蛋白质浓度为其最小凝胶浓度。

3. 持水性测定

将上述试管以 5000 r/min 的转速离心 15 min，将离心管倒置于滤纸上，使其水分流出，称量离心后离心管与凝胶的质量为 m_2。

五、计算

蛋白质的持水性按式（5-13）计算：

$$w = \frac{m_2 - m}{m_1 - m} \times 100\% \qquad (5\text{-}13)$$

式中　w——蛋白质的持水性，%；

m——空离心管的质量，g；

m_1——离心前离心管加凝胶的质量，g；

m_2——离心后离心管加凝胶的质量，g。

六、结果分析

（1）分析蛋白质浓度对凝胶性和持水性的影响。

（2）分析大豆分离蛋白的最小凝胶浓度。

七、思考题

（1）影响蛋白质凝胶性和持水性的因素有哪些？

（2）可以采取哪些措施来提高蛋白质的凝胶性和持水性？

八、说明

（1）蛋白质的凝胶性和持水性在食品加工中具有极其重要的作用，尤其是对食品品质有重要影响，例如：肉类食品形成半固态的黏弹性质地，同时还具有保水、稳定脂肪等作用；还有其他蛋白质食品，如豆腐。

（2）蛋白质的凝胶特性如硬度、酥脆性、弹性、咀嚼度、坚实度、韧性、纤维强度、黏着性、胶着性、黏聚性、屈服点、延展性、回复性等，都可以由质构仪（物性测试仪）精确地测试，从而表示食品样品的感官特性。

实验四十八　牛肉蒸煮过程中微量元素的变化（肉质和肉汤）—电感耦合等离子体质谱仪测定铜、铁、锰、锌、钾、钠、钙、镁

一、实验目的

（1）了解电感耦合等离子体质谱仪的工作原理和仪器结构。

（2）掌握电感耦合等离子体质谱的分析原理和操作步骤。

（3）掌握微波消解 – 电感耦合等离子体质谱测定食物中微量元素的基本方法。

二、实验原理

电感耦合等离子体质谱仪（ICP–MS）由样品引入系统、电感耦合等离子体离子源、接口、离子聚焦系统、质量分析器和检测器等构成，其他支持系统有真空系统、冷却系统、气体控制系统、计算机控制和数据处理系统等。其工作原理是：样品通过进样系统被送进离子源中，在高温炬管内蒸发、离解、原子化和电离，绝大多数金属离子成为单价离子，这些离子高速通过双锥接口进入质谱仪真空系统。离子通过接口后，在离子透镜的电场作用下聚焦成离子束并进入质量分析器。离子进入质量分析器后，根据质量 / 电荷比的不同，依次分开。最后由离子检测器进行检测，产生的信号经过放大后通过信号测定系统检出，根据探测器的计数与浓度的比例关系，测得元素的含量或同位素比值。

样品经消解后，由电感耦合等离子体质谱仪（ICP–MS）测定，以元素特定质量数（质荷比，*m/z*）定性，采用外标法，以待测元素质谱信号与内标元素质谱信号的强度比与待测元素的浓度成正比进行定量分析。

三、实验材料与仪器

1. 试剂与材料

牛肉，硝酸，氩气（≥ 99.995%），氦气（≥ 99.995%），金元素（Au）溶液（1000 mg/L），元素储备液（1000 mg/L）：铜、铁、锰、锌、钾、钠、钙、镁，用经国家认证并授予标准物质证书的单元素或多元素标准储备液。

2. 试剂配制

硝酸溶液（5+95）：取 50 mL 硝酸，缓慢加入 950 mL 水中，混匀。

混合标准工作溶液：吸取适量单元素标准储备液或多元素混合标准储备液，用硝酸溶液（5+95）逐级稀释配成混合标准工作溶液系列。

元素储备液（1000 mg/L）：铜、铁、锰、锌、钾、钠、钙、镁，用经国家认证并授予标准物质证书的单元素或多元素标准储备液。

内标使用液：取适量单元素储备液或多元素标准储备液，用硝酸溶液（5+95）配制合适浓度的内标使用液。

3. 仪器与设备

电感耦合等离子体质谱仪（ICP–MS），分析天平，微波消解仪（配有聚四氟乙烯消解内罐），压力消解罐（配有聚四氟乙烯消解内罐），恒温干燥箱，控温电热板，超声水浴箱，匀

浆机，高压锅。

四、实验步骤

1. 实验设计

牛肉在蒸煮过程中微量元素的分布可能会发生变化，本实验设计评估蒸煮前后牛肉中各微量元素含量，主要采用高压锅蒸煮 40 min 后检测肉质和肉汤中各微量元素的含量，并对结果进行讨论分析，讨论蒸煮过程对微量元素分布的影响。

2. 样品处理

预处理：取 500 g 的蒸煮前后的牛肉可食部分匀浆均匀。牛肉汤取样前摇匀。

样品消解：采用微波消解法，称取已匀浆蒸煮前后的牛肉 0.5 g（精确至 0.001 g）各 3 份，或准确移取牛肉汤 3.00 mL，置于微波消解内罐中，加入 5 ~ 10 mL 硝酸混匀，安装好消解盖和外套，在微波消解仪中设定程序（表 5-4）进行消解。

制备待测液：消解结束后待温度降至 60 ℃以下，在通风橱内开启消解罐，将消解液转移至 100 mL 容量瓶中，用少量超纯水冲洗消解罐 3 次，洗涤液合并至容量瓶中，加超纯水稀释定容至 100 mL，混匀备用。同时做样品空白溶液。

表 5-4　　微波消解样品前处理程序

步骤	控制温度 /℃	升温时间 /min	恒温时间 /min
1	120	5	5
2	150	5	10
3	190	5	20

3. 仪器条件

电感耦合等离子体质谱测试准备工作：确认气体、循环水、排风状态，蠕动泵、样品管、雾化室、矩管等安装正确，仪器状态为 Standby 状态。

开机：打开计算机显示器、打印机和计算机主机；开氩气、循环水和排风；卡上蠕动泵管，检查无误后点击点火图标，仪器由 Standby 转为 Analysis 状态。调谐：确认仪器灵敏度、氧化物、双电荷达到要求。样品采集完成后，冲洗仪器，关闭仪器等离子体，仪器由 Analysis 状态转换为 Standby 状态。待仪器进入 Standby 状态后关闭通风、循环水及氩气开关。

建立采集方法：选中要分析的元素及 ISTD 内标元素。具体仪器分析的参考条件如下：射频功率为 1500 W，雾化器选择高盐 / 同心雾化器，等离子体气（Ar）流量为 15 L/min，载气流量为 0.80 L/min，碰撞气体（He）流速为 4 ~ 5 mL/min，蠕动泵转速为 0.3r/s，采样深度为 8 mm，辅助气流量为 0.40 L/min，采集模式为跳峰（Spectrum），检测方式设为自动，雾化室温度为 2 ℃，每峰测定点数为 1 ~ 3，重复次数 2 ~ 3，元素分析模式均采用碰撞反应池。

4. 标准曲线的制作

将混合标准溶液注入电感耦合等离子体质谱仪中，测定待测元素和内标元素的信号响应值，以待测元素的浓度为横坐标，其分析谱线强度响应信号值为纵坐标，绘制标准曲线。

5. 样品测定

依次将空白溶液、标准溶液和样品溶液分别注入电感耦合等离子体质谱仪中，采集数据时设置好样品类型（空白、标样或样品），测定待测元素分析谱线强度的信号响应值，根据标准曲线得到消解液中待测各元素的浓度。

五、计算

样品中待测元素的含量按式（5–14）计算：

$$X = \frac{(c - c_0) \times V \times f}{m} \tag{5–14}$$

式中　X——样品中待测元素含量，mg/kg；

c——样品溶液中被测元素质量浓度，mg/L；

c_0——样品空白液中被测元素质量浓度，mg/L；

V——样品消化液定容体积，mL；

f——样品稀释倍数；

m——样品称取质量或移取体积，g。

六、结果分析

以未蒸煮牛肉中各元素含量为 100%，绘制圆饼图，分析蒸煮过程中各元素在蒸煮后牛肉和牛肉汤中的分布情况。

七、思考题

（1）论述原子吸收、电感耦合等离子体光谱、电感耦合等离子体质谱的测定微量元素的原理及优缺点。

（2）试述微波消解的基本原理与操作规程。

七、说明

（1）本实验参考 GB 5009.268—2016《食品安全国家标准　食品中多元素的测定》中第一法。其第二法为电感耦合发射光谱法。

（2）ICP–MS 具有很低的检出限（达 ng/mL 或更低），基体效应小，谱线简单，动态线性范围宽，能同时测定许多元素和快速测定同位素比值，可用于洁净水、天然水、土壤、沉积物、矿物、食品、石油、化工等环境样品的金属元素和部分非金属元素的痕量分析。

（3）ICP–MS 方法的优点在于可以同时对多种元素进行检测分析，从而实现样本的高通量检测，满足临床对于检测报告周期短的需求。但同时，它具有仪器价格昂贵、对操作人员要求比较高、常常需要使用自建方法等多种局限性。相对的，原子吸收光谱仪（AAS）检测通量较 ICP–MS 低，但对操作人员的要求较低，有配套的成熟的试剂盒，操作简单，运行成本低，便于推广。

电感耦合等离子体质谱基本知识

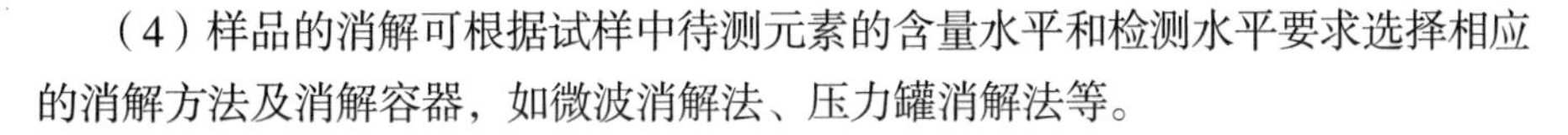

（4）样品的消解可根据试样中待测元素的含量水平和检测水平要求选择相应的消解方法及消解容器，如微波消解法、压力罐消解法等。

实验四十九　啤酒中双乙酰含量的测定

一、实验目的

（1）掌握测定双乙酰的分析方法和实验原理。

（2）掌握紫外分光光度计的使用方法。

二、实验原理

双乙酰测定的原理是采用水蒸气蒸馏，使双乙酰作为挥发性组分从啤酒样中蒸发出来，然后加入试剂邻苯二胺，反应生成2，3- 二甲基喹喔啉。在波长 335 nm 测定其吸光度。由于邻苯二胺和2，3- 戊二酮等联二酮均可发生此反应，因此，本法测得的为联二酮的总量（以双乙酰表示）。

另外，如样品中含有双乙酰甲基甲醇，也会在蒸馏过程中分解生成双乙酰，使测定结果偏高。

三、实验材料与仪器

1. 试剂与材料

酒样，盐酸，邻苯二胺，有机硅消泡剂（或甘油聚醚）。

2. 试剂配制

盐酸溶液（4 mol/L）：量取 33.3 mL 盐酸，加水稀释至 100 mL。

邻苯二胺溶液（10 g/L）：称取 0.100 g 邻苯二胺，溶于 4 mol/L 盐酸溶液中，并定容至 10 mL，贮藏于棕色瓶中。本试剂须当天配制和使用。

3. 仪器与设备

带有加热套管的双乙酰蒸馏器，具有锥形瓶（或平底蒸馏烧瓶）的蒸汽发生瓶（2000 mL 或 3000 mL），棕色容量瓶（25 mL），紫外分光光度计，分析天平，量筒。

四、实验步骤

1. 蒸馏

将双乙酰蒸馏器安装好，加热蒸汽发生瓶至水沸。通汽预热后，置 25 mL 容量瓶于冷凝器出口接收馏出液，外加冰浴冷却；加 3 滴消泡剂于 100 mL 量筒中，再注入未经除气的预先冷至 5 ℃左右的酒样 100 mL，迅速移入已预热的蒸馏器内，并用少量水冲洗量筒及带塞漏斗，盖塞。然后用水封口，进行蒸馏，直至馏出液接近 25 mL（蒸馏需在 3 ~ 5 min 内完成）时取下容量瓶，达到室温用水定容，摇匀。

2. 样品测定

分别吸取馏出液 10.0 mL 于两支干燥的比色管中，并于第一支管中加入邻苯二胺溶液 0.5 mL，第二支管中不加（做空白），充分摇匀后，同时置于暗处放置 20 ~ 30 min，然后于第一支管中加入 4 mol/L 盐酸溶液 2 mL，于第二支管中加入 4 mol/L 盐酸溶液 2.5 mL，混匀后，于 335 nm 波长下，用 20 mm 石英比色皿，以空白调仪器零点，测定其吸光度（比色测定操作须在 20 min 内完成，有条件的此过程最好在暗室中进行）。

五、计算

样品中双乙酰含量按式（5–15）计算：

$$X=A_{335}\times 1.2 \tag{5–15}$$

式中 X——样品中双乙酰的含量，mg/L；

A_{335}——样品在 335 nm 波长下，用 20 mm 比色皿测得的吸光度；

1.2——使用 20 mm 石英比色皿时，吸光度与双乙酰含量的换算系数。

六、思考题

（1）紫外分光光度计的工作原理和使用范围。

（2）对实验结果误差造成影响的因素有哪些？

七、说明

（1）此方法为 GB/T 4928—2008《啤酒分析方法》。

（2）蒸馏时加入试剂要迅速，切记避免成分损失，最好在 5 min 内完成。若蒸馏器体积小，或者消泡剂效果差，可将样品分两次蒸馏，接收在同一个容器内。

（3）显色反应在暗处进行，见光容易导致结果偏高。

CHAPTER 6

第六章 食品加工贮藏过程中有害物质的形成

实验五十　油脂氧化初级产物（过氧化值）和次级产物（乙二醛和甲基乙二醛）的分析

一、实验目的

（1）掌握脂肪初级氧化产物——过氧化值测定的原理与方法。

（2）了解油脂次级氧化产物——活性羰基化合物及其测定方法。

二、实验原理

脂肪自动氧化的初级产物是氢过氧化物 ROOH，因此通过测定脂肪中氢过氧化物的量，可以评价脂肪的初始氧化程度。实验中过氧化值的测定采用碘量法，即在酸性条件下，脂肪中的过氧化物与过量的 KI 反应生成 I_2，用 $Na_2S_2O_3$ 滴定生成的 I_2，求出每千克油中所含过氧化物的毫摩尔量，称为脂肪的过氧化值（POV）。

$$CH_3COOH+KI \longrightarrow CH_3COOK+HI$$

$$ROOH+2HI \longrightarrow ROH+H_2O+I_2$$

$$2\,Na_2S_2O_3+I_2 \longrightarrow Na_2S_4O_6+2\,NaI$$

在油脂氧化后期，油脂初级氧化产物过氧化物分解，O—O 键断裂分解成小分子的醛、酮、酸等物质。其中活性羰基化合物乙二醛（GO）、甲基乙二醛（MGO）具有高反应活性和潜在危害，作为次级产物的检测指标。采用邻苯二胺为衍生试剂，加入 2，3- 丁二酮，与样品共衍生化，2，3- 丁二酮衍生化后产生的喹喔啉类物质为内标，采用气相色谱法以氢火焰离子检测器进行定性定量分析。

三、实验材料与仪器

1. 试剂与材料

猪油或其他不含抗氧化剂的油脂，氯仿，冰醋酸，硫代硫酸钠（$Na_2S_2O_3 \cdot 5H_2O$），无水碳酸钠，碘化钾，淀粉，重铬酸钾，2，3- 丁二酮，二氯甲烷，邻苯二胺（DB），磷酸盐缓冲液，乙二醛（GO），甲基乙二醛（MGO）。

2. 试剂配制

硫代硫酸钠标准溶液（0.1 mol/L）：称取 26 g 硫代硫酸钠，加 0.2 g 无水碳酸钠，溶于 1000 mL 水中，缓缓煮沸 10 min，冷却。放置两周后过滤，标定。

硫代硫酸钠溶液（0.01 mol/L）：用已经标定的 0.1 mol/L 硫代硫酸钠溶液稀释 10 倍而成。

氯仿－冰醋酸混合液（2∶3）：量取 40 mL 三氯甲烷，加 60 mL 冰乙酸，混匀。

碘化钾饱和溶液：称取 20 g 碘化钾，加入 10 mL 新煮沸冷却的水，摇匀后贮藏于棕色瓶中，存放于避光处备用。要确保溶液中有饱和碘化钾结晶存在。使用前检查：在 30 mL 三氯甲烷－冰乙酸混合液中添加 1.00 mL 碘化钾饱和溶液和 2 滴 1% 淀粉指示剂，若出现蓝色，并需用 1 滴以上的 0.01 mo1/L 硫代硫酸钠溶液才能消除，此碘化钾溶液不能使用，应重新配制。

1% 淀粉指示剂：称取 0.5 g 可溶性淀粉，加少量水调成糊状。边搅拌边倒入 50 mL 沸水，再煮沸搅匀后，放冷备用。临用前配制。

2，3- 丁二酮（1 mmol/L）：精密称取 21.5 mg 2，3- 丁二酮，加水溶解，并定容至 25 mL，混匀后，再精密移取 1 mL 至 10 mL 容量瓶中，加水定容，储存于棕色瓶中。用时稀释 10 倍。

邻苯二胺（100 mmol/L）：精密称取 1.08 g 邻苯二胺，加水溶解，并定容至 100 mL，储存于棕色瓶中。

乙醛（2 mol/L）：精密称取 8.81 g 乙醛，加水溶解，并定容至 100 mL，储存于棕色瓶中。

3. 仪器与设备

锥形瓶，碘量瓶，移液管，量筒，分析天平，滴定管，气相色谱仪，恒温干燥箱，743 Rancimat 油脂氧化稳定性测定仪、水浴锅等。

四、实验步骤

1. 实验设计

本实验通过在特定条件下贮藏油脂，采用滴定法测定其自氧化初期产物，以过氧化值 X_1 表示，然后采用 Rancimat 高温加热通氧气加速氧化，收集测量池样品采用气相色谱法测定其次级产物 MGO/GO。取反应池中氧化后油脂样品测定过氧化值 X_2。

2. 样品处理

取 1 个 100 mL 锥形瓶，加入 5 g 油样。将样品加热融化，混匀后同时放入恒温箱内于 60 ℃左右加热处理 24 h（注意温度过高会导致油脂热氧化反应的发生，而不是发生油脂的自动氧化反应）。

取 5 g 油样放在样品池，50 mL 超纯水放在反应池。参照实验四十二方法进行实验。

3. 过氧化值的测定

（1）原始油样 POV 值的测定　称取原始油脂 5 g（精确至 0.01 g）置于干燥的 250 mL 的碘量瓶中，加入 20 mL 氯仿－冰醋酸混合液，60 ℃水浴下摇动至油脂溶解，再加入 1.00 mL 的饱和碘化钾溶液，摇匀，置暗处放置 5 min 进行反应。碘量瓶取出立即加水 50 mL，充分摇匀，用 0.01 mol/L $Na_2S_2O_3$ 滴至水层呈淡黄色，再加入 1.00 mL 淀粉指示剂，继续滴定至蓝色消失，记下体积 V（如果样品液的色泽很浅，说明反应生成的游离碘的量很少，则可以直接加入淀粉指示剂并立即滴定）；同时作空白试验，记录体积 V_0。

（2）热处理后样品的 POV 值　将上述经 60 ℃处理 24 h 后及采用高温通氧加速氧化的样品取出，分别称取样品 1 ~ 2 g，其他步骤同原始油样的处理，分别测定各个样品的 POV 值。

（3）硫代硫酸钠（0.1 mo1/L ）的标定　见附录Ⅱ。

（4）计算　油脂的过氧化值按式（6-1）计算：

$$X=\frac{(V-V_0)\times c\times 0.1269}{m}\times 100 \tag{6-1}$$

式中　X——过氧化值，g/100 g；

V——样品消耗的硫代硫酸钠标准溶液体积，mL；

V_0——空白试验消耗的硫代硫酸钠标准溶液体积，mL；

c——硫代硫酸钠标准溶液的浓度，mol/L；

0.1269——与 1.00 mL 硫代硫酸钠标准滴定溶液（c=1.000 mol/L）相当的碘的质量；

m——样品质量，g。

4. MGO/GO 的测定

（1）样品衍生化　取 3 mL 样品（浓度范围在 0 ~ 50 μg/mL），加入浓度为 0.1 mmol/L 的 2，3- 丁二酮 PBS 溶液，加入 100 mmol/L DB 1 mL，盖紧管盖，60 ℃水浴加热 15 min，冰浴后在室温下依次加入 2 mol/L 的乙醛 PBS 溶液 1 mL，混合均匀后 60 ℃水浴加热 15 min，冰浴后在室温下加入 3 mL 二氯甲烷，涡旋 30 s，超声波萃取 15 min（冰浴），萃取 2 次。合并二氯甲烷层，真空浓缩至干，-80 ℃冰箱贮藏，测定前用 0.5 mL（样品中 MGO/GO 含量低的可用 0.2 mL）二氯甲烷复溶，取 1 μL 进样气相色谱检测。

（2）仪器条件　色谱柱：HP-5（30 m × 0.32 mm，0.25 μm）；进样温度：250 ℃；压力：6.89×10^4Pa；不分流；检测器：氢火焰离子化检测器（FID）；检测器温度：280 ℃；N_2 流量：25 mL/min；H_2 流量：30 mL/min；空气流量：300 mL/min；柱温程序：初始值 40 ℃，保持 1 min，以 4 ℃ /min 升至 140 ℃，保持 1 min，以 50 ℃ /min 升至 250 ℃，保持 1 min。

（3）标准曲线的制作　将标准系列工作液用气相色谱仪方法分析，测得相应的峰面积，以标准工作液的质量浓度为横坐标，以峰面积为纵坐标，绘制标准曲线。

（4）样品测定　将样品待测液用气相色谱仪分析，测得相应的峰面积，根据标准曲线得到样品待测液中活性羰基化合物（GO 和 MGO）的质量浓度。如果样品待测液中被测物质的响应值超出仪器检测的线性范围，可适当稀释后测定。

（5）计算　样品中活性羰基化合物含量按式（6-2）计算：

$$Y_i=\frac{\rho_i\times V\times 1000}{m} \tag{6-2}$$

式中　Y_i——样品中活性羰基化合物的含量，μg/kg；

ρ_i——依据标准曲线计算得到的样品待测液中活性羰基化合物 i 的浓度，μg/mL；

V——样品待测液最终体积，mL；

m——样品质量，g。

六、结果分析

比较低温缓慢氧化和高温氧化过氧化值 X_1，X_2 的大小，分析油脂缓慢氧化初期和高温氧化过氧化值的变化规律，以及次级氧化产物中 MGO 和 GO 含量。

七、思考题

（1）为何在硫代硫酸钠标准溶液滴定至淡黄色时再加入淀粉指示剂？

（2）气相色谱分析中内标共衍生化的优缺点有哪些？

八、说明

（1）影响过氧化值测定结果的因素很多，例如，反应时间的长短、温度的高低、摇动的剧烈程度、溶液的 pH、加水量等。其中以反应温度、加入碘化钾后摇动时间的长短与剧烈程度影响最大。因此，测定时的处理和对照的条件应尽量一致。

（2）所配制的 KI 溶液所含游离碘的含量应使 1 mL KI 消耗 0.01 mol/L 硫代硫酸钠少于 0.07 mL。

（3）滴定近终点时应该剧烈摇动溶液，使被淀粉吸附的游离碘释放出来，否则可造成滴定结果偏低。

（4）过氧化值测定方法为 GB 5009.227—2016《食品安全国家标准　食品中过氧化值的测定》。

气相色谱仪基本知识

实验五十一　市售烘焙食品中反式脂肪酸的测评

一、实验目的

（1）掌握气相色谱测定反式脂肪酸的分析原理。

（2）了解烘焙食品中反式脂肪酸的含量和危害。

二、实验原理

样品或经酸水解法提取的食品样品中的脂肪，在碱性条件下与甲醇进行酯交换反应生成脂肪酸甲酯，并在强极性固定相毛细管色谱柱上分离，用配有氢火焰离子化检测器的气相色谱仪进行测定，归一化法定量。

三、实验材料和仪器

1. 试剂与材料

蛋糕（重油、清水）、曲奇、面包等烘焙食品。盐酸（36% ~ 38%），乙醚，石油醚（沸程，30 ~ 60 ℃），无水乙醇（色谱纯），异辛烷（色谱纯），甲醇（色谱纯），氢氧化钾，硫酸氢钠，无水硫酸钠（使用前于 650 ℃灼烧 4 h，贮藏于干燥器中备用），反式脂肪酸甲酯标准品。

2. 试剂配制

氢氧化钾 – 甲醇溶液（2 mol/L）：称取 13.2 g 氢氧化钾，溶于 80 mL 甲醇中，冷却至室温，用甲醇定容至 100 mL。

石油醚 – 乙醚溶液（1+1）：量取 500 mL 石油醚与 500 mL 乙醚混合均匀后备用。

脂肪酸甲酯标准储备液（10 mg/mL）：分别准确称取反式脂肪酸甲酯标准品各 100 mg（精确至 0.1 mg）于 25 mL 烧杯中，分别用异辛烷溶解并转移入 10 mL 容量瓶中，准确定容至 10 mL，在 −18 ℃下保存。

脂肪酸甲酯混合标准工作液：准确吸取标准储备液各 1 mL 于 25 mL 容量瓶中，用异辛烷定容，得到 0.4 mg/mL 混合标准中间液；准确吸取标准中间液 5 mL 于 25 mL 容量瓶中，用异辛烷定容，此标准工作溶液的浓度为 80 μg/mL。

3. 仪器与设备

气相色谱仪 – 氢火焰离子化检测器，恒温水浴锅，涡旋振荡器，离心机，旋转蒸发仪，分析天平，具塞试管，分液漏斗，圆底烧瓶。

四、实验步骤

1. 蛋糕中脂肪的测定

（1）样品处理　取蛋糕或曲奇、面包 500 g 于粉碎机中粉碎混匀，均分成两份，分别装入洁净容器中，密封并标识，于 0 ~ 4 ℃下保存。

（2）提取　称取均匀的样品每份 2.0 g（精确至 0.01 g，保证样品中脂肪量不小于 0.125 g）

置于 50 mL 试管中，加入 8 mL 水充分混合，再加入 10 mL 盐酸混匀；将上述试管放入 60 ~ 70 ℃水浴中，每隔 5 ~ 10 min 振荡一次，40 ~ 50 min 至样品完全水解。取出试管，加入 10 mL 乙醇充分混合，冷却至室温。

将混合物移入 125 mL 分液漏斗中，以 25 mL 乙醚分两次润洗试管，洗液一并倒入分液漏斗中。待乙醚全部倒入后，加塞振摇 1 min，小心开塞，放出气体，并用适量的石油醚－乙醚溶液（1+1）冲洗瓶塞及瓶口附着的脂肪，静置 10 ~ 20 min 至上层醚液清澈。将下层水相放入 100 mL 烧杯中，上层有机相放入另一干净的分液漏斗中，用少量石油醚－乙醚溶液（1+1）洗萃取用分液漏斗，收集有机相，合并于分液漏斗中。将烧杯中的水相倒回分液漏斗，再用 25 mL 乙醚分两次润洗烧杯，洗液一并倒入分液漏斗中，按前述萃取步骤重复提取两次，合并有机相于分液漏斗中，将全部有机相过适量的无水硫酸钠柱，用少量石油醚－乙醚溶液（1+1）淋洗柱子，收集全部流出液于 100 mL 具塞量筒中，用乙醚定容并混匀。

（3）脂肪含量测定　精准移取 50 mL 有机相至已恒重的圆底烧瓶内，50 ℃水浴下旋转蒸去溶剂后，置（100 ± 5）℃下恒重，计算食品中脂肪含量；另 50 mL 有机相于 50 ℃水浴下旋转蒸去溶剂后，用于反式脂肪酸甲酯的测定。

2. 脂肪酸的甲酯化

准确称取 60 mg 经步骤 1 提取的脂肪 [未经（100 ± 5）℃干燥箱加热]，置于 10 mL 具塞试管中，加入 4 mL 异辛烷充分溶解，加入 0.2 mL 氢氧化钾－甲醇溶液，涡旋混匀 1 min，放至试管内混合液澄清。加入 1 g 硫酸氢钠中和过量的氢氧化钾，涡旋混匀 30 s，于 4000 r/min 下离心 5 min，上清液经 0.45 μm 滤膜过滤，滤液作为样品待测液。

3. 仪器条件

毛细管气相色谱柱：SP-2560 聚二氰丙基硅氧烷毛细管柱（100 m × 0.25 mm × 0.2 μm）或性能相当者；检测器：氢火焰离子化检测器；载气为高纯氦气 99.999%；载气流速：1.3 mL/min；进样口温度：250 ℃；检测器温度：250 ℃；程序升温：初始温度 140 ℃，保持 5 min，以 1.8 ℃ /min 的速率升至 220 ℃，保持 20 min；进样量：1 μL；分流比：30 : 1。

4. 样品测定

上述色谱条件下，脂肪酸标准测定液及待测样液分别注入气相色谱仪，以色谱峰峰面积定量。

五、计算

1. 食品中脂肪的质量分数的计算

样品中脂肪的质量分数按式（6–3）计算：

$$W_z = \frac{m_1 - m_0}{m_2} \times 100\% \tag{6-3}$$

式中　W_z——样品中脂肪的质量分数，%；

m_1——圆底烧瓶和脂肪的质量，g；

m_0——圆底烧瓶的质量，g；

m_2——样品的质量，g。

2. 相对质量分数的计算

各组分的相对质量分数按式（6–4）计算：

$$w_x=\frac{A_x-f_x}{A_t}\times 100\%\tag{6-4}$$

式中　w_x——归一化法计算的反式脂肪酸组分 x 脂肪酸甲酯相对质量分数，%；

A_x——组分 x 脂肪酸甲酯峰面积；

f_x——组分 x 脂肪酸甲酯的校准因子；

A_t——所有峰校准面积的总和，除去溶剂峰。

3. 计算脂肪中反式脂肪酸的含量

脂肪中反式脂肪酸的质量分数按式（6–5）计算：

$$W_t=\sum w_x\tag{6-5}$$

式中　W_t——脂肪中反式脂肪酸的质量分数，%；

w_x——归一化法计算的组分 X 脂肪酸甲酯相对质量分数，%。

4. 计算烘焙食品中反式脂肪酸的含量

烘焙食品中反式脂肪酸的质量分数按式（6–6）计算：

$$W=W_t\times W_z\tag{6-6}$$

式中　W——食品中反式脂肪酸的质量分数，%；

W_t——脂肪中反式脂肪酸的质量分数，%；

W_z——食品中脂肪的质量分数，%。

六、结果分析

比较市售不同烘焙食品饼干、面包、蛋糕，以及不同品牌的反式脂肪酸的含量。对照配方，分析反式脂肪酸含量高的因素。

七、思考题

（1）反式脂肪酸测定与脂肪酸测定的区别是什么？

（2）反式脂肪酸存在于哪些食品中，对人体的危害有哪些？

（3）查阅文献，提出食品工业替代反式脂肪酸的策略。

八、说明

（1）世界卫生组织 2018 年 5 月推出指导意见：将在全球食品供应中停用工业生产的反式脂肪酸。根据 2010 年颁布的 GB 10765—2010《食品安全国家标准　婴儿配方食品》中，已规定了婴幼儿食品原料中不得使用氢化油脂，反式脂肪酸最高含量应小于总脂肪酸的 3%。

（2）我国卫生部于 2007 年 12 月颁布的《食品营养标签管理规范》，规定在所有的食品包装上，必须要标注反式脂肪酸的含量，标注的位置在脂肪的下方。标注反式脂肪酸为 0 或者不含反式脂肪酸指食品中反式脂肪酸的含量≤ 0.3 克（每 100 克食品含量来计算）。

（3）此方法为 GB 5009.257—2016《食品安全国家标准　食品中反式脂肪酸的规定》。

实验五十二　煎炸用油中多环芳香烃的测定

一、实验目的

（1）掌握气相色谱 – 质谱法（GC–MS/MS）测定多环芳烃的实验原理。

（2）掌握固相萃取柱的工作原理及使用方法。

二、实验原理

样品中的多环芳烃（PAHs）用有机溶剂提取，提取液浓缩至近干，用PSA（*N*-丙基乙二胺）和C_{18}固相萃取填料净化或用弗罗里硅土固相萃取柱净化，经浓缩定容后，用气相色谱-质谱联用仪进行测定，外标法定量。

三、实验材料与仪器

1. 试剂与材料

煎炸用油，乙腈（色谱纯），正己烷（色谱纯），二氯甲烷（色谱纯），硅藻土（色谱纯），硫酸镁（优级纯），多环芳烃（萘、苊烯、苊、芴、菲、蒽、荧蒽、芘、苯并[*a*]蒽、苯并[*b*]荧蒽、苯并[*k*]荧蒽、苯并[*a*]芘、茚并[1，2，3-*c*，*d*]芘、二苯并[*a*，*h*]蒽和苯并[*g*，*h*，*i*]苝）标准溶液（200 μg/mL）。

2. 溶液配制

正己烷-二氯甲烷混合溶液（1+1）：量取500 mL正己烷，加入二氯甲烷500 mL，混匀。

乙腈饱和的正己烷：量取800 mL正己烷，加入200 mL乙腈，振摇混匀后，静置分层，上层正己烷层即为乙腈饱和的正己烷。

多环芳烃标准中间液（1000 ng/mL）：吸取多环芳烃标准溶液0.5 mL，用乙腈定容至100 mL，在-18 ℃下保存。

多环芳烃标准系列工作液：分别吸取多环芳烃标准中间液0.1，0.5，1.0，2.0，5.0，10.0 mL，用乙腈定容至100 mL，得到质量浓度为1，5，10，20，50，100 ng/mL的标准系列工作液。

3. 仪器与设备

气相色谱-质谱联用仪，*N*-丙基乙二胺（PSA，粒径40 μm），封尾C_{18}固相萃取填料（粒径40 ~ 63 μm），弗罗里硅土固相萃取柱（500 mg，3 mL），有机相型微孔滤膜（0.22 μm），分析天平，冷冻离心机，涡旋振荡器，超声波振荡器，粉碎机，均质器，氮吹仪，旋转蒸发仪。

四、实验步骤

1. 样品处理

称取1 ~ 4 g（精确至0.01 g）煎炸油样品于50 mL具塞玻璃离心管A中，按以下步骤处理。

（1）加入20 mL乙腈和10 mL乙腈饱和的正己烷，涡旋振荡30 s后，放入40 ℃水浴超声30 min；摇匀后，以4500 r/min冷冻（-4 ℃）离心5 min，吸取下层乙腈层于100 mL鸡心瓶中，离心管A中溶液用20 mL乙腈重复提取1次，提取液合并于鸡心瓶中，35 ℃减压旋转蒸发至近干。加入5 mL正己烷，涡旋振荡30 s溶解。

（2）依次用5 mL二氯甲烷和10 mL正己烷活化弗罗里硅土固相萃取柱，将获得的5 mL提取样液全部移入弗罗里硅土固相萃取柱，再用5 mL正己烷洗涤鸡心瓶并入柱中，用8 mL正己烷二氯甲烷混合溶液洗脱，收集所有流出物于20 mL玻璃离心管B中。氮吹（温度控制在35 ℃以下）除去溶剂，吹至近干，加入0.5 mL乙腈涡旋振荡10 s，继续氮吹至除尽正己烷-二氯甲烷，用乙腈定容至1 mL，混匀后，过0.22 μm有机相型微孔滤膜，制得样品待测液。空白试验除不加样品外，采用与试验完全相同的分析步骤。

2. 仪器条件

色谱柱：DB-5MS，柱长30 m，内径0.25 mm，膜厚0.25 μm，或同等性能的色谱柱；进样方式：不分流进样，2.0 min后开阀；进样量：1.0 μL；溶剂延迟：3 min；柱温度程序：初始温度 90 ℃，以 20 ℃ /min 升温至 220 ℃，再以 5 ℃ /min 升温至 320 ℃，保持 2 min；进样口温度：250 ℃；色谱 – 质谱接口温度：280 ℃；离子源温度：230 ℃；载气：氦气，纯度≥ 99.999%，1.0 mL/min；电离方式：EI；电离能量：70eV；质量扫描范围：50 ~ 450amu；测定方式：选择离子监测方式。多环芳烃特征离子如表 6–1 所示。

表 6–1　　　　多环芳烃特征离子

序号	化合物名称	选择离子		
		定量离子	定性离子	丰度比
1	萘	128	64，102	100 : 6 : 8
2	苊烯	152	63，76	100 : 5 : 17
3	苊	153	154，76	100 : 94 : 20
4	芴	166	165，82	100 : 92 : 9
5	菲	178	89，152	100 : 9 : 9
6	蒽	178	89，152	100 : 10 : 7
7	荧蒽	202	101，200	100 : 13 : 22
8	芘	202	101，200	100 : 16 : 24
9	苯并［*a*］蒽	228	114，226	100 : 12 : 23
10	䓛	228	114，226	100 : 10 : 36
11	苯并［*b*］荧蒽	252	126，250	100 : 15 : 16
12	苯并［*k*］荧蒽	252	126，250	100 : 16 : 20
13	苯并［*a*］芘	252	126，250	100 : 16 : 22
14	茚苯［1，2，3–*c*，*d*］芘	276	138，277	100 : 19 : 22
15	二苯并［*a*，*h*］蒽	278	138，276	100 : 12 : 30
16	苯并［*g*，*h*，*i*］苝	276	138，277	100 : 24 : 23

3. 标准曲线的制作

将标准系列工作液分别注入气相色谱 – 质谱仪中，测得相应的峰面积，以标准工作液的质量浓度为横坐标，以峰面积为纵坐标，绘制标准曲线。

4. 样品测定

将样品待测液注入气相色谱 – 质谱仪中，测得相应的峰面积，根据标准曲线得到样品待测液中多环芳烃的质量浓度。如果样品待测液中被测物质的响应值超出仪器检测的线性范围，可适当稀释后测定。

五、计算

样品中多环芳烃的含量 X_i（μg/kg）按式（6–7）计算：

$$X_i = \frac{\rho_i \times V \times 1000}{m \times 1000} \tag{6–7}$$

式中 ρ_i——依据标准曲线计算得到的样品待测液中多环芳烃 i 的浓度，ng/mL；

V——样品待测液最终定容体积，mL；

m——样品质量，g。

六、思考题

（1）列举多环芳烃富集浓缩的方法有哪些。

（2）固相萃取柱的工作原理和选择的依据是什么？

七、说明

（1）迄今已发现有 200 多种多环芳烃，国际癌症研究中心（IARC）列出了 94 种具有致癌作用的化合物。人体所吸收的多环芳烃有 80% 来自于食品。

（2）GB 2762—2017《食品安全国家标准 食品中污染物限量》对熏烤肉、植物油和粮食中苯并［a］芘限量要求进行了规定，分别是 5.0 μg/kg、10 μg/kg、5.0 μg/kg。

（3）此方法为国家标准方法 GB 5009.265—2016《食品安全国家标准 食品中多环芳烃的测定》。

实验五十三　加工前后牛排中游离态和结合态蛋白糖基化终产物提取及定量分析

一、实验目的

（1）掌握质谱法测定蛋白糖基化终产物（AGEs）的分析方法原理。

（2）掌握提取自由态和结合态 AGEs 的方法。

二、实验原理

通过液相色谱系统使样品中复杂的化学组分得到分离，利用质谱作为检测器，质谱分析首先将物质离子化，按离子的质荷比分离，然后测量各种离子谱峰的强度而实现定量分析。

三、实验材料和仪器

1. 试剂与原料

样品，盐酸，氢氧化钠，硼氢化钠，三氯甲烷，三氯乙酸，硼酸，硼酸钠，氨水，甲醇，甲酸，乙酸铵，正已烷，羧甲基赖氨酸（CML），羧乙基赖氨酸（CEL），氘代 d_4-CML。

2. 试剂配制

CML、CEL 储备液：将 CML、CEL 标准品溶解在甲醇 - 水溶液（80+20，体积比）中，配成 CML 和 CEL 浓度均为 300 mg/L 的混合母液，在 −20 ℃冰箱里备用。使用时，将 300 mg/L 母液稀释成 30 mg/L。

d_4-CML 储备液：将 d_4-CML 标准品溶解在甲醇 - 水溶液（80+20，体积比）中，配成浓度为 100 mg/L 的母液。在 −20 ℃冰箱里备用，可保存 6 个月。使用时，将 100 mg/L 母液稀释成 8 mg/L。

用于定量的混合标准溶液由上述溶液再稀释：CML、CEL 均为 300 μg/L，d_4-CML 为 400 μg/L。

硼酸钠缓冲液（0.2 mol/L，pH 9.2）：溶液 A（0.2 mol/L 硼酸）：称取 12.37 g 硼酸加水至 1000 mL；溶液 B:（0.05 mol/L 硼砂）称取 19.07 g 硼砂加水至 1000 mL；2 mL 溶液 A，加 8 mL 溶液 B，混匀。

三氯甲烷 - 甲醇（2+1）：量取 40 mL 三氯甲烷，加入 20 mL 甲醇，混匀。

盐酸溶液（6 mol/L）：精确量取 730 mL 浓 HCL，加入 1 L 的容量瓶中，混匀。

2% 三氯乙酸：称取 2 g 三氯乙酸，溶解到 100 mL 水中，混匀。

硼氢化钠溶液（2 mol/L，含 0.1 mol/L 氢氧化钠）：称取 75.66 g 硼氢化钠溶解到 1000 mL 水中，加入 4 g 氢氧化钠，混匀。

甲醇 – 水溶液（80+20）：量取 80 mL 甲醇，加入 20 mL 水混匀。

3. 仪器与设备

C_{18} 液相色谱柱（150 mm × 2.1 mm，5 μm），MCX 阳离子交换固相萃取小柱（60 mg/3 mL），液相色谱质谱联用仪（LC–MS），高速组织捣碎机，手持式超细匀浆机，分析天平，漩涡振荡器，离心机，真空干燥箱，氮吹仪，超纯水仪。

四、实验步骤

1. 样品处理

（1）肉中自由态 AGEs 的提取

样品处理：将牛排（生、煎炸后）样品切成体积大约为 1 cm^3 的小块，用搅拌机搅碎成肉糜状。

沉淀蛋白去除油脂：称取 1.0 g 样品于 50 mL 的离心管中，加入预冷的 2% 的三氯乙酸水溶液 10 mL 和 8 mg/L 的 d_4–CML 100 μL，用均质机充分混合均匀，在 5000 r/min 离心 20 min，以便沉淀蛋白。将上清液完全转移到另一个 50 mL 的离心管中，加入 10 mL 正己烷，混匀，在 5000 r/min 离心 10 min 去除脂肪和残余的蛋白。下层的清液即为备用样品溶液。

固相萃取柱纯化：首先，用 3 mL 甲醇和 3 mL 水依次活化 MCX 固相萃取小柱。取 5 mL 样品溶液上样；分别用 3 mL 水和 3 mL 甲醇洗去杂质；最后用 5 mL 含 5% 氨水的甲醇溶液洗脱，收集洗脱液。将洗脱液置于 60 ℃水浴中氮吹，直至完全吹干。用 1 mL 甲醇 – 水溶液重新溶解，过 0.22 μm 有机相滤膜，以备（LC–MS）分析。

（2）肉中结合态 AGEs 的提取

样品处理：将牛排（生、煎炸后）样品切成体积大约为 1 cm^3 的小块，用搅拌机搅碎成肉糜状。

还原样品中 AGEs：称取 0.2 g 的肉糜样品于 50 mL 的离心管中，加入 2 mL 硼酸钠缓冲液（0.2 mol/L，pH 9.2）和 0.4 mL 硼氢化钠溶液（2 mol/L，含 0.1 mol/L 氢氧化钠），混匀后在 4 ℃冰箱中放置 8 h 还原样品中的 AGEs。

去除油脂和沉淀蛋白：加入 4 mL 三氯甲烷 – 甲醇（2+1）溶液除去样品中的油脂，同时沉淀蛋白质。5000 r/min 离心 10 min 后去除上清液。

蛋白质酸解：在沉淀物中加入 4 mL 盐酸溶液（6 mol/L），置于 110 ℃酸解 24 h。用纯水定容至 20 mL，从中取 4 mL 酸解液，添加内标物 d_4–CML，使其浓度为 400 μg/L，进行真空干燥，用 4 mL 纯水复溶。

固相萃取柱纯化：用 3 mL 甲醇和 3 mL 水分别洗净和活化 MCX 小柱。取 2 mL 上述添加 d_4–CML 的复溶样品过柱，依次用 3 mL 水和 3 mL 甲醇洗净杂质后，用 5 mL 含 5% 氨水的甲醇溶液洗脱，收集的洗脱液，经氮吹浓缩后，重新溶解在 2 mL 甲醇 – 水溶液（80+20）中，得到最终样品，取适量此溶液过 0.22 μm 有机相滤膜后，用于（LC–MS）分析。

2. 仪器条件

液相色谱条件：HILIC 亲水作用色谱柱（150 mm × 2.1 mm，3 μm）对样品进行分离。进样量：10 μL，流动相速率：0.2 mL/min，柱温：35 ℃，流动相 A 为甲醇（含有 0.1% 甲酸和 2 mmol/L 乙酸铵），B 为水（含有 0.1% 甲酸和 2 mmol/L 乙酸铵）。进行梯度洗脱程序如表 6–2 所示。

表 6–2 液相梯度洗脱程序

时间 /min	流动相 A/%	流动相 B/%
0	80	20
3	50	50
6	50	50
6.1	80	20
12	80	20

质谱条件：电喷雾离子（ESI）；正离子扫描模式；驻留时间为 500 ms；多反应监测模式（MRM）；离子源温度 120 ℃，脱溶剂温度 350 ℃；进样锥孔电压 20V，毛细管电压 3.00 kV；脱溶剂气和锥孔气为氮气，脱溶剂气流速 500 L/h，锥孔气流速 50 L/h，碰撞气体为氩气。

3. 标准曲线的制作

CML、CEL 标准系列工作液：取储备液稀释为 300 μg/L，依次取 1，2，3，10 mL 用甲醇 – 水溶液（80+20）稀释定容至 10 mL，得到质量浓度为 30，60，90，300 μg/L 的标准系列工作液。依次取 2，3，5 mL 用甲醇 – 水溶液（80+20）稀释定容至 10 mL，得到质量浓度为 600，900，1500 μg/L 的溶液。d_4–CML 均为 400 μg/L。

4. 样品测定

按照上述仪器条件，进行样品分析。AGEs 标准品的混合溶液（CML 300 ng/mL，CEL 300 ng/mL，d_4–CML 400 ng/mL）用于计算 CML、CEL 和 d_4–CML 的相应因子。CML、CEL 与 d_4–CML 之间的相对响应因子在线性范围内是恒定不变的，用于计算样品中 CML 和 CEL 的含量。

五、计算

样品中 CML 和 CEL 的含量 X μg/kg 按式（6–8）计算：

$$X=\frac{C\times V\times 1000}{m\times 1000} \tag{6–8}$$

式中 C——依据标准曲线计算得到的样品待测液中 CML 和 CEL 的浓度，ng/mL；

V——样品待测液最终定容体积，mL；

m——样品质量，g。

六、结果分析

分析煎炸前后牛排中 AGEs 含量的变化。解析其原因。

七、思考题

（1）分析牛排中游离态和结合态的 AGEs 的来源，以及提取方法的差异性。

（2）内标物 d_4–CML 的物理意义是什么？

八、说明

（1）晚期糖基化终末产物是在非酶促的反应条件下，还原糖及其衍生物的醛基或酮基与氨基酸、多肽、蛋白质或核酸等物质的游离氨基经过一系列复杂的反应而产生的一组化学结构稳定的物质。与游离的氨基酸等形成的终末产物为小分子的 AGEs，包括羧甲基赖氨酸、羧乙基赖氨酸、吡咯素和戊糖素等。与蛋白质氨基酸链段的游离氨基形成的终末产物为大分子结合态 AGEs。

（2）目前对食品中 AGEs 的检测有两种方法，ELISA 法和仪器分析法（如配有荧光检测器或质谱检测器的液相色谱仪）。ELISA 法对食品中 AGEs 的分析虽然快速，易操作，但测定结果的单位与其他方法难以统一。而 LC–MS 分析方法可以提供相对准确可靠的数据。且该方法实现了针对游离态的小分子 AGEs 和与蛋白质结合态的 AGEs 分别准度定量。

高效液相色谱 – 质谱联用仪基本知识

实验五十四　动态评价螃蟹放置过程中组胺和三甲胺的变化

一、实验目的

（1）了解食品中三甲胺的预处理方法。

（2）掌握顶空气相色谱分析方法的操作过程。

（3）了解食品中组胺的预处理方法。

（4）掌握酶联免疫吸附方法的操作过程。

二、实验原理

螃蟹中的三甲胺，采用 5% 三氯乙酸溶液提取，提取液置于密封的顶空瓶中；然后在碱液作用下将三甲胺盐转化为三甲胺，在 40 ℃经过 40 min 的平衡，三甲胺在气液两相中达到动态的平衡；吸取顶空瓶内气体注入气相色谱 – 氢火焰离子化检测器（GC–FID）进行检测，根据保留时间进行定性，以外标法进行定量。

螃蟹中的组胺采用酰化试剂将样品中的组胺衍生成 *N*– 酰基组胺。通过竞争性酶联免疫反应，游离的酰化组胺将和包被的组胺竞争结合抗体。竞争反应后清洗，加入过氧化物酶标记的抗体，与组胺结合形成复合物。再次清洗后，加入底物溶液并孵育。底物溶液中的物质在酶的催化下转变成蓝色物质，加入终止液后反应液的蓝色变为黄色。在 450 nm 处测量吸光度，吸光度与样品中的组胺浓度成反比，标准曲线法进行定量分析。

三、实验材料与仪器

1. 试剂与材料

螃蟹，氢氧化钠，三氯乙酸，三甲胺盐酸盐标准品（≥ 98%）。

组胺盐酸盐标准品（≥99%），酶联免疫法检测组胺的商品化试剂盒：RIDASCREENR Histamin（包含酰化板、酰化试剂、96 孔板、酶标记物、组胺抗体、底物溶液、终止液、洗涤液）或同等功能的试剂盒。

2. 试剂配制

50% 氢氧化钠溶液：称取 100 g 氢氧化钠，溶于 20 ～ 30 ℃的 100 mL 水中。

5% 三氯乙酸溶液：称取 25 g 三氯乙酸溶于水中，并定容为 500 mL。

三甲胺标准储备液（100 μg/mL）：称取三甲胺盐酸盐标准品 0.0162 g，用 5% 三氯乙酸溶液溶解并定容至 100 mL，等同浓度为 100 μg/mL 的三甲胺标准储备液，在 4 ℃条件下保存。

组胺标准储备液（1.0 mg/mL）：称取盐酸组胺标准物质 16.57 mg 于 10 mL 容量瓶中，用水溶解并定容至刻度，于 4 ℃条件下保存。

3. 仪器与设备

气相色谱仪［配有分流 / 不分流进样口和氢火焰离子化检测器］，石英毛细管色谱柱（30 m×

0.32 mm × 0.5 μm，固定相为聚乙二醇）或其他等效的色谱柱，分析天平，恒温水浴锅，顶空瓶（容积 20 mL，配有聚四氟乙烯硅橡胶垫和密封帽，使用前在 120 ℃ 烘烤 2 h），微量注射器，医用塑料注射器，超声波清洗器，研钵，低速离心机，移液器，恒温培养箱，摇床，酶标仪。

四、实验步骤

1. 实验设计

购买的螃蟹一般放在冰箱中保存，保质期在 3 ~ 5 天。为了解螃蟹体内三甲胺和组胺的含量变化，本实验将购买一批相同质量的螃蟹，每隔一天测试一次螃蟹体内的三甲胺和组胺含量，直到螃蟹死亡，并测试死亡螃蟹体内的三甲胺和组胺含量，以评价螃蟹在放置过程中有害物质三甲胺和组胺的生成规律。

2. 三甲胺的测定

（1）样品处理

预处理：去除螃蟹的外壳，取蟹腿肉 10 g 左右，用刀切细，混匀。制备好的样品若不立即测定，应密封在聚乙烯塑料袋中并于 −18 ℃冷冻保存，测定前于室温下放置解冻即可。

样品中三甲胺的提取：取约 1 g（精确至 0.001 g）制备好的样品于 4 mL 的塑料离心管中，加入 2 mL 5% 三氯乙酸溶液，超声 15 min，以 4000 r/min 离心 5 min，在玻璃漏斗加上少许脱脂棉，将上清液滤入 5 mL 容量瓶，残留物再分别用 1 mL 5% 三氯乙酸重复上述提取过程两次，合并滤液，用 5% 三氯乙酸溶液定容至 5 mL。

提取液顶空处理：准确吸取提取液 2.0 mL 于 20 mL 顶空瓶中，压盖密封，用医用塑料注射器准确注入 5.0 mL 50% 氢氧化钠溶液，备用。

（2）标准溶液顶空处理　吸取一定体积的三甲胺标准储备液用 5% 三氯乙酸溶液逐级稀释成浓度分别为 1.0，2.0，5.0，10.0，20.0，40.0 μg/mL 的三甲胺标准溶液。分别取不同浓度的三甲胺标准溶液 2.0 mL 注入 20 mL 顶空瓶中，压盖密封，用医用塑料注射器分别准确注入 5.0 mL 50% 氢氧化钠溶液，备用。

（3）测定　调节气相色谱仪到工作状态。将制备好的样品在 40 ℃平衡 40 min，用进样针抽取顶空瓶内液上气体 250 μL，注入 GC–FID 中进行测定。根据标准色谱图中三甲胺的保留时间进行定性分析。

采用外标法进行定量分析，以标准峰面积为纵坐标，以标准溶液浓度为横坐标，绘制标准曲线，用标准曲线计算样品溶液中三甲胺的浓度。

（4）计算

样品中三甲胺的含量按式（6–9）计算：

$$X = C \times \frac{V}{m} \tag{6-9}$$

式中　X——样品中三甲胺含量，mg/kg；

C——从标准曲线得到的三甲胺浓度，μg/mL；

V——样品溶液定容体积，mL；

m——样品质量，g。

3. 组胺的测定

（1）样品处理

预处理同 2（1）。

样品中组胺的提取：取约 1 g（精确至 0.001 g）制备好的样品，加入 9 mL 水萃取组胺，超声 15 min，以 4000 r/min 离心 5 min，除去脂肪层，取 1 mL 上清液加入 9 mL 水并充分混合，取 200 μL 上清液用 9.8 mL 水稀释，获得待测样品。

（2）组胺的酰化　依次向酰化孔或试管中加入 100 μL 样品或标准品、25 μL 酰化试剂、200 μL 酰化缓冲液，充分混合后在室温条件下孵育 15 min，获得酰化组胺样品。所有标准品和样品均应至少进行两次平行实验。

（3）酶联免疫分析　吸取一定体积的组胺标准储备液用水逐级稀释成浓度分别为 2.5，5.0，10.0，20.0，40.0 μg/mL 的三甲胺标准溶液。

在 96 孔微孔板中依次进行如下操作：每孔加入 25 μL 酰化样品或酰化标准品；每孔加入 100 μL 组胺抗体溶液，充分混合，在室温条件下继续孵育 40 min；每孔用洗涤缓冲液洗涤 3 次，每次 250 μL；每孔加入 100 μL 酶连接物溶液，充分混合，在室温条件下孵育 20 min；每孔用洗涤缓冲液洗涤 3 次，每次 250 μL；每孔加入 100 μL 底物 / 发色剂，充分混合后在室温条件下孵育 15 min；每孔加入 100 μL 反应终止液，充分混合。在 10 min 内于酶标仪中测定每孔在 450 nm 处的吸光度。

以相对吸光度为纵坐标，标准浓度的对数值为横坐标绘制标准曲线，计算分析样品中组胺的浓度。

（4）计算

样品中组胺的含量按式（6–10）计算：

$$X=\frac{C\times V\times 500}{m} \tag{6–10}$$

式中　X——样品中组胺含量，mg/kg；

C——从标准曲线得到的三甲胺浓度，μg/mL；

V——样品加水萃取体积，mL；

500——稀释倍数；

m——样品质量，g。

五、结果分析

以时间为横坐标，三甲胺 / 组胺含量为纵坐标，分别绘制折线图，获得螃蟹在放置过程中体内三甲胺 / 组胺含量的动态变化规律。

六、思考题

（1）测定螃蟹三甲胺含量时，在样品前处理阶段需要注意哪些关键点？

（2）总结分析顶空气相色谱法的优点和缺点。

（3）测定螃蟹组胺含量时，为什么不用三氯乙酸萃取？

（4）总结分析酶联免疫分析法的优点和缺点。

实验五十五　炸薯条中丙烯酰胺的分析

一、实验目的

（1）掌握质谱的分析原理和 $^{13}C_3$ 标记的分析方法。

（2）了解丙烯酰胺在富含淀粉的高温加工食品中的含量。

二、实验原理

采用稳定性同位素稀释的液相色谱－质谱/质谱（LC-MS/MS），应用稳定性同位素稀释技术，在样品中加入 $^{13}C_3$ 标记的丙烯酰胺内标溶液，以水为提取溶剂，经过固相萃取柱或基质固相分散萃取净化后，以 LC-MS/MS 的多反应离子监测（MRM）或选择反应监测（SRM）进行检测，内标法定量。

三、实验材料与仪器

1. 试剂与材料

炸薯条（五种以上品牌的炸薯条），甲酸（色谱纯），甲醇（色谱纯），正己烷，乙酸乙酯（分析纯），无水硫酸钠，硫酸铵，硅藻土，丙烯酰胺标准品（纯度 >99%），$^{13}C_3$－丙烯酰胺标准品。

2. 试剂配制

丙烯酰胺标准储备溶液（1000 mg/L）：准确称取丙烯酰胺标准品，用甲醇溶解并定容，使丙烯酰胺浓度为 1000 mg/L，置于 −20 ℃冰箱中保存。

丙烯酰胺工作溶液Ⅰ（10 mg/L）：移取丙烯酰胺 0.1 mL，用 0.1% 甲酸溶液稀释至 10 mL，使丙烯酰胺浓度为 10 mg/L。临用时配制。

丙烯酰胺工作溶液Ⅱ（1 mg/L）：移取丙烯酰胺工作溶液Ⅰ 0.1 mL，用 0.1% 甲酸溶液稀释至 10 mL，使丙烯酰胺浓度为 1 mg/L。临用时配制。

$^{13}C_3$－丙烯酰胺内标储备溶液（1000 mg/L）：准确称取 $^{13}C_3$－丙烯酰胺标准品，用甲醇溶解并定容，使 $^{13}C_3$－丙烯酰胺浓度为 1000 mg/L，置于 −20 ℃冰箱保存。

内标工作溶液（10 mg/L）：移取内标储备溶液 1 mL，用甲醇稀释至 100 mL，使 $^{13}C_3$－丙烯酰胺浓度为 10 mg/L，置于 −20 ℃冰箱保存。

3. 仪器与设备

液相色谱－质谱联用（LC-MS/MS），HLB 固相萃取柱（6 mL，200 mg），固相萃取柱（3 mL，200 mg），组织粉碎机，旋转蒸发仪，氮气浓缩器，振荡器，涡旋混合器，分析天平，离心机。

四、实验步骤

1. 样品处理

取 50 g 市售炸薯条样品，经粉碎机粉碎，于 −20 ℃冷冻保存。准确称取样品 1 ~ 2 g（精确到 0.001 g），加入 10 mg/L $^{13}C_3$－丙烯酰胺内标工作溶液 10 μL（或 20 μL），相当于 100 ng（或 200 ng）的 $^{13}C_3$－丙烯酰胺内标，再加入超纯水 10 mL，振摇 30 min 后，于 4000 r/min 离心 10 min，取上清液待净化。

2. 样品净化

固相萃取柱净化：在样品提取的上清液中加入 5 mL 正己烷，振荡萃取 10 min，于 10000 r/min 离心 5 min，除去有机相，再用 5 mL 正己烷重复萃取一次，迅速取水相 6 mL 经 0.45 μm 水相滤膜过滤，待进行 HLB 固相萃取柱净化处理。HLB 固相萃取柱使用前依次用 3 mL 甲醇、3 mL 水活化。取上述滤液 5 mL 上 HLB 固相萃取柱，收集流出液，并用 4 mL 80% 的甲醇水溶液洗脱，收集全部洗脱液，并与流出液合并待进行固相萃取柱净化；柱依次用 3 mL 甲醇、3 mL 水活化后，将 HLB 固相萃取柱净化的全部洗脱液上样，在重力作用下流出，收集全部流出液，在氮气流下将流出液浓缩至近干，用 0.1% 甲酸溶液定容至 1.0 mL，待 LC-MS/MS 测定。

3. 仪器条件

（1）色谱条件　色谱柱：C_{18} 柱（150 mm × 2.1 mm，5 μm）或等效柱；预柱：C_{18} 保护柱（30 mm × 2.1 mm，5 μm）或等效柱；流动相：甲醇 –0.1% 甲酸（体积比 10∶90）；流速：0.2 mL/min；进样体积：25 μL；柱温：26 ℃。

（2）质谱条件　三重四极杆串联质谱仪；检测方式：多反应离子监测（MRM）；电离方式：阳离子电喷雾电离源（ESI^+）；毛细管电压：3500 V；锥孔电压：40 V；射频透镜电压：30.8 V；离子源温度：80 ℃；脱溶剂气温度：300 ℃；离子碰撞能量：6 eV。

丙烯酰胺：母离子 *m/z* 72，子离子 *m/z* 55，子离子 *m/z* 44；$^{13}C_3$ 丙烯酰胺：母离子 *m/z* 75，子离子 *m/z* 58，子离子 *m/z* 45；定量离子：丙烯酰胺为 *m/z* 55，$^{13}C_3$ 丙烯酰胺为 *m/z* 58。

4. 标准曲线的制作

标准曲线工作溶液配制：取 6 个 10 mL 容量瓶，分别移取 0.1，0.5，1 mL 丙烯酰胺工作溶液 II（1 mg/L）和 0.5，1，3 mL 丙烯酰胺工作溶液 I（10 mg/L）与内标工作溶液（10 mg/L）0.1 mL，用 0.1% 甲酸溶液稀释至刻度。标准系列溶液中丙烯酰胺的浓度分别为 10，50，100，500，1000，3000 μg/L，内标浓度为 100 μg/L。临用现配。

将标准系列工作液分别注入液相色谱 – 质谱 / 质谱系统，测定相应的丙烯酰胺及其内标的峰面积，以各标准系列工作液的丙烯酰胺进样浓度（μg/L）为横坐标，以丙烯酰胺（*m/z* 55）和 $^{13}C_3$ 丙烯酰胺内标（*m/z* 58）的峰面积比为纵坐标，绘制标准曲线。

5. 样品测定

将样品溶液注入液相色谱 – 质谱 / 质谱系统中，测得丙烯酰胺（*m/z* 55）和 $^{13}C_3$ 丙烯酰胺内标（*m/z* 58）的峰面积比，根据标准曲线得到待测液中丙烯酰胺进样浓度（μg/L），平行测定次数不少于两次。

五、计算

样品中丙烯酰胺含量按式（6–11）计算：

$$X = \frac{A \times f}{M} \quad (6\text{–}11)$$

式中　X——样品中丙烯酰胺的含量，μg/kg；

A——样品中丙烯酰胺（*m/z* 55）色谱峰与 $^{13}C_3$ 丙烯酰胺内标（*m/z* 58）色谱峰的峰面积比值对应的丙烯酰胺质量，ng；

f——样品中内标加入量的换算因子（内标为 10 μL 时 f=1 或内标为 20 μL 时 f=2）；

M——加入内标时的取样量，g。

六、思考题

（1）同位素内标法的优点是什么?

（2）对比稳定性同位素液相色谱 – 质谱联用与同位素稀释法气相色谱 – 质谱联用两种方法测定丙烯酰胺含量的差异性。

七、说明

（1）丙烯酰胺主要来源为食品中高淀粉类植物食品，其富含天冬酰胺和还原糖，在高温烹制（如油炸、烘烤）过程中发生美拉德反应而形成。丙烯酰胺被国际癌症机构列为 2A 类致癌物。

（2）此方法为 GB 5009.204—2014《食品安全国家标准　食品中丙烯酰胺的测定》。

实验五十六　白酒中甲醇含量的测定

一、实验目的

（1）掌握气相色谱法分析甲醇的工作原理。

（2）掌握内标法定量分析的方法。

二、实验原理

在白酒样品中加入适量内标，注入气相色谱氢火焰离子化检测器进行分离和检测，根据保留时间对甲醇进行定性分析，采用内标法对甲醇进行定量分析。

三、实验材料和仪器

1. 试剂与材料

酒样，叔丁醇（色谱纯），乙醇（色谱纯）。

2. 试剂配制

甲醇标准储备液（5000 mg/L）：准确称取 0.5 g（精确至 0.001 g）甲醇至 100 mL 容量瓶中，用乙醇溶液定容至刻度，混匀，0 ~ 4 ℃低温冰箱密封保存。

甲醇系列标准工作液：分别吸取 0.5，1.0，2.0，4.0，5.0 mL 甲醇标准储备液，于 5 个 25 mL 容量瓶中，用乙醇溶液定容至刻度，依次配制成甲醇含量为 100，200，400，800，1000 mg/L 系列标准溶液，现配现用。

叔戊醇标准溶液（20000 mg/L）：准确称取 2.0 g（精确至 0.001 g）叔戊醇于 100 mL 容量瓶中，用乙醇溶液定容至 100 mL，混匀，0 ~ 4 ℃低温冰箱密封保存。

3. 仪器与设备

气相色谱仪，氢火焰离子检测器（FID），聚乙二醇石英毛细管柱（50 m × 0.25 mm × 0.20 μm）。

四、实验步骤

1. 仪器条件

色谱柱：聚乙二醇石英毛细管柱（柱长 60 m，内径 0.25 mm，粒径 0.25 μm）或等效柱；色谱柱温度：初温 40 ℃，保持 1 min，以 4.0 ℃ /min 升到 130 ℃，以 20 ℃ /min 升到 200 ℃，保持 5 min；检测器温度：250 ℃；进样口温度：250 ℃；载气流量：1.0 mL/min；进样量：1.0 μL；分流比：20 : 1。

2. 标准曲线制作

分别吸取 10 mL 甲醇系列标准工作液于 5 个试管中，然后加入 0.10 mL 叔戊醇标准溶液，混匀，测定甲醇和内标叔戊醇色谱峰面积，以甲醇系列标准工作液的浓度为横坐标，以甲醇和叔戊醇色谱峰面积的比值为纵坐标，绘制标准曲线。

3. 样品测定

吸取样品 10.0 mL 于试管中，加入 0.10 mL 叔戊醇标准溶液，混匀。注入气相色谱仪中，以保留时间定性，同时记录甲醇和叔戊醇色谱峰面积的比值，根据标准曲线得到待测液中甲醇的浓度。

五、计算

样品中甲醇含量按式（6-12）计算：

$$X = \rho \quad (6-12)$$

式中　X——样品中甲醇的含量，mg/L；

ρ——从标准曲线得到的样品溶液中甲醇的浓度，mg/L。

六、思考题

（1）不同酒精度的酒对甲醇测定是否存在干扰？

（2）叔戊醇内标的物理意义是什么？

七、说明

此方法为 GB 5009.266—2016《食品安全国家标准　食品中甲醇的测定》。

CHAPTER 7

第七章 常见食品添加剂

实验五十七　乳饮料中甜蜜素和安赛蜜的测定

一、实验目的

（1）掌握高效液相色谱法测定甜蜜素和安赛蜜的原理。

（2）掌握高效液相色谱定性定量检测甜蜜素和安赛蜜的方法。

二、实验原理

样品经水提取，高脂肪样品经正己烷脱脂，高蛋白样品经蛋白沉淀剂沉淀蛋白，采用高效液相色谱分离，紫外检测器检测，外标法定量。

三、实验材料与仪器

1. 试剂与材料

乳饮料（市售），亚铁氰化钾［$K_4Fe(CN)_6 \cdot 3H_2O$］，乙酸锌［$Zn(CH_3COO)_2 \cdot 2H_2O$］，冰乙酸，甲醇（色谱纯），乙酸铵（色谱纯），甲酸（色谱纯），甜蜜素、安赛蜜标准物质（纯度 >99.0%）。

2. 试剂配制

亚铁氰化钾溶液（92 g/L）：称取 106 g 亚铁氰化钾，加入适量水溶解，用水定容至 1000 mL。

乙酸锌溶液（183 g/L）：称取 220 g 乙酸锌溶于少量水中，加入 30 mL 冰乙酸，用水定容至 1000 mL。

乙酸铵溶液（20 mmol/L）：称取 1.54 g 乙酸铵，加入适量水溶解，用水定容至 1000 mL，经 0.22 μm 水相微孔滤膜过滤后备用。

甲酸－乙酸铵溶液（2 mmol/L 甲酸 +20 mmol/L 乙酸铵）：称取 1.54 g 乙酸铵，加入适量水溶解，再加入 75.2 μL 甲酸，用水定容至 1000 mL，经 0.22 μm 水相微孔滤膜过滤后备用。

甜蜜素、安赛蜜标准储备溶液（1000 mg/L）：分别准确称取甜蜜素、安赛蜜 0.1000 g，用水溶解并定容至 100 mL。于 4 ℃贮存，保存期为 6 个月。

3. 仪器与设备

高效液相色谱仪（配紫外检测器）；离心机，分析天平，漩涡振荡器，恒温水浴锅，超声波发生器，0.22 μm 水相微孔滤膜，50 mL 塑料具塞离心管，容量瓶。

四、实验步骤

1. 样品处理

准确称取 5 g（精确到 0.001 g）样品于 50 mL 具塞离心管中，加水约 25 mL，涡旋混匀，于 50 ℃水浴超声 20 min，冷却至室温后，加亚铁氰化钾溶液 2 mL 和乙酸锌溶液 2 mL，混匀，于 8000 r/min 离心 5 min，将水相转移至 50 mL 容量瓶中，于残渣中加水 20 mL，涡旋混匀后超声 5 min，于 8000 r/min 离心 5 min，将水相转移到同一 50 mL 容量瓶中，并用水定容至刻度，混匀。取适量上清液过 0.22 μm 滤膜，待液相色谱测定。

2. 仪器条件

色谱柱：C_{18} 液相色谱柱（250 mm × 2.1 mm，5 μm）或等效色谱柱；检测器：紫外检测器，230 nm 波长；流动相：甲醇 – 乙酸铵溶液（0.02 mol/L）(5+95)；流速：1.0 mL/min；进样量：10 μL。

3. 标准曲线的制作

分别准确吸取甜蜜素、安赛蜜标准储备溶液 10.0 mL 于 50 mL 容量瓶中，用水定容，作为混合标准中间溶液（200 mg/L）。再分别准确吸取甜蜜素、安赛蜜混合标准中间溶液 0，0.05，0.25，0.50，1.00，2.50，5.00，10.0 mL，用水定容至 10 mL，配制成质量浓度分别为 0，1.00，5.00，10.0，20.0，50.0，100，200 mg/L 的混合标准系列工作溶液（临用现配）。

将混合标准系列工作溶液分别注入液相色谱仪中，测定相应的峰面积，以混合标准系列工作溶液的质量浓度为横坐标，以峰面积为纵坐标，绘制标准曲线。

4. 样品测定

将样品溶液注入液相色谱仪中，得到峰面积，根据标准曲线得到待测液中甜蜜素、安赛蜜的质量浓度。

五、计算

样品中待测组分的含量按式（7–1）计算：

$$X=\frac{\rho\times V}{m\times 1000} \tag{7–1}$$

式中　X——样品中待测组分的含量，g/kg；

ρ——由标准曲线得出的样品液中待测物的质量浓度，mg/L；

m——样品的质量，g；

V——样品定容体积，mL。

六、思考题

（1）高效液相色谱法对样品有什么要求？

（2）样品处理中加入亚铁氰化钾和乙酸锌的作用是什么？

七、说明

（1）当存在干扰峰或需要辅助定性时，可以采用加入甲酸的流动相来测定，如流动相：甲醇 + 甲酸 – 乙酸铵溶液 =8+92（体积比）。

（2）本法参考 GB 5009.28—2016《食品安全国家标准　食品中苯甲酸、山梨酸和糖精钠的测定》规定中第一法，液相色谱法。

实验五十八　碳酸饮料中苯甲酸钠和山梨酸钾的测定

一、实验目的

（1）掌握 GC–FID 测定苯甲酸钠和山梨酸钾的原理。

（2）掌握 GC–FID 定性定量测定苯甲酸钠和山梨酸钾方法。

二、实验原理

样品经盐酸酸化后，用乙醚提取苯甲酸、山梨酸，采用气相色谱 – 氢火焰离子化检测器进行分离测定，外标法定量。

三、实验材料与仪器

1. 试剂与材料

可乐（市售），乙醚，盐酸，氯化钠，正己烷，乙酸乙酯（色谱纯），甲醇，乙醇，无水硫酸钠（500 ℃烘 8 h，于干燥器中冷却至室温后备用），苯甲酸标准物质（纯度 >99.0%），山梨酸标准物质（纯度 >99.0%）。

2. 试剂配制

盐酸溶液（1+1）：取 50 mL 盐酸，边搅拌边慢慢加入到 50 mL 水中，混匀。

氯化钠溶液（40 g/L）：称取 40 g 氯化钠，用适量水溶解，加盐酸溶液 2 mL，加水定容到 1 L。

正己烷 – 乙酸乙酯混合溶液（1+1）：取 100 mL 正己烷和 100 mL 乙酸乙酯，混匀。

苯甲酸、山梨酸标准储备溶液（1000 mg/mL）：分别准确称取苯甲酸、山梨酸各 0.1000 g，用甲醇溶解并分别定容至 100 mL。转移至密闭容器中，于 –18 ℃贮存，保存期为 6 个月。

3. 仪器与设备

气相色谱仪（配氢火焰离子化检测器），离心机（转速≥ 8000 r/min），分析天平，涡旋振荡器，氮吹仪。

四、实验步骤

1. 样品处理

准确称取约 2.5 g（精确至 0.001 g）样品于 50 mL 离心管中，加 0.5 g 氯化钠、0.5 mL 盐酸溶液（1+1）和 0.5 mL 乙醇，用 15 mL 和 10 mL 乙醚提取两次，每次振摇 1 min，于离心机中以 8000 r/min 离心 3 min。每次均将上层乙醚提取液通过无水硫酸钠滤入 25 mL 容量瓶中。加乙醚清洗无水硫酸钠层并收集至约 25 mL 刻度，最后用乙醚定容，混匀。准确吸取 5 mL 乙醚提取液于 5 mL 具塞刻度试管中，于 35 ℃ 氮吹至干，加入 2 mL 正己烷 – 乙酸乙酯（1+1）混合溶液溶解残渣，待气相色谱测定。

2. 仪器条件

色谱柱：聚乙二醇毛细管气相色谱柱，内径 320 μm，柱长 30 m，粒径 0.25 μm，或等效色谱柱；载气：氮气，流速 3 mL/min；空气：400 L/min；氢气：40 L/min；进样口温度：250 ℃；检测器温度：250 ℃；柱温程序：初始温度 80 ℃，保持 2 min，以 15 ℃/min 的速率升温至 250 ℃，保持 5 min；进样量：2 μL；分流比：10 比 1。

3. 标准曲线的制作

分别准确吸取苯甲酸、山梨酸标准储备溶液各 10.0 mL 于 50 mL 容量瓶中，用乙酸乙酯定容。转移至密闭容器中，制备苯甲酸、山梨酸混合标准中间溶液（200 mg/L）。再分别准确吸取苯甲酸、山梨酸混合标准中间溶液 0，0.05，0.25，0.50，1.00，2.50，5.00，10.0 mL，用正己烷 – 乙酸乙酯混合溶剂（1+1）定容至 10 mL，配制成质量浓度分别为 0，1.00，5.00，10.0，20.0，50.0，100，200 mg/L 的混合标准系列工作溶液（临用现配）。

将混合标准系列工作溶液分别注入气相色谱仪中，以质量浓度为横坐标，以峰面积为纵坐标，绘制标准曲线。

4. 样品测定

将样品溶液注入气相色谱仪中，得到峰面积，根据标准曲线得到待测液中苯甲酸、山梨酸的质量浓度。

五、计算

样品中待测组分的含量按式（7–2）计算：

$$X=\frac{\rho\times V\times 25}{m\times 5\times 1000} \tag{7–2}$$

式中　X——样品中待测组分的含量，g/kg；

ρ——由标准曲线得出的样品液中待测物的质量浓度，mg/L；

m——样品的质量，g；

V——加入正己烷–乙酸乙酯（1+1）混合溶剂的体积，mL。

六、思考题

（1）气相色谱法对样品有什么要求？

（2）为什么样品要经过酸化后，再进行乙醚提取？

七、说明

（1）取样量 2.5 g，按样品前处理方法操作，最后定容到 2 mL 时，苯甲酸、山梨酸的检出限均为 0.005 g/kg，定量限均为 0.01 g/kg。

（2）本法系 GB 5009.28—2016《食品安全国家标准　食品中苯甲酸、山梨酸和糖精钠的测定》规定中第二法，气相色谱法。

实验五十九　市售不同火腿肠中发色剂亚硝酸盐含量的比较

一、实验目的

（1）掌握盐酸萘乙二胺法测定食品中亚硝酸盐的原理。

（2）掌握比色法定量食品中亚硝酸盐的方法。

二、实验原理

样品经沉淀蛋白质、除去脂肪后，在弱酸条件下，亚硝酸盐与对氨基苯磺酸重氮化后，再与盐酸萘乙二胺偶合形成紫红色染料，其最大的吸收波长为 538 nm，通过测定样品液反应后的吸光度并与标准曲线比较定量。

三、实验材料与仪器

1. 试剂与材料

火腿肠（市售十种），亚铁氰化钾［$K_4Fe(CN)_6\cdot 3H_2O$］，乙酸锌［$Zn(CH_3COO)_2\cdot 2H_2O$］，硼酸钠，盐酸，氨水，对氨基苯磺酸，盐酸萘乙二胺，亚硝酸钠。

2. 试剂配制

亚铁氰化钾溶液（92 g/L）：称取 106.0 g 亚铁氰化钾，用水溶解，并稀释至 1000 mL。

乙酸锌溶液（183 g/L）：称取 220.0 g 乙酸锌，先加 30 mL 冰乙酸溶解，用水稀释至 1000 mL。

饱和硼砂溶液（50 g/L）：称取 5.0 g 硼酸钠，溶于 100 mL 热水中，冷却后备用。

氨缓冲溶液（pH 9.6 ~ 9.7）：量取 30 mL 盐酸，加 100 mL 水，混匀后加 65 mL 氨水，再

加水稀释至1000 mL，混匀。调节pH至9.6 ~ 9.7。

对氨基苯磺酸溶液（4 g/L）：称取0.4 g对氨基苯磺酸，溶于100 mL 20%盐酸中，混匀，置于棕色瓶中，避光保存。

盐酸萘乙二胺溶液（2 g/L）：称取0.2 g盐酸萘乙二胺，溶于100 mL水中，混匀，置棕色瓶中，避光保存。

亚硝酸钠标准溶液（200 μg/mL，以亚硝酸钠计）：准确称取0.1000 g于110 ~ 120 ℃干燥恒重的亚硝酸钠，加水溶解，移入500 mL容量瓶中，加水稀释至刻度，混匀。

亚硝酸钠标准溶液（5.0 μg/mL）：临用前吸取2.50 mL亚硝酸钠标准溶液，置于100 mL容量瓶中，加水稀释至刻度。

3. 仪器与设备

分光光度计，小型绞肉机，匀浆机，具塞锥形瓶，容量瓶，滤纸，带塞比色管。

四、实验步骤

1. 样品处理

准确称取5 g（精确至0.001 g）匀浆样品（如制备过程中加水，应按加水量折算），置于250 mL具塞锥形瓶中，加12.5 mL 50 g/L饱和硼砂溶液，加入70 ℃左右的水约150 mL，混匀，于沸水浴中加热15 min，取出置于冷水浴中冷却至室温。定量转移上述提取液至200 mL容量瓶中，加入5 mL 92 g/L亚铁氰化钾溶液，摇匀，再加入5 mL 183 g/L乙酸锌溶液，以沉淀蛋白质。加水至刻度，摇匀，放置30 min，除去上层脂肪，上清液用滤纸过滤，弃去初滤液30 mL，其余滤液备用。

2. 亚硝酸盐的测定

吸取40.0 mL上述滤液于50 mL带塞比色管中，另吸取0，0.20，0.40，0.60，0.80，1.00，1.50，2.00，2.50 mL亚硝酸钠标准溶液（相当于0，1.0，2.0，3.0，4.0，5.0，7.5，10.0，12.5 μg亚硝酸钠），分别置于50 mL带塞比色管中。于标准管与样品管中分别加入2 mL 4 g/L对氨基苯磺酸溶液，混匀，静置3 ~ 5 min后各加入1 mL 2 g/L盐酸萘乙二胺溶液，加水至刻度，混匀，静置15 min，用1 cm比色杯，以零管调节零点，于波长538 nm处测吸光度，绘制标准曲线比较。同时做试剂空白。

五、计算

样品中待测组分的含量按式（7–3）计算：

$$X=\frac{m_2\times 1000}{m_1\times\frac{V_2}{V_1}\times 1000} \quad (7\text{–}3)$$

式中 X——样品中亚硝酸盐的含量，mg/kg；

m_1——样品质量，g；

m_2——测定用样液中亚硝酸盐的质量，μg；

V_1——样品处理液总体积，mL；

V_2——测定用样液体积，mL。

六、结果分析

比较不同品类、不同品牌火腿肠中亚硝酸盐的含量，对照食品添加剂国家标注规定的添加量判定是否超标，给出实验报告。

七、思考题

（1）如何同时测定样品中的硝酸盐、亚硝酸盐？

（2）样品处理时，加饱和硼砂溶液的作用是什么？

八、说明

（1）本方法也可用于硝酸盐的测定，方法是样品采用镉柱将硝酸盐还原成亚硝酸盐，测定的总亚硝酸盐量减去原有亚硝酸盐量后乘系数 1.232，即为样品中硝酸盐含量。

（2）当亚硝酸盐含量过高时，过量的亚硝酸盐可将偶氮化合物氧化变成黄色。此时宜先加试剂，再滴加样液，避免亚硝酸盐过量。

（3）本法系 GB 5009.33—2016《食品安全国家标准　食品中亚硝酸盐与硝酸盐的测定》中第二法，分光光度法。

实验六十　银耳中漂白剂二氧化硫的测定

一、实验目的

（1）掌握碘滴定法测定食品中二氧化硫的原理和方法。

（2）了解食品中二氧化硫的存在原因。

二、实验原理

在密闭容器中对样品进行酸化、蒸馏，蒸馏物用乙酸铅溶液吸收。吸收后的溶液用盐酸酸化，碘标准溶液滴定，根据所消耗的碘标准溶液量，计算出样品中的二氧化硫含量。

三、实验材料与仪器

1. 试剂与材料

干银耳，盐酸，淀粉，乙酸铅，硫代硫酸钠，氢氧化钠（或碳酸钠），重铬酸钾，碘，碘化钾。

2. 试剂配制

盐酸溶液（1+1）：量取 50 mL 盐酸，缓缓倾入 50 mL 水中，边加边搅拌。

淀粉指示液（10 g/L）：称取 1 g 可溶性淀粉，用少许水调成糊状，缓缓倾入 100 mL 沸水中，边加边搅拌，煮沸 2 min，放冷备用，临用现配。

乙酸铅溶液（20 g/L）：称取 2 g 乙酸铅，溶于少量水中并稀释至 100 mL。

硫代硫酸钠标准溶液（0.1 mol/L）：称取 25 g 含结晶水的硫代硫酸钠或 16 g 无水硫代硫酸钠溶于 1000 mL 新煮沸放冷的水中，加入 0.4 g 氢氧化钠或 0.2 g 碳酸钠，摇匀，贮藏于棕色瓶内，放置两周后过滤，用重铬酸钾标准溶液标定其准确浓度。或购买有证书的硫代硫酸钠标准溶液。

碘标准溶液［c（1/2 I_2）= 0.10 mol/L］：称取 13 g 碘和 35 g 碘化钾，加水约 100 mL，溶解后加入 3 滴盐酸，用水稀释至 1000 mL，过滤后转入棕色瓶。使用前用硫代硫酸钠标准溶液标定。

3. 仪器与设备

全玻璃蒸馏器（500 mL 或等效的蒸馏设备），酸式滴定管（25 mL），粉碎机，碘量瓶。

四、实验步骤

1. 样品处理

银耳剪成小块，再用粉碎机粉碎，搅拌均匀，备用。

2. 蒸馏

称取 10 g 均匀样品（精确至 0.001 g，取样量可视含量高低而定），置于蒸馏烧瓶中。加入 250 mL 水，装上冷凝装置，冷凝管下端插入预先备有 25 mL 乙酸铅吸收液的碘量瓶的液面下，然后在蒸馏瓶中加入 10 mL 盐酸溶液，立即盖塞，加热蒸馏。当蒸馏液约 200 mL 时，使冷凝管下端离开液面，再蒸馏 1 min。用少量蒸馏水冲洗插入乙酸铅溶液的装置部分。同时做空白试验。

3. 滴定

向取下的碘量瓶中依次加入 10 mL 盐酸、1 mL 淀粉指示液，摇匀之后用碘标准溶液滴定至溶液颜色变蓝且 30 s 内不褪色为止，记录消耗的碘标准滴定溶液体积。

4. 硫代硫酸钠溶液及碘溶液的标定

见附录Ⅱ。

五、计算

样品中二氧化硫的含量按式（7–4）计算：

$$X=\frac{(V-V_0)\times 0.032\times c\times 1000}{m} \tag{7–4}$$

式中 X——样品中的二氧化硫总含量（以 SO_2 计），g/kg；

V——滴定样品所用的碘标准溶液体积，mL；

V_0——空白试验所用的碘标准溶液体积，mL；

c——碘标准溶液浓度，mol/L；

m——样品质量，g。

六、思考题

（1）如何在测定二氧化硫的同时测定食品中的亚硫酸盐含量?

（2）碘滴定法测定食品中二氧化硫的原理。

七、说明

（1）当取 5 g 固体样品时，方法的检出限（LOD）为 3.0 mg/kg，定量限为 10.0 mg/kg。

（2）本法系 GB 5009.34—2016《食品安全国家标准　食品中二氧化硫的测定》。

实验六十一　彩虹糖中合成色素的提取和薄层色谱定性定量分析

一、实验目的

（1）掌握薄层色谱法测定合成着色剂的原理。

（2）掌握薄层色谱法定性定量测定合成着色剂的方法。

二、实验原理

水溶性酸性合成着色剂在酸性条件下被聚酰胺粉吸附，而在碱性条件下解吸附，再用薄层色谱法进行分离后，对照合成着色剂标准品 R_f 值，进行定性；将薄板上着色剂的斑点刮下，甲醇提取，采用分光光度法定量分析。

三、实验材料与仪器

1. 试剂与材料

彩虹糖样品，聚酰胺粉（尼龙 6）：200 目；乙醇（50%），无水乙醇，甲醇，甲酸，柠檬酸，柠檬酸钠，氨水，柠檬黄、日落黄、诱惑红、亮蓝、靛蓝标准物质（纯度 >99.0%）。

2. 试剂配制

水（pH 6）：用柠檬酸溶液（200 g/L）调节水的 pH 至 6。

甲醇 – 甲酸溶液（6+4）：甲醇与甲酸按体积比 6 : 4 进行混合。

柠檬酸溶液（200 g/L）：称取 10 g 柠檬酸，加水定容至 50 mL。

乙醇 – 氨溶液：取 1 mL 氨水，加乙醇（70%）定容至 100 mL。

展开剂：甲醇 – 氨水 – 乙醇（5+1+10）。

展开剂：柠檬酸钠溶液（25 g/L）– 氨水 – 乙醇（8+1+2）。

合成着色剂标准溶液（1.00 mg/mL）：准确称取按其浓度折算为 100% 质量的柠檬黄、日落黄、诱惑红、亮蓝、靛蓝各 0.100 g，用 pH 6 的水定容至 100 mL，配成水溶液。

着色剂标准溶液（0.10 mg/mL）：临用时吸取色素标准溶液各 5.0 mL，用 pH 6 的水定容至 50 mL。

3. 仪器与设备

粉碎机，可见光分光光度计，微量注射器，展开槽（25 cm × 6 cm × 4 cm），聚酰胺薄层板（5 cm × 20 cm），电吹风机，研钵，垂熔漏斗，容量瓶。

四、实验步骤

1. 样品处理

称取 10.0 g 粉碎的彩虹糖样品，加 30 mL 水，温热溶解，若样液 pH 较高，用柠檬酸溶液（200 g/L）调至 pH 4 左右。

2. 聚酰胺粉吸附分离

将处理后的溶液加热至 70 ℃，加入 0.5 ～ 1.0 g 聚酰胺粉充分搅拌，用柠檬酸溶液（200 g/L）调 pH 至 4，使着色剂完全被吸附，如溶液还有颜色，可以再加一些聚酰胺粉。将吸附着色剂的聚酰胺全部转入 G3 垂熔漏斗中过滤（如用 G3 垂熔漏斗可用水泵慢慢地抽滤）。用 70 ℃ 水（pH 4）反复洗涤，每次 20 mL，边洗边搅拌，若含有天然着色剂，再用甲醇 – 甲酸溶液洗涤 1 ～ 3 次，每次 20 mL，洗至洗液无色为止。再用 70 ℃ 水多次洗涤至流出的溶液为中性。洗涤过程中应充分搅拌。然后用乙醇 – 氨溶液分次解吸全部着色剂，收集全部解吸液，于水浴上驱氨。如果为单色，则用水准确稀释至 50 mL，用分光光度法进行测定。如果为多种着色剂混合液，则进行薄层色谱法分离后测定，即上述溶液置水浴上浓缩至 2 mL 后移入 5 mL 容量瓶中，用 50% 乙醇洗涤容器，洗液并入容量瓶中并稀释至刻度。

3. 薄层色谱分离

点样：离薄层板底边 2 cm 处将 0.5 mL 样液从左到右点成平行的条状，板的左边点 2 μL 色素标准溶液。

展开：取适量展开剂倒入展开槽中［靛蓝与亮蓝用甲醇 – 氨水 – 乙醇（5+1+10）展开剂，柠檬黄与其他着色剂用柠檬酸钠溶液（25 g/L）– 氨水 – 乙醇（8+1+2）展开剂］，将薄层板放入展开，待着色剂明显分开后取出，晾干。

定性：与标准斑比较，如迁移率 R_f 相同即为同一色素。

4. 定量测定

标准曲线的制作：分别吸取 0，0.5，1.0，2.0，3.0，4.0 mL 柠檬黄、日落黄、诱惑红色素标准溶液，或 0，0.2，0.4，0.6，0.8，1.0 mL 亮蓝、靛蓝色素标准溶液，分别置于 10 mL 比色管中，各加水稀释至刻度。于一定波长下（柠檬黄 430 nm，日落黄 482 nm，诱惑红 499 nm，亮蓝 627 nm，靛蓝 620 nm），测定吸光度，绘制标准曲线。

将薄层色谱的条状色斑包括有扩散的部分，分别用刮刀刮下，移入漏斗中，用乙醇－氨溶液解吸着色剂，少量反复多次至解吸液于蒸发皿中，于水浴上挥发去氨，移入 10 mL 比色管中，加水至刻度，作比色用。

上述样品与标准管分别用 1 cm 比色杯，以零管调节零点，样品与标准系列比较可得测定用样液中色素的质量（mg）。

五、计算

样品中合成着色剂的含量按式（7–5）计算：

$$X=\frac{A\times 1000}{m\times \frac{V_2}{V_1}\times 1000} \tag{7–5}$$

式中　X——样品中色素的含量，g/kg；

A——测定用样液中色素的质量，mg；

m——样品的质量，g；

V_1——样品解吸后总体积，mL；

V_2——样液点板体积，mL。

六、思考题

（1）水溶性酸性合成着色剂吸附分离的原理是什么？

（2）薄层色谱与纸色谱有什么不同？

七、说明

（1）本方法的最低检出量为 50 μg。点样量为 1 μL 时，检出浓度为 50 mg/kg。

（2）水溶性酸性合成着色剂在酸性条件下被聚酰胺粉吸附，而在碱性条件下解吸附，因此可通过聚酰胺粉去除大部分干扰物质。

（3）若样品中含脂肪，可先用石油醚浸泡两次，去除脂肪和油溶性色素。

（4）甲醇－甲酸溶液洗涤，可去除天然色素。

（5）用乙醇－氨溶液解吸的解吸液，水浴上驱氨后，如果为单色素，可不再薄层分离，直接用水准确稀释至 50 mL，用分光光度法在其波长下进行测定。

（6）本法系 GB 5009.35—2003《食品安全国家标准　食品中合成着色剂的测定》规定中第二法，薄层色谱法。

实验六十二　HPLC 同步分析油脂中的抗氧化剂 BHA/BHT

一、实验目的

（1）掌握 HPLC 法测定油脂中抗氧化剂的原理。

（2）掌握 HPLC 定性定量测定抗氧化剂的方法。

二、实验原理

丁基羟基茴香醚（BHA）和 2，6–二叔丁基对甲酚（BHT）是油脂中常用的两种抗氧化剂。油脂样品用正己烷溶解，用乙腈提取其中的抗氧化剂。提取液经浓缩后，用异丙醇定容，用带紫外检测器（或二极管阵列检测器）的高效液相色谱仪测定，外标法定量。

三、实验材料与设备

1. 试剂与材料

方便面调味酱包，正己烷（分析纯，色谱级），乙腈（色谱纯），异丙醇（分析纯，色谱级），甲醇（色谱纯），乙酸，BHA、BHT 标准物质（纯度 >99.0%）。

2. 试剂配制

乙腈饱和的正己烷：正己烷中加入乙腈饱和。

正己烷饱和的乙腈：乙腈中加入正己烷饱和。

抗氧化剂标准储备液（1.0 mg/mL）：分别称取 BHA、BHT 各 50.0 mg，用异丙醇 – 甲醇（1+1）溶解定容至 50 mL，摇匀，0 ～ 4℃避光保存。

3. 仪器与设备

高效液相色谱仪（配有紫外检测器或二极管阵列检测器），液体混匀器，旋转蒸发仪，分析天平，具塞离心管，容量瓶，0.45 μm 有机微孔滤膜。

四、实验步骤

1. 样品处理

准确称取调味酱 1.0 g（精确至 0.01 g）于具塞离心管中，加入 5 mL 乙腈饱和的正己烷，混匀 2 min，使样品充分溶解，加入 10 mL 正己烷饱和的乙腈，于液体混匀器上快速混匀 1 min，静置分层，将乙腈层转入浓缩瓶内。如上操作再用乙腈提取两次，合并乙腈于浓缩瓶内。

乙腈提取液在 40 ℃下，用旋转蒸发器浓缩至近干，将浓缩液转至刻度管中，用异丙醇定容至 2 mL，经 0.45 μm 有机微孔滤膜过滤，供分析。

2. 仪器条件

色谱柱：C_{18} 柱，柱长 250 mm，内径 4.6 mm，粒径 5 μm，或等效色谱柱；检测器：紫外检测器或二极管阵列检测器，280 nm 波长；柱温：40℃；流速：1.0 mL/min；进样量：20 μL；流动相：1.5% 乙酸 – 甲醇溶液（流动相 A），1.5% 乙酸 – 水溶液（流动相 B）。

洗脱梯度如表 7–1 所示。

表 7–1　洗脱梯度条件

时间 /min	流动相 A / %	流动相 B / %
0	30	70
5	30	70
20	80	20
30	80	20

3. 标准曲线的制作

用异丙醇 – 甲醇（1+1）稀释至所需浓度，配置 BHA、BHT 的标准系列工作溶液：1，10，20，50，100，200 mg/L。

将混合标准系列工作溶液分别注入液相色谱仪中，测定相应的峰面积，以混合标准系列工作溶液的质量浓度为横坐标，以峰面积为纵坐标，绘制标准曲线。

4. 样品测定

将样品溶液注入液相色谱仪中，得到峰面积，根据标准曲线得到待测液中抗氧化剂的质量浓度。

五、计算

样品中待测组分的含量按式（7-6）计算：

$$X=\frac{\rho \times V}{m} \tag{7-6}$$

式中 X——样品中待测组分的含量，mg/kg；

ρ——由标准曲线得出的样品液中待测物的质量浓度，mg/L；

m——样品的质量，g；

V——样品定容体积，mL。

六、思考题

（1）不同抗氧化剂的特点和作用。

（2）为什么要采用梯度洗脱？

七、说明

（1）本方法中各种抗氧化剂的测定低限为 2 mg/kg。

（2）本法为 SN/T 1050—2014《出口油脂中抗氧化剂的测定　高效液相色谱法》。

实验六十三　油条中明矾的测定

一、实验目的

（1）掌握返滴定法测定明矾中铝含量的原理和方法。

（2）了解食品中明矾存在的原因。

二、实验原理

明矾指十二水合硫酸铝钾［$KAl(SO_4)_2 \cdot 12H_2O$］，是一种含有结晶水的硫酸钾和硫酸铝的复盐。明矾含量的测定就是明矾中铝含量的测定。但对于 Al^{3+} 的测定，通常无法采用直接滴定法，原因是：① Al^{3+} 与 EDTA（乙二胺四乙酸二钠）络合速度缓慢，需在过量 EDTA 存在的条件下，煮沸才能完全反应。② Al^{3+} 易水解，在最高允许酸度（pH 为 4.1）时，其水解副反应已相当明显，并可能形成多核羟基络合物。这些多核络合物不仅与 EDTA 络合缓慢，并可能影响 Al^{3+} 与 EDTA 的络合比，对滴定十分不利。③ 在酸性介质中，Al^{3+} 对最常用的指示剂二甲酚橙有封闭作用，因此在国家标准中对 Al^{3+} 的测定均采用返滴定法。返滴定法的大致步骤是在试液中先加入过量的 EDTA 标准溶液，加热煮沸使络合完成；冷却至室温，用 Zn^{2+} 标准溶液返滴定。

三、实验材料与仪器

1. 试剂与材料

油条，氯化钡，乙酸铵，氢氧化钠，乙酸铅，硫化铵，冰醋酸，氨水（25%），盐酸（36%），醋酸钠，二甲酚橙，EDTA，氯化锌，硝酸镁，氯化铵，铬黑 T，刚果红试纸，红色石蕊试纸。

2. 试剂配制

盐酸溶液（1+4）：盐酸溶液与水 1 : 4 体积混合。

氯化钡溶液（50 g/L）：5 g 氯化钡，溶解定容于 100 mL 水。

乙酸铵溶液（100 g/L）：10 g 乙酸铵，溶解定容于 100 mL 水。

氢氧化钠溶液（40 g/L）：4 g 氢氧化钠，溶解定容于 100 mL 水。

氨水溶液（10%）：取 25% 氨水溶液 10 mL，用水稀释定容于 25 mL。

乙酸铅溶液（100 g/L）：称取 10.0 g 乙酸铅，加入适量煮沸冷却的水溶解，滴加冰乙酸，使溶液澄清，再加煮沸冷却的水至 100 mL，摇匀。

硫化铵溶液：取 60 mL 氨水溶液，通硫化氢气体饱和后，再加 40 mL 氨水溶液。

氨水溶液（1+1）：氨水（25%）与水等体积混合。

盐酸溶液（1+1）：盐酸（36%）与水等体积混合。

醋酸溶液（1 mol/L）：量取 5.88 mL 冰醋酸，加水定容至 100 mL。

醋酸－醋酸钠缓冲溶液（pH 6）：称取 54.6 g 醋酸钠，加 20 mL 1 mol/L 醋酸溶液溶解后，加水定容至 500 mL。

氨－氯化铵缓冲溶液（pH 10）：称取 5.4 g 氯化铵，加 20 mL 水溶解，加 35 mL 浓氨水溶液，加水定容至 100 mL。

二甲酚橙指示液（2 g/L）：准确称取 0.100 g 二甲酚橙，加水溶解，定容至 50 mL。

铬黑 T 指示液（5 g/L）：准确称取 0.250 g 铬黑 T，加水溶解，定容至 50 mL。

乙二胺四乙酸二钠（EDTA）溶液（0.05 mol/L）：准确称取乙二胺四乙酸二钠 18.60（精确至 0.001 g），加水溶解，定容至 1 L。

氯化锌标准滴定溶液（0.05 mol/L）：称取 7 g 氯化锌，溶于 1000 mL 盐酸溶液（1+2000）中，摇匀。

3. 仪器与设备

真空干燥箱，匀浆机，酸式滴定管，容量瓶，锥形瓶，移液管。

四、实验步骤

1. 样品处理

称取约 10 g 预先匀浆并在（35 ± 2）℃及真空度 80 ～ 90 kPa 下的真空干燥箱中干燥至质量恒定的样品，精确至 0.002 g，置于 150 mL 烧杯中，加入 80 mL 水，加热溶解。冷却后移入 500 mL 容量瓶中，加 1 mL 盐酸溶液，用水稀释至刻度，摇匀（浑浊时可过滤，弃去初始滤液）。

2. 定性分析

（1）硫酸根的鉴别　取样品溶液，加氯化钡溶液，产生白色沉淀，该沉淀在盐酸溶液或硝酸溶液中均不溶。

取样品溶液，加乙酸铅溶液，产生白色沉淀，该沉淀在乙酸铵溶液或氢氧化钠溶液中溶解。

（2）铝离子的鉴别　取样品溶液，加氨水溶液或硫化铵溶液，产生白色沉淀，该沉淀在盐酸溶液或冰乙酸中溶解，但不溶于氨水溶液或铵盐溶液。

（3）钾离子的鉴别　取铂丝，用盐酸润湿后，在无色火焰中燃烧至无色，蘸本品在无色火焰中燃烧，用蓝色玻璃透视，火焰即显紫色。

（4）铵离子的鉴别　称取约 1g 样品于 50 mL 烧杯中，加 10 mL 氢氧化钠溶液，汽浴加热 1min，无氨气放出（用润湿红色石蕊试纸检验，不变蓝）。

3. 定量分析－滴定

用移液管移取 25 mL 样品溶液，置于 250 mL 锥形瓶中，再用移液管移取 50 mL 乙二胺四乙酸二钠溶液，煮沸 5 min，冷却至室温，加入一小块刚果红试纸，然后用氨水溶液调至试纸呈紫红色（pH 5 ~ 6），加 15 mL 醋酸 – 醋酸钠缓冲溶液后加入 3 ~ 4 滴二甲酚橙指示液，用氯化锌标准滴定溶液滴定至橙黄色即为终点。

同时做空白试验，空白试验溶液除不加样品外，其他加入试剂的种类和量（标准滴定溶液除外）与测定试验相同。

4. 氯化锌溶液的标定

见附录Ⅱ。

五、计算

样品中十二水合硫酸铝钾的质量分数按式（7–7）计算：

$$w = \frac{c \times (V_0 - V_1) \times M \times 500}{m \times 1000 \times 25} \times 100\% \qquad (7\text{–}7)$$

式中 w——样品中十二水合硫酸铝钾的质量分数，%；

c——氯化锌标准滴定溶液的浓度，mol/L；

V_0——空白试验溶液消耗的氯化锌标准滴定溶液的体积，mL；

V_1——样品溶液消耗氯化锌标准滴定溶液的体积，mL；

M——十二水合硫酸铝钾的摩尔质量，g/mol（474.37）；

m——样品的质量，g。

六、思考题

（1）返滴定法测定明矾中铝含量的原理是什么？

（2）滴定前加入醋酸 – 醋酸钠缓冲溶液的作用是什么？

七、说明

（1）对于复杂待测样品，加入盐酸（1+1）溶解，加热煮沸 2 ~ 3 min 以保证其中所含 Al 全部转化为 Al^{3+}。

（2）二甲酚橙在 pH<6.3 时显黄色，而 pH>6.3 时显红色，二甲酚橙与金属离子（M^{n+}）形成的络合物均为红紫色，因此，只有在 pH<6.3 的酸性溶液中，二甲酚橙才可作为金属离子指示剂指示滴定终点的到达。

（3）本法系 GB 1886.229—2016《食品安全国家标准　食品添加剂　硫酸铝钾（又名钾明矾）》规定的方法。

CHAPTER 8

第八章 食品真实性鉴定

实验六十四　果汁中外源糖的鉴定

一、实验目的

（1）理解果汁中外源糖的稳定同位素比值法鉴定原理。

（2）掌握稳定同位素质谱法鉴别果汁中是否含有外源糖的方法。

二、实验原理

稳定同位素分析技术被广泛用于食品真实性的鉴定分析，比如果汁、蜂蜜等食品中是否含有人为添加的糖和水。稳定同位素分析技术的鉴定原理是基于某些元素的稳定同位素天然丰度比值（比如 $^{13}C/^{12}C$）在同类同源食品中的相对稳定性以及在不同物质中的差异，通过测量食品中某些元素的稳定同位素比值，并与真实食品中该元素的稳定同位素比值进行比较分析，能够判定该食品中是否添加有外源性的物质。为了在国际上统一数据标准，通常采用标准物质进行校正，计算同位素比率（δ）代替稳定同位素比值，以稳定性碳同位素为例，即 $\delta^{13}C$（‰）$=[(^{13}C/^{12}C)_{样品}/(^{13}C/^{12}C)_{标准品}-1]\times 1000‰$，标准品是美国南卡罗来纳州白垩纪皮狄组层位中的拟箭石化石（Pee-Dee Belemnite，PDB），其 $^{13}C/^{12}C=(11237.2\pm 90)\times 10^{-6}$，被定义为 $\delta^{13}C=0‰$。

在果汁真实性分析中，可以使用 ^{13}C、^{2}H（D）和 ^{18}O 三种元素进行掺假检测。天然植物食品中糖的碳源主要来自光合作用，可以通过 C3、C4 或景天酸代谢（CAM）途径固定二氧化碳，不同植物中的碳同位素比率不同而且稳定，因此可以通过测试稳定性碳同位素比率，判断外源糖类的添加。大部分果汁如橙汁、橘汁、苹果汁等来源于 C3 植物，$\delta^{13}C$ 的负值大；而掺假的糖类通常是蔗糖、玉米糖浆等来源于 C4 植物，$\delta^{13}C$ 负值较小。因此，可以根据原始果汁糖中 $^{13}C/^{12}C$ 的同位素比率（$\delta^{13}C$），与人为添加糖中 $^{13}C/^{12}C$ 同位素比率的差异，判定果汁中是否添加了外源糖。

本实验鉴定果汁中外源糖的方法原理：将果汁中的总糖或果肉在元素分析仪中燃烧转化成二氧化碳气体，用稳定同位素比值质谱仪（Isotope Ratio Mass Spectrometry，IRMS）测定二氧化碳中的稳定碳同位素比值，再通过计算得出总糖或果肉的 $\delta^{13}C$，最后比较样品与真实果汁中 $\delta^{13}C$ 大小，分析判定果汁中是否含有外源糖。

三、实验材料与仪器

1. 试剂与材料

氢氧化钙，丙酮，水为GB/T 6682—2008《分析实验室用水规格和试验方法》规定的一级水，硫酸，氧气（O_2，纯度≥99.99%），氦气（He，纯度≥99.999%），二氧化碳气体（CO_2，纯度≥99.99%），二氧化碳－氦气混合气（二氧化碳体积分数为0.3%）。

2. 试剂配制

硫酸溶液（0.1 mol/L）：量取5.56 mL浓硫酸，缓缓注入700 mL水中，冷却后定容至1000 mL。

3. 仪器与设备

IRMS（分析内精度优于0.005%，配套连续流进样接口），元素分析仪，分析天平，离心机，磁力搅拌器，恒温水浴锅，pH计，微量移液枪，冷冻干燥机，锡舟。

四、实验步骤

1. 样品处理

（1）果汁中总糖和果肉初分离　量取30 mL果汁于离心管中，室温条件以3500 r/min离心10 min，上清液和沉淀物分别保存、待用。

（2）纯化总糖　将（1）中所得上清液转移至烧杯中，加入1.4 g氢氧化钙，用磁力搅拌器搅拌均匀后，置90 ℃水浴中加热3 min；将烧杯中的混合物转移至离心管中，室温下以3500 r/min离心3 min后弃去沉淀，用0.1 mol/L硫酸溶液调整上清液至pH为5.0左右；将酸化后的上清液于4 ℃下静置15 ~ 24 h，保存上清液，待用。

（3）纯化果肉　除去果肉中的残糖：量取30 mL水复溶（1）中的沉淀物，用磁力搅拌器搅拌均匀后，室温条件以3500 r/min离心10 min，弃去上清液并保留沉淀物。该过程共进行3次。

除去果肉中的脂质：量取30 mL丙酮复溶上述沉淀物，用磁力搅拌器搅拌均匀后，室温条件以3500 r/min离心10 min，弃去上清液并保留沉淀物。该过程共进行3次。将沉淀物中残留的丙酮挥发干净后保存，待用。

（4）冷冻干燥　将总糖上清液和果肉沉淀物置于冷冻干燥机中进行冷冻干燥处理，分别保存总糖和果肉的粉末，待测。

2. 样品测定

（1）样品及参考物质准备　分别称取0.1 ~ 0.2 mg（可以根据元素分析仪的性能进行调整）总糖粉末、果肉粉末和参考物质于相互独立的锡舟中，密封待用。

（2）分析序列　采用两点标准漂移校正模式安排分析序列，每个分析序列应同时测定橙汁样品的总糖和果肉粉末以及参考物质，参考物质的比例一般为样品个数的10% ~ 20%。

（3）样品测定　调整元素分析仪和IRMS至工作状态，根据已设定的分析序列进行测定。

五、计算

总糖或果肉样品中的稳定碳同位素比率，按式（8–1）计算：

$$\delta^{13}C=[({}^{13}C/{}^{12}C)_{样品}-({}^{13}C/{}^{12}C)_{参考物质}]/({}^{13}C/{}^{12}C)_{参考物质}\times 1000‰ \quad (8\text{–}1)$$

式中　$\delta^{13}C$——样品的$^{13}C/^{12}C$测量值相对于参考物质的$^{13}C/^{12}C$测量值的千分差，‰；

$({}^{13}C/{}^{12}C)_{样品}$——样品的$^{13}C/^{12}C$测量值；

$({}^{13}C/{}^{12}C)_{参考物质}$——参考物质的$^{13}C/^{12}C$测量值。

当参考物质不是国际基准物质PDB时，可以按式（8–2）进行校准：

$$\delta^{13}C_{PDB}=\delta^{13}C_{SR}+\delta^{13}C_{RP}+\delta^{13}C_{SR}\times\delta^{13}C_{RP}\times1000‰ \quad (8-2)$$

式中　$\delta^{13}C_{PDB}$——样品的 $^{13}C/^{12}C$ 测量值相对于基准物质 PDB 的 $^{13}C/^{12}C$ 测量值的千分差；

$\delta^{13}C_{SR}$——样品的 $^{13}C/^{12}C$ 测量值相对于参考物质的 $^{13}C/^{12}C$ 测量值的千分差；

$\delta^{13}C_{RP}$——参考物质的 $^{13}C/^{12}C$ 测量值相对于基准物质 PDB 的 $^{13}C/^{12}C$ 测量值的千分差。

六、结果分析

数据精密度按照 GB/T 6379.2—2004《测量方法与结果的准确度　第 2 部分：确定标准测量方法重复性与再现性的基本方法》的规定确定，重复性的值以 95% 的可信度计算。在重复性条件下，两次独立测定所有结果的绝对差值不应超过重复性限（r）：总糖 0.26‰；果肉 0.32‰。如果差值超过重复性限，应舍弃实验结果并重新完成两次单个实验的测定。当符合精密度和重复性所规定的要求时，取两次平行测定的平均值作为结果，计算结果保留两位小数。

比较真实果汁样品的 $\delta^{13}C$ 值与测试果汁样品的 $\delta^{13}C$ 值，当二者的标准偏差范围无重叠时，即可判定该测试果汁样品中含有外源性糖；反之，不含外源性糖。

七、思考题

（1）可以用 $\delta^{18}O$ 检测果汁中的外源性糖吗？为什么？

（2）同位素比值质谱法可以用于其他食品的真实性鉴定吗？为什么？

八、说明

果品的同位素比值真实性鉴定方法还可以参考下述工业标准：① QB/T 4854—2015《橙汁中总糖和果肉的稳定碳同位素比值（$^{13}C^{12}C$）测定方法—稳定同位素比值质谱法》；② SN/T 3846—2014《出口苹果和浓缩苹果汁中碳同位素比值的测定》。

实验六十五　果汁中外源水的鉴定

一、实验目的

（1）理解果汁中外源水的稳定同位素比值法鉴定原理。

（2）掌握稳定同位素质谱法鉴别果汁中是否含有外源水的方法。

二、实验原理

稳定同位素分析技术被广泛用于食品真实性的鉴定分析，比如果汁、蜂蜜等食品中是否含有人为添加的糖和水。稳定同位素分析技术的鉴定原理是基于某些元素的稳定同位素天然丰度比值在同类同源食品中的相对稳定性以及在不同物质中的差异，通过测量食品中某些元素的稳定同位素比值，并与真实食品中该元素的稳定同位素比值进行比较分析，能够判定该食品中是否添加有外源性的物质。为了在国际上统一数据标准，通常采用标准物质进行校正，计算同位素比率（δ）代替稳定同位素比值，以稳定性氧同位素为例，即 $\delta^{18}O$（‰）=［（$^{18}O/^{16}O$）$_{样品}$/（$^{18}O/^{16}O$）$_{标准品}$ −1］× 1000‰，标准品是维也纳 - 标准平均海洋水（Vienna Standard Mean Ocean Water，VSMOW），其 $^{18}O/^{16}O$ VSMOW =（2005.2 ± 0.43）× 10^{-6}，被定义为 $\delta^{18}O$ VSMOW= 0‰。

在果汁真实性分析中，对于同种光合作用所产生的外源性糖，利用 ^{13}C 同位素很难进行区分鉴定，这时可以通过测定水中的氘或 ^{18}O 含量进行鉴别。因为原始真实果汁水中的氘或 ^{18}O 的含量，与添加外源水的不同，所以可以通过测定样品中的氘或 ^{18}O 总含量，判别是否有外源水添加进原始果汁中。总之，根据原始果汁水中 $^{18}O/^{16}O$ 或 $D/^{1}H$ 的同位素比率（$\delta^{18}O$ 或 $\delta^{2}H$），

与添加水中 $^{18}O/^{16}O$ 或 $D/^{1}H$ 的同位素比率差异，可以判定果汁中是否添加了外源水。

本实验鉴定果汁中外源水的方法原理（氧同位素平衡交换法）：将果汁中的水和二氧化碳在一定条件下与 $H_2{}^{18}O$ 进行同位素交换反应，待反应达到平衡后，用 IRMS 测定平衡后二氧化碳中的稳定氧同位素比值，再通过计算得出样品水中的 $\delta^{18}O$，最后比较样品与真实果汁中 $\delta^{18}O$ 的大小，分析判定果汁中是否含有外源水。

三、实验材料与仪器

1. 试剂与材料

无水乙醇，电解铜丝，炭黑，水为 GB/T 6682—2008《分析实验室用水规格和试验方法》规定的一级水，氧气（O_2，纯度≥ 99.99%），氦气（He，纯度≥ 99.999%），二氧化碳气体（CO_2，纯度≥ 99.99%），二氧化碳 - 氦气混合气（二氧化碳体积分数为 0.3%）。

2. 仪器与设备

IRMS（分析内精度优于 0.005%，配套连续流进样接口），分析天平，微量移液枪，硼硅玻璃样品瓶，全自动水 - 二氧化碳平衡装置。

四、实验步骤

1. 样品处理

分别吸取 450 μL 参考物质和 450 μL 样品置于相互独立的硼硅玻璃样品瓶中，再分别加入 50 μL 无水乙醇、0.1 ~ 0.2 mg 电解铜丝和 1.0 ~ 1.5 mg 炭黑；拧紧瓶盖后向瓶中充入二氧化碳 - 氦气混合气，充气时间保持 5 min 以置换瓶中空气；将硼硅玻璃样品瓶置于全自动水 - 二氧化碳平衡装置中进行氧同位素平衡交换；反应时间应在 24 h 以上，获得平衡后的二氧化碳气体，待测。

2. 测定

将 IRMS 调整到正常工作状态，利用全自动水 - 二氧化碳平衡装置将参考物质参与反应制备的二氧化碳气体导入 IRMS 中测定，连续进行 8 ~ 10 次测定，取 6 次的算术平均值为测定结果［$(^{18}O/^{16}O)_{参考物质}$］。

同理，利用全自动水 - 二氧化碳平衡装置将样品参与反应制备的二氧化碳气体导入 IRMS 中测定，连续进行 8 ~ 10 次测定，取 6 次的算术平均值为测定结果［$(^{18}O/^{16}O)_{样品}$］。

五、计算

样品中的稳定氧同位素比率，按式（8–3）计算：

$$\delta^{18}O(‰) = [(^{18}O/^{16}O)_{样品} - (^{18}O/^{16}O)_{参考物质}] / (^{18}O/^{16}O)_{参考物质} \times 1000 \tag{8–3}$$

式中 $\delta^{18}O$——样品的 $^{18}O/^{16}O$ 测量值相对于参考物质的 $^{18}O/^{16}O$ 测量值的千分差；

$(^{18}O/^{16}O)_{样品}$——样品的 $^{18}O/^{16}O$ 测量值；

$(^{18}O/^{16}O)_{参考物质}$——参考物质的 $^{18}O/^{16}O$ 测量值。

当参考物质不是国际基准物质 VSMOW 时，可以按式（8–4）进行校准：

$$\delta^{18}O_{VSMOW} = \delta^{18}O_{SR} + \delta^{18}O_{RV} + \delta^{18}O_{SR} \times \delta^{18}O_{RV} \times 1000 \tag{8–4}$$

式中 $\delta^{18}O_{VSMOW}$——样品的 $^{18}O/^{16}O$ 测量值相对于基准物质 PDB 的 $^{18}O/^{16}O$ 测量值的千分差；

$\delta^{18}O_{SR}$——样品的 $^{18}O/^{16}O$ 测量值相对于参考物质的 $^{18}O/^{16}O$ 测量值的千分差；

$\delta^{18}O_{RV}$——参考物质的 $^{18}O/^{16}O$ 测量值相对于基准物质 VSMOW 的 $^{18}O/^{16}O$ 测量值的千分差。

六、结果分析

数据精密度按照 GB/T 6379.2—2004 的规定确定，重复性的值以 95% 的可信度计算。在重复性条件下，两次独立测定所有结果的绝对差值不应超过重复性限（r）：0.24‰。如果差值超过重复性限，应舍弃实验结果并重新完成两次单个实验的测定。当符合精密度和重复性所规定的要求时，取两次平行测定的平均值作为结果，计算结果保留两位小数。

当真实果汁样品的 $\delta^{18}O$ 值与测试果汁样品的 $\delta^{18}O$ 值的标准偏差没有重叠时，即可判定该测试果汁样品中含有外源水；反之，不含外源水。

七、思考题

（1）如何利用氘元素判定果汁中是否掺杂外源水？

（2）同位素比值质谱法用于食品真实性鉴定的优点和缺点是什么？

八、说明

稳定同位素氧鉴定食品中外源水，还可参考如下标准：① QB/T 4855—2015《果汁中水的稳定氧同位素比值（$^{18}O/^{16}O$）测定方法—同位素平衡交换法》；② QB/T 4853—2015《葡萄酒中水的稳定氧同位素比值（$^{18}O/^{16}O$）测定方法—同位素平衡交换法》。

实验六十六 白酒中外源乙醇的鉴定

一、实验目的

（1）理解白酒中鉴定外源乙醇的稳定同位素比值法原理。

（2）掌握气相色谱 - 燃烧 - 稳定同位素比值质谱法鉴定白酒中外源乙醇的方法。

二、实验原理

白酒中的乙醇是酿酒原料的发酵降解产物，碳源来自植物的光合作用，因此其稳定碳同位素含量与人工合成乙醇的稳定碳同位素含量有显著差异，通过稳定碳同位素分析技术，能够区分白酒中是否添加有人工酒精。为了在国际上统一数据标准，通常采用标准物质进行校正，计算同位素比率（δ）代替稳定同位素比值，比如稳定性碳同位素的比率，即 $\delta^{13}C(‰)=[(^{13}C/^{12}C)_{样品}/(^{13}C/^{12}C)_{标准品}-1]\times 1000‰$，标准品是美国南卡罗来纳州白垩纪皮狄组层位中的拟箭石化石（Pee-Dee Belemnite，PDB），其 $^{13}C/^{12}C=(11237.2\pm 90)\times 10^{-6}$，被定义为 $\delta^{13}C=0‰$。

本实验将利用气相色谱 - 燃烧 - 稳定同位素比值质谱法测定白酒样品中 $\delta^{13}C$，其基本操作原理如下：样品溶液中乙醇经气相色谱柱与其他有机组分分离，乙醇在反应管中转化成二氧化碳气体，稳定同位素比值质谱仪（IRMS）测定该二氧化碳的稳定碳同位素比值，再通过公式计算出乙醇的 $\delta^{13}C$，最后比较样品与真实白酒中 $\delta^{13}C$ 值大小，分析判定白酒样品中是否添加有外源酒精。

三、实验材料与仪器

1. 试剂与材料

无水乙醇（纯度≥99.8%），丙酮，氧气（O_2，纯度≥99.99%），氦气（He，纯度≥99.999%），二氧化碳气体（CO_2，纯度≥99.99%），水为 GB/T 6682—2008《分析实验室用水规格和试验方法》规定的一级水。

2. 仪器与设备

IRMS（分析内精度优于0.005%，配套连续流进样接口），气相色谱仪，聚乙二醇毛细管柱（50 m×0.25 mm×0.25 μm），分析天平，微量移液枪，硼硅玻璃样品瓶，锡舟。

四、实验步骤

1. 样品处理

采用丙酮稀释白酒样品至乙醇含量为 8 g/L，以适应仪器测定的线性范围。

2. 仪器条件

进样口温度：180 ℃；氦气流量：1.0 mL/min；进样体积：1 μL；分流比：20∶1；程序升温：起始温度 40 ℃，保持 5 min，以 1 ℃ /min 速率升温至 50 ℃，保持 1 min，再以 15 ℃ /min 速率升温至 200 ℃，保持 2 min；反应管温度：1000 ℃。

3. 样品测定

分析序列：采用两点标准漂移校正模式安排分析序列，每个分析序列应同时测定参考物质，其比例一般为样品个数的 10% ~ 20%。

样品测定：调整气相色谱仪和 IRMS 至工作状态，根据已设定的分析序列进行测定。

五、计算

样品中乙醇的稳定碳同位素比率，按式（8–5）计算：

$$\delta^{18}O\ (‰) = [(^{18}O/^{16}O)_{样品} - (^{18}O/^{16}O)_{参考物质}] / (^{18}O/^{16}O)_{参考物质} \times 1000 \quad (8\text{–}5)$$

式中 $\delta^{18}O$——样品的 $^{18}O/^{16}O$ 测量值相对于参考物质的 $^{18}O/^{16}O$ 测量值的千分差；

$(^{18}O/^{16}O)_{样品}$——样品的 $^{18}O/^{16}O$ 测量值；

$(^{18}O/^{16}O)_{参考物质}$——参考物质的 $^{18}O/^{16}O$ 测量值。

当参考物质不是国际基准物质 PDB 时，可以按式（8–6）进行校准：

$$\delta^{13}C_{PDB} = \delta^{13}C_{SR} + \delta^{13}C_{RP} + \delta^{13}C_{SR} \times \delta^{13}C_{RP} \times 1000 \quad (8\text{–}6)$$

式中 $\delta^{13}C_{PDB}$——样品的 $^{13}C/^{12}C$ 测量值相对于基准物质 PDB 的 $^{13}C/^{12}C$ 测量值的千分差；

$\delta^{13}C_{SR}$——样品的 $^{13}C/^{12}C$ 测量值相对于参考物质的 $^{13}C/^{12}C$ 测量值的千分差；

$\delta^{13}C_{RP}$——参考物质的 $^{13}C/^{12}C$ 测量值相对于基准物质 PDB 的 $^{13}C/^{12}C$ 测量值的千分差。

六、结果分析

当真实白酒样品的 $\delta^{13}C$ 值与测试白酒样品的 $\delta^{13}C$ 值的标准偏差没有重叠时，即可判定该测试白酒样品中含有外源酒精；反之，不含外源酒精。

数据精密度按照 GB/T 6379.2—2004 的规定确定，重复性的值以 95% 的可信度计算。在重复性条件下，两次独立测定所有结果的绝对差值不应超过重复性限（r）：0.20‰。如果差值超过重复性限，应舍弃实验结果并重新完成两次单个实验的测定。当符合精密度和重复性所规定的要求时，取两次平行测定的平均值作为结果，计算结果保留两位小数。

七、思考题

（1）如果将葡萄酒中提纯出的酒精加入到白酒当中，该方法能鉴别吗？分析原因。

（2）可以通过测定白酒中乙醇的 $\delta^{18}O$ 进行真实性鉴定吗？分析原因。

八、说明

酒类产品中外源酒精的鉴定，还可以参照下列标准：① QB/T 5164—2017《白酒中乙醇的稳定碳同位素比值（$^{13}C/^{12}C$）测定方法 气相色谱 – 燃烧 – 稳定同位素比值质谱法》；② SN/T 4675.3—2016《出口葡萄酒中乙醇稳定碳同位素比值的测定》。

实验六十七　蜂蜜的真伪鉴定——同工酶检测法

一、实验目的

（1）理解同工酶检测技术辨别蜂蜜真伪的原理。

（2）掌握淀粉酶电泳检测分析技术的操作方法和原理。

二、实验原理

蜂蜜中含有多种酶，如转化酶、淀粉酶、葡萄糖氧化酶、蛋白酶、过氧化氢酶等。其中淀粉酶可以水解淀粉、糊精和麦芽糖，生成双糖，具有重要的有益作用，是蜂蜜质量的一个重要检测指标。研究表明蜂蜜中的淀粉酶包含动物性淀粉酶（α－淀粉酶），来源于蜜蜂，也包含植物淀粉酶（β-淀粉酶），因此可以通过检测淀粉酶的类型和性质，并与人为添加的工业淀粉酶进行比较，鉴别蜂蜜中是否添加了外源淀粉酶，判定蜂蜜的真伪。淀粉酶是一种蛋白质，而且每种淀粉酶都有自身特有的同工酶图谱，因此可以通过凝胶电泳分析蜂蜜样品中淀粉酶的谱带，并与真实蜂蜜样品的淀粉酶谱带进行比较，分析判定蜂蜜样品中是否有人为添加的工业淀粉酶，鉴别蜂蜜真伪。

三、实验材料与仪器

1. 试剂与材料

天然蜂蜜，市场蜂蜜，工业淀粉酶（α－淀粉酶），三羟甲基氨基甲烷（Tris），硫酸铵，硫酸钠，丙烯酰胺，甲叉双丙烯酰胺，溴酚蓝指示剂，甘氨酸，十二水磷酸氢二钠（$Na_2HPO_4 \cdot 12H_2O$），二水磷酸二氢钠（$NaH_2PO_4 \cdot 2H_2O$），乙酸-1-萘酯，乙酸-2-萘酯，固兰 RR 盐（$C_{30}H_{28}Cl_4N_6O_6Zn$），丙酮，过硫酸铵，四甲基乙二胺（TEMED），盐酸。

2. 试剂配制

Tris 缓冲液（0.01 mol/L，pH 8.0）：称取 Tris 0.121 g 溶于 80 mL 水中，用 1 mol/L 盐酸溶液，调节至 pH 8.0，然后用水定容至 100 mL。

过硫酸铵溶液：称取 0.14 g 过硫酸铵溶于水中，定容至 100 mL，现配现用。

盐酸溶液（1 mol/L）：取适量浓盐酸用水稀释到 1 mol/L。

分离胶缓冲液（pH 8.9）：称取 36.3 g Tris，用 48 mL 1 mol/L HCl 溶解，加入 TEMED 0.23 mL，定容至 100 mL，4 ℃贮存。

分离胶母液：称取 28.0 g 丙烯酰胺和 0.735 g 甲叉双丙烯酰胺，溶于水中，定容至 100 mL，用棕色瓶 4 ℃贮存。

浓缩胶缓冲液（pH 6.7）：称取 5.98 g Tris，用 48 mL 1 mol/L HCl 溶解，加入 TEMED 0.46 mL，定容至 100 mL，4 ℃贮存。

浓缩胶母液：称取 10.0 g 丙烯酰胺和 2.0 g 甲叉双丙烯酰胺溶于水中，定容至 100 mL，用棕色瓶 4 ℃贮存。

电极缓冲液：称取 6.0 g Tris 和 28.8 g 甘氨酸溶于水中，定容至 1 L，使用时稀释 10 倍，该稀释的缓冲液 pH 8.3。

磷酸缓冲液：称取 22.6 g 十二水磷酸氢二钠和 21.4 g 二水磷酸二氢钠溶于水中，定容至 1 L。

染色液：称取 0.1 g 乙酸-1-萘酯、0.1 g 乙酸-2-萘酯、0.2 g 固兰 RR 盐，用 10 mL 丙酮溶解，再加入磷酸缓冲液 300 mL，过滤，现配现用。

3. 仪器与设备

凝胶电泳仪，高速低温离心机，垂直板电泳槽，恒温水浴锅，分析天平，微量移液枪，pH 计，冰箱。

四、实验步骤

1. 样品处理

取 1 g 蜂蜜溶于 4 mL Tris 缓冲液（0.01 mol/L，pH 8.0），混合均匀；加入 3.4 g 硫酸铵，并搅拌溶解，然后在冰水中放置 8 h 左右。在 4 ℃下离心 10 min（12000 r/min），弃去上清液，收集沉淀物。用 0.5 mL 的 Tris 缓冲液溶解沉淀物（缓冲液体积可根据检测仪器方法的灵敏度进行调整），在 4 ℃保存备用。用 Tris 缓冲液配制合适浓度的工业淀粉酶标样，在 4 ℃保存备用。使用前在 100 ℃沸水中加热 3 min，以除去亚稳态聚合物。

2. 样品测定

（1）凝胶板的制备　分离胶按照分离胶缓冲液：分离胶母液：双蒸水：过硫酸铵溶液 =2∶5∶1∶8 的体积比配制，再加入溶液总体积 0.1% 的 TEMED，充分混匀。将分离胶灌入胶室至距短玻璃板上沿 2.2 ~ 2.5 cm，加入适量的水封住胶面，待凝胶聚合后将水吸出。

浓缩胶按照浓缩胶缓冲液∶浓缩胶母液∶双蒸水∶过硫酸铵 =1∶2∶1∶4 的体积比混合，再加入溶液总体积 0.1% 的 TEMED，充分混匀，灌入胶室，立即插入样品梳，待凝胶。

（2）点样　浓缩胶聚合后，小心抽出样品梳，用微量进样器吸去点样孔中多余的水分，注入电极缓冲液，上槽电极缓冲液面要高于短玻璃板，下槽电极缓冲液面要高于铂金丝；用微量进样器吸取 15 ~ 20 μL 样品加入点样孔。

（3）电泳　将电泳槽放入冰箱内进行低温电泳，采用稳压电泳，电压为 130 V，待指示剂进入分离胶后，电压升至 260 V。待前沿指示剂距胶底部 1 ~ 1.5 cm，停止电泳。

（4）染色　倒出电极缓冲液，在水中启开玻璃板，取出凝胶片，浸入染色液中，37 ℃染色 15 ~ 20 min，用水冲洗干净。

五、计算

统计真实样品、测试样品和工业淀粉酶样品中显色带的数量，并计算各个显色带的迁移率。

迁移率按式（8–7）计算：

$$X=S/L \tag{8-7}$$

式中　X——显色带的迁移率；

S——显色带离点样孔的距离，cm；

L——指示剂前沿离点样孔的距离，cm。

六、结果分析

将凝胶片用凝胶成像系统拍照存图。对比真实样品、测试样品和工业淀粉酶样品的显色带数量，以及迁移率的大小。若真实样品和测试样品显色带数量或迁移率不同，可判定测试样品为掺假蜂蜜；若真实样品和测试样品显色带数量相同且迁移率也相同，且真实样品中不含工业淀粉酶样品中的谱带，可判定测试样品为真实蜂蜜。

七、思考题

（1）能否通过测定蜂蜜中淀粉酶活性鉴定蜂蜜真假？

（2）影响凝胶电泳技术分离效果的关键因素有哪些？

八、说明

关于同工酶法鉴定食品真伪，可以参考下述资料：① 叶云，梁超香，李军生，等. 利用同工酶技术检测蜂蜜品质的新方法［J］. 食品科学，2006，27（6）：177-178；② 吉林省地方标准，DB22/T 2623.2—2017《黑木耳菌种区别性及真实性鉴定 第 2 部分：酯酶同工酶法》；③ NY/T 1097—2006《食用菌菌种真实性鉴定　酯酶同工酶电泳法》。

CHAPTER 9

第九章 自主设计综合性实验

实验六十八　洋葱中黄酮类化合物的超声辅助提取、含量分析及其抗氧化能力评价

一、实验目的

（1）掌握黄酮类化合物的提取方法和总黄酮含量的测定方法。

（2）掌握黄酮类化合物抗氧化能力的评价方法。

二、背景研究

洋葱（*Allium cepa L.*）是一种在国内外广泛种植的农作物，被广泛应用于食品和医药行业。洋葱不仅营养成分十分丰富，而且具有抗氧化、抗菌抗癌、降血糖血脂、利尿等作用，有"蔬菜皇后"之称。据文献报道，洋葱中主要含有黄酮类、含硫类、简单酚酸类、含氮类、甾醇类、甾体皂苷类以及前列腺素等化学成分。其中黄酮类化合物主要分布在鳞茎中，有很强的清除自由基的能力，并能阻止自由基一系列的连锁反应，因而洋葱具有较强的抗氧化活性。洋葱中的黄酮类化合物包括黄酮醇类、二氢黄酮醇类、花色素类等，其中槲皮素和槲皮素4′-O-β-D-葡萄糖苷含量最高。

黄酮类化合物广泛分布于蔬菜、水果和药用植物中，具有降血糖、抗血栓、抗菌、防癌、预防动脉粥样硬化和心肌梗死等功效。然而，黄酮类化合物不能在人体内合成，只能通过食品中获取，因此从天然物质里提取总黄酮的研究受到了人们的普遍关注。黄酮类化合物的提取方法主要有溶剂法、热回流法、超声波辅助法、超临界提取法、微波辅助萃取法、酶提取法等。其中超声波辅助法作为一种植物有效成分提取分离的手段近年来被广泛应用，超声波具有空化能力和次级效应，能够使植物细胞壁被破坏，加速提取成分的释放和扩散，与溶剂充分混合，提高提取效率。

本实验采用超声波辅助法以总黄酮含量为指标，通过对乙醇体积分数、超声温度、超声时间、料液比进行单因素实验的设计，优化提取工艺，并测定所得总黄酮提取物的体外抗氧化活性。

三、实验材料与仪器

1. 试剂与材料

市售红皮洋葱，芦丁对照品（纯度≥98%），抗坏血酸（纯度≥97%），无水乙醇、氢氧化钠、亚硝酸钠、硝酸铝、1，1-二苯基-2-三硝基苯肼（DPPH）等均为分析纯。

2. 试剂配制

芦丁标准溶液（0.1 mg/mL）：准确称取芦丁标准品 10 mg，70% 乙醇溶解，转移至 100 mL 容量瓶后用 70% 乙醇溶液定容，混匀后即得。

5% 亚硝酸钠溶液：准确称取 5 g 亚硝酸钠 $NaNO_2$ 于烧杯中，加蒸馏水 95 mL 溶解混匀即得。

10% 硝酸铝溶液：准确称取 10 g 硝酸铝 $Al(NO_3)_3$ 于烧杯中，加蒸馏水 90 mL 溶解混匀即得。

氢氧化钠溶液（1 mol/L）：准确称取 40 g 氢氧化钠 NaOH 于烧杯中，加蒸馏水溶解，转移至 1 L 容量瓶后用蒸馏水定容，混匀后即得。

DPPH 溶液（0.1 mmol/L）：准确称取 DPPH 9.9 mg，无水乙醇溶解，转移至 250 mL 容量瓶后用乙醇定容，混匀后即得，现配现用。

抗坏血酸标准溶液（1 mg/mL）：准确称取抗坏血酸标准品 100 mg，70% 乙醇溶解，转移至 100 mL 容量瓶后用 70% 乙醇溶液定容，混匀后即得。

3. 仪器与设备

电热恒温鼓风干燥箱，高速粉碎机，超声波提取仪，循环真空水泵，旋转蒸发仪，冷冻干燥机，分析天平，紫外可见分光光度计，布氏漏斗及抽滤装置。

四、实验步骤

1. 实验设计

（1）单因素试验　采用单因素试验分别考察乙醇体积分数、超声温度、超声时间、料液比对洋葱总黄酮提取量的影响。实验设计示例：

① 乙醇体积分数：50%、60%、70%、80%；

② 超声温度：40 ℃、50 ℃、60 ℃、70 ℃、80 ℃；

③ 超声时间：0.25 h、0.5 h、1.0 h、1.5 h；

④ 料液比：1∶5、1∶10、1∶15、1∶20、1∶25 g/mL。

（2）响应面试验　根据单因素试验结果，以乙醇体积分数（X_1）、超声温度（X_2）、超声时间（X_3）、液料比（X_4）为自变量，总黄酮化合物提取率（Y）为因变量，通过 Box-Behnken 设计原理进行 4 因素 3 水平的试验方案设计，优化提取工艺。实验设计如表 9-1 所示。

表 9-1　响应面分析试验因素与水平

水平	X_1/%	X_2/℃	X_3/h	X_4/（g/mL）
-1	60	40	0.25	1∶15
0	70	50	0.5	1∶20
1	80	60	1.0	1∶25

2. 样品处理

将新鲜的洋葱切碎放入电热恒温鼓风干燥箱中 60 ℃烘干，用粉碎机粉碎后过 60 目筛，收集粉末置于干燥器中备用。称取 5.0 g 洋葱粉按料液比加入一定浓度的乙醇，摇匀，放入超声波提取仪中，设定温度和时间。超声处理后，抽滤收集滤液，旋转蒸发仪减压蒸发后冷冻干燥得黄色粉末。准确称取 0.125 g 总黄酮提取物，用 70% 乙醇溶解并定容至 25 mL，得质量浓度为 5 mg/mL 的洋葱总黄酮储备溶液，于 4 ℃冰箱备用。

不同条件下洋葱总黄酮提取率，按式（9–1）计算：

$$洋葱总黄酮得率=\frac{m}{M}\times100\% \tag{9-1}$$

式中 m——洋葱提取浸膏粉的质量，g；

M——洋葱粉末质量，g。

3. 总黄酮含量的测定

（1）芦丁标准曲线的绘制 精确吸取 0.1 mg/mL 芦丁标准溶液 0，0.5，1.0，2.0，3.0，4.0，5.0，6.0 mL 分别置于 10 mL 容量瓶中，各加 70% 乙醇溶液使总体积为 5 mL，精确加入 5% $NaNO_2$ 溶液 0.3 mL，摇匀，放置 6 min 后，加入 10% $Al(NO_3)_3$ 溶液 0.3 mL，摇匀，放置 6 min 后加 1 mol/L NaOH 溶液 4 mL，最后用蒸馏水定容至 10 mL，摇匀，放置 15 min，以第一管为空白，于 510 nm 波长下测定吸光度，以吸光度为横坐标，浓度为纵坐标，绘制标准曲线。

（2）样品总黄酮含量测定 将洋葱总黄酮储备溶液用 70% 乙醇稀释到浓度为 0.2 mg/mL 的样品溶液，精密吸取 2 mL 置于 10 mL 容量瓶中，加 70% 乙醇溶液使总体积为 5 mL，精确加入 5% $NaNO_2$ 溶液 0.3 mL，摇匀，放置 6 min 后，加入 10% $Al(NO_3)_3$ 溶液 0.3 mL，摇匀，放置 6 min 后加 1 mol/L NaOH 溶液 4 mL，最后用蒸馏水定容至 10 mL，摇匀，放置 15 min，于 510 nm 波长下测定吸光度。根据测得吸光度，利用标准曲线计算样品总黄酮含量。

不同条件下提取的洋葱总黄酮含量，按式（9–2）计算：

$$洋葱总黄酮含量（mg/g）=\frac{C\times V_1\times V_2\times N}{M\times V_3} \tag{9-2}$$

式中 C——从标准曲线中计算所得的黄酮浓度，mg/mL；

V_1——样品稀释体积，此处为 10 mL；

V_2——样品定容体积，mL；

V_3——样品测定体积，mL；

N——洋葱提取浸膏粉质量与 0.125 g 之比；

M——洋葱粉末质量，g。

4. 清除 DPPH 自由基活性

将洋葱总黄酮储备溶液用 70% 乙醇稀释到浓度为 0.05，0.10，0.20，0.30，0.40 mg/mL 的样品溶液，精密吸取 0.5 mL 置于试管中，再加入 4.5 mL 0.1 mmol/L DPPH 溶液，充分摇匀后室温避光反应 30 min，以无水乙醇调零，于 517 nm 波长处测定吸光度。以不同浓度的抗坏血酸（0.05，0.10，0.20，0.30，0.40 mg/mL）作为阳性对照，样品对 DPPH 自由基的清除性能，按式（9–3）计算：

$$清除率(\%)=\left(1-\frac{A_1-A_2}{A_0}\right)\times100 \tag{9-3}$$

式中 A_0——0.5 mL70% 乙醇与 4.5 mL DPPH 的混合液在 517 nm 波长处的吸光度；

A_1——样品溶液于 517 nm 波长处的吸光度；

A_2——0.5 mL 样品溶液与 4.5 mL 乙醇的混合液在 517 nm 波长处的吸光度。

五、结果分析

（1）单因素试验中以总黄酮含量为纵坐标，各因素条件为横坐标绘制折线图，分析影响总黄酮提取率的主要因素。

（2）响应面实验中各因素之间的相互作用对总黄酮提取率的影响可由Design-Exper v8.0.6 软件拟合绘制的三维响应面图及相应的二维等高线反映。

紫外－可见分光光度计基本知识

（3）通过对 DPPH 自由基清除性能与提取液浓度之间绘制的剂量－效应曲线进行线性回归分析，结果以 IC_{50} 表示。IC_{50} 是指 DPPH 自由基浓度减少 50% 所需要的提取物浓度（mg/mL），IC_{50} 越低，自由基清除活性越高。

六、思考题

（1）$NaNO_2$－Al（NO_3）$_3$－NaOH 比色法进行总黄酮测定时有哪些需要注意的地方？

（2）体外抗氧化活性测定还有哪些实验方法？

七、说明

① 洋葱鳞茎从内到外的类黄酮物质含量依次增加，洋葱非可食部分即外皮中类黄酮物质含量远高于内部鳞茎。在洋葱食用或者加工过程中产生 2% ~ 3% 的洋葱外皮，通常作为农产品加工废弃物未能得到很好的利用，造成资源浪费。

② 洋葱烘干温度不宜过高，以免破坏有效成分。

③ 比色法测定总黄酮含量具有一定的局限性，可以槲皮素、绣线菊苷等黄酮单体物质的含量为指标，利用高效液相色谱法对洋葱中黄酮类物质的提取工艺进行优化。

实验六十九　植物中花色苷的提取、分离、鉴定及稳定性研究

一、实验目的

（1）掌握花色苷的提取分离方法。

（2）掌握色素稳定性实验的研究方法。

（3）掌握聚酰胺薄膜色谱法的原理和操作步骤。

二、背景研究

花色苷广泛存在于植物的花、果实、茎、叶和根器官的细胞液中，例如：蓝莓、黑莓、黑枸杞、黑加仑、红枸杞、蔓越莓、桑葚、蓝靛果、红树莓等水果，紫甘蓝、紫茄子、紫苏、甜菜、紫色洋葱等蔬菜，紫薯等薯类，紫色玉米、高粱等谷物，使其呈现由红、紫红到蓝等不同颜色。花色素的水溶液稳定性低，所以自然界中几乎没有游离的花色素存在，通常花色素与糖以糖苷键结合，常见的糖基为葡萄糖、鼠李糖、半乳糖、阿拉伯糖、木糖等。

花色苷具有清除体内自由基、增殖叶黄素、抗肿瘤、抗癌、抗炎、抑制脂质过氧化和血小板凝集、预防糖尿病、减肥、保护视力等生物活性。富含花色苷的食品常常作为保健品，备受人们青睐。

花色苷稳定性较差，在加工或贮藏过程中常常会被破坏造成损失。影响花色苷稳定性的因素通常包括：pH、氧浓度、亲核试剂、酶、金属离子、温度和光照等。

本实验采用超声波辅助溶剂提取法对杨梅、桑葚和黑豆皮中的花色苷成分进行提取；采用 AB-8 大孔吸附树脂分离花色苷粗提物；聚酰胺薄膜层析膜定性分析矢车菊素 -3-*O*- 葡萄糖苷等，鉴定不同植物来源的花色苷；同时对提取得到的花色苷色素进行稳定性分析，探索温度、光照、pH 对花色苷稳定性的影响。

三、实验材料与仪器

1. 试剂和材料

杨梅，桑葚，黑豆皮，矢车菊素 -3-*O*- 葡萄糖苷标准品（纯度≥ 98%），AB-8 大孔树

脂，无水乙醇、浓盐酸、氢氧化钠、正丁醇、冰乙酸、甲醇等均为分析纯。

2. 试剂配制

60% 乙醇（含 0.5% HCl）：取 60 mL 无水乙醇加入蒸馏水至 100 mL，再加入 1.39 mL 的浓盐酸，混匀即得。

5% HCl：准确量取 139 mL 浓盐酸，加水稀释并定容至 1 L，混匀即得。

5% NaOH：准确称取 5 g 氢氧化钠于烧杯中，加蒸馏水 95 mL 溶解，混匀即得。

矢车菊色素 -3-*O*- 葡萄糖苷对照品溶液 0.2 mg/mL：准确称取 10 mg 矢车菊色素 -3-*O*- 葡萄糖苷对照品，60% 乙醇（含 0.5% HCl）溶解，转移至 50 mL 容量瓶后用 60% 乙醇（含 0.5%HCl）定容，混匀即得。

3. 仪器与设备

组织捣碎机，循环真空水泵，旋转蒸发仪、冷冻干燥机、分析天平，紫外可见分光光度计，pH 计，布氏漏斗及抽滤装置，大孔树脂柱（Φ 4 cm × 40 cm），展开缸（10 cm × 10 cm），毛细玻璃管，聚酰胺薄膜（5 cm × 5 cm）。

四、实验步骤

1. 实验设计

（1）对杨梅、桑葚或者黑豆皮中的花色苷成分进行提取。

（2）大孔吸附树脂分离纯化花色苷成分组分。

（3）对提取得到的花色苷进行稳定性分析。

2. 花色苷的提取

取完整、无破损、无病变的杨梅、桑葚及黑豆皮，用清水冲洗，晾干至表面无水分，去核后用组织捣碎机捣为匀浆待用。

采用超声波辅助提取法，称取 30 g 匀浆以 60% 乙醇（含 0.5% HCl）为提取溶剂，在料液比 1∶10 g/mL、超声功率 350 W、超声温度 45 ℃条件下，超声 15 min 后，抽滤收集滤液，滤渣重复超声提取一次，合并滤液，45 ℃减压旋蒸后冷冻干燥得花色苷粗提物。

3. 花色苷的分离

（1）大孔树脂的预处理　将 AB-8 树脂用乙醇浸泡，充分溶胀后用蒸馏水洗至无醇味，然后用 5% HCl 溶液浸泡 12 h，用蒸馏水洗至中性，最后用 5% NaOH 溶液浸泡 12 h，再用蒸馏水洗至中性，备用。

（2）AB-8 树脂对花色苷提取物的分离　AB-8 树脂装层析柱（Φ 4cm × 40 cm），将 5 mL 粗提液上样，先用水洗脱，依次用 30%、60% 的乙醇洗脱，各洗脱 2BV，分别收集乙醇洗脱流出液，45 ℃减压浓缩除去乙醇后冷冻干燥。用 60% 乙醇（含 0.5%HCl）将纯化得到的花色苷提取物 F_{30}、F_{60} 配制成浓度为 0.5 mg/mL 的供试品溶液，于 4 ℃冰箱备用。

4. 花色苷的聚酰胺薄膜分析鉴定

用毛细玻璃管分别吸取等量的供试品溶液和 0.2 mg/mL 矢车菊色素 -3-*O*- 葡萄糖苷对照品溶液点样于聚酰胺薄膜上，以正丁醇∶冰乙酸∶甲醇∶水＝ 4∶1∶5∶20 为展开剂展开，吹干，日光下观察，鉴定提取物中花色苷成分。

5. 花色苷的稳定性分析

分别选用花色苷粗提物和经大孔树脂纯化后样品，配制为 0.5 mg/mL 的水溶液，利用 pH 示差法在 510 nm 波长下测定吸光度，分别研究光照、pH、温度对花色苷稳定性的影响。

（1）光照 分别置于避光、阳光直射和室内自然光下，每隔 30 min、1 h、1.5 h 测定其吸光度。

（2）pH 用稀盐酸和氢氧化钠调其 pH 分别为 1，4，7，9，每隔 30 min、1 h、1.5 h 测定其吸光度。

（3）温度 将样品分别置于 –20，4，20，100 ℃下恒温保存，每隔 30 min、1 h、1.5 h 测定其吸光度。

五、结果分析

（1）观察供试品溶液在聚酰胺薄膜上的分离情况及比移值，判断样品中是否含有矢车菊色素 -3-*O*- 葡萄糖苷。

（2）记录各样品溶液吸光度。以时间为横坐标，吸光度为纵坐标，绘制复式折线图。表征在不同光照、不同 pH 和不同温度条件下，花色苷吸光度随着时间的变化。

（3）分析影响花色苷稳定性的主要影响因素。

（4）比较三种不同来源花色苷稳定性的异同。

六、思考题

（1）聚酰胺薄膜层析有什么特点，适用于哪些物质的分离分析？

（2）如何在杨梅和桑葚的贮藏、干制和加工过程中保证其品质，注意事项有哪些？

七、说明

（1）温度对花色苷稳定性和降解速率有重要影响，温度过高会导致花色苷的糖苷键断裂，失去糖基之后变成的花青素更加不稳定，会进一步降解为醛类和苯甲酸衍生物等，此时花色苷也将失去其颜色。

（2）聚酰胺薄膜要求涂层高纯，洁白，附着牢固，厚薄均匀，不含重金属离子和其他造成拖尾的有害基团。受潮后将降低分离性能，应在干燥处保存，如受潮可在 50 ℃以下烘烤 1 h 以恢复性能。

实验七十 肉丸加工工艺对其持水性、质构、色泽及感官的影响

一、实验目的

（1）掌握蛋白质持水性和凝胶性的应用及测定方法。

（2）掌握质构仪、色差计定量分析感官指标的应用。

（3）了解肉丸的加工工艺。

二、背景研究

肉丸泛指以切碎了的肉类为主而做成的球形食品，制作简单，食用方便，狮子头作为传统的肉糜制品之一，在淮扬猪肉丸类菜品中具有一定代表性。狮子头因其形态饱满，犹如雄狮之首，故名“狮子头”，是一道中华传统名菜。狮子头有清炖、清蒸、红烧三种烹调方法，至于品种则较多，有清炖蟹粉狮子头、河蚌烧狮子头、风鸡烧狮子头。狮子头选择猪五花肋条肉，肥瘦相间比例约在 5∶5，其纤维细、含水量大。狮子头营养丰富，口感滑嫩、肥而不腻、入口即化，尤其风味芳香诱人。口感、色泽、风味等都是评价狮子头感官品质的重要指标。在传统的狮子头加工工艺中（表 9–2），原料的比例、辅料的添加、火候的控制、加热的时间等关键控制点可操作性较弱，导致产品的品质也很难准确控制。

本实验采用单因素实验优化狮子头的配方，研究优化前后肉丸的蒸煮损失、持水性、凝

胶性、质构、色泽和感官评分等品质指标，为狮子头产品的品质控制提供实践参考和理论依据。

表 9-2 狮子头传统工艺方法

步骤	操作方法
选料	选用新鲜均匀的三层五花肉，肥瘦通常在 5:5 左右，去皮速冻
原料的切割	将原料切成石榴粒大小，大小一致，将切好的肉粒放到砧板上，用刀斩绊
加料与搅拌	把切好的肉粒放入容器中，加入盐、淀粉、料酒、葱姜水、蛋清、白胡椒粉，液体边加边搅，搅拌直至完全上劲
煮制	注水至大砂锅中烧煮，煮沸后，用小火保持微开。手上蘸水淀粉把肉糜做成肉丸，一只大约 50 g。用大白菜叶盖住狮子头，小火炖 1 h

三、实验材料与仪器

1. 试剂和材料

市售新鲜猪肋条肉，葱、姜、盐、鸡蛋等（辅料）。

2. 仪器与设备

质构仪，色差计，离心机，分析天平，电磁炉。

四、实验步骤

1. 实验设计

狮子头配方及工艺对肉丸品质的影响规律探索：根据狮子头的制作工艺设计单因素实验，研究不同配方及拍打频率对肉丸的蒸煮损失、持水性、凝胶性、色泽、质构和感官评分等指标的影响，示例如下。

（1）肥瘦比 4:6、5:5、6:4、7:3；

（2）食盐添加量 5 g、10 g、15 g、20 g；

（3）淀粉用量 5 g、10 g、15 g、20 g；

（4）拍打频率 100 r/min、150 r/min、200 r/min、250 r/min、300 r/min。

2. 产品制作工艺

基础配方：猪五花肉 500.0 g 切成 3 mm × 3 mm × 3 mm 的颗粒（瘦肉、肥膘肉均切成粒，用于实验时添加），浸泡在纯净水中数小时，将肉粒捞出用厨房用纸吸干表面水分，按肥瘦比 5:5，加料酒 10.0 g，白胡椒粉 2.5 g，蛋清 30.0 g，淀粉 10.0 g，盐 10.0 g，葱姜水 15.0 g（加入冰块，并且不可一次加足，边打边加），顺时针搅拌混匀，拍打频率 200 r/min，上劲后，放冰箱内冷藏 2 h，制成质量为 50.0 g、直径 6.0 cm 的狮子头，沸水煮 5 min 成型之后，电磁炉 130 W 蒸煮 2 h 为肉丸成品。

3. 产品蒸煮损失测定

准确称取生肉丸质量，煮制取出后用清水冲淋使其温度降低，再用滤纸吸干肉丸表面水分，并准确称量蒸煮后肉丸的质量。每个样品做 5 个平行，结果取平均值。蒸煮损失率按式（9-4）计算：

$$蒸煮损失率(\%)=\frac{m_1-m_2}{m_1}\times 100\% \tag{9-4}$$

式中　m_1——煮制前的质量，g；

m_2——煮制后的质量，g。

4. 产品持水性的测定

用吸水纸除去肉丸多余的水分，切成 5 mm 厚的薄片，准确称量质量，用 3 层滤纸包裹后放入离心管，在 4 ℃下，7000 r/min 离心 15 min，离心结束后，除去滤纸，再次称质量。每个样品做 5 个平行，结果取平均值。持水性按式（9–5）计算：

$$持水性(\%)=\frac{m_2}{m_1}\times 100\% \tag{9–5}$$

式中　m_1——离心前样品质量，g；

m_2——离心后样品质量，g。

5. 产品凝胶强度分析

将狮子头截面切成 1 cm × 1 cm × 1 cm 的立方体，采用 Return To Start 模式，其中凝胶强度为破断力与凹陷距离的乘积，即凝胶强度（g· mm）= 破断力（g）× 凹陷距离（mm）。探头型号为 P /0.5 HS，测前速率 2 mm/s，测中速率 1 mm/s，测后速率 2 mm/s，触发类型为自动，触发力 5 g，目标值 7 mm，每个样品做 5 个平行，结果取平均值。

6. 产品色差测定

用白板对仪器进行校准后，将狮子头截面切成 1 cm × 1 cm × 1 cm 的立方体放入取样袋中，全自动色差仪 O/D 测试头测量样品的颜色和光泽。测量结果用亮度（L^*）、红色（a^*）、黄色（b^*）表示。每个样品做 5 个平行，结果取平均值。

7. 产品质构测定

将狮子头冷却至室温，用平行刀将其切成 1 cm × 1 cm × 1 cm 大小均匀的立方体，切面要平整垂直，每批样选 3 个平行用于 TPA（texture profile analysis）测定。

TPA 试验选用 P/50 探头，设置参数为：测试前速度为 2 mm/s；测试速度为 1 mm/s；测试后速度为 1 mm/s；压缩比为 50%；时间为 5 s；触发类型为自动；两次激活感应力为 5 g。测定样品的硬度、弹性、胶黏性、咀嚼性和回复性。每个样品做 5 个平行，结果取平均值。

8. 产品的感官评定

邀请 10 位具有感官评定经验的学生组成评定小组，主要评定产品的色泽、滋味、气味、组织状态、口感。每项指标的最高得分为 10 分，最低为 1 分，评分标准如表 9–3 所示，根据评分来判定样品的优劣。

表 9–3　　狮子头感官品质评分标准

指标	评分标准	分值
色泽（20%）	表面红润有光泽	8 ~ 10
	表面很红或很白	4 ~ 7
	表面呈灰色或者暗色，无光泽	1 ~ 3
气味（10%）	闻上去有明显肉香气	8 ~ 10
	有淡淡肉香味	4 ~ 7
	无肉香味，甚至有异味	1 ~ 3

续表

指标	评分标准	分值
组织状态（20%）	狮子头切面光滑，结构致密，手指能轻松按压成浅坑	8 ~ 10
	狮子头切面略粗糙，结构略松散，手指轻松按压有深坑	4 ~ 7
	狮子头切面粗糙，狮子头结构疏松，手指轻松按压就松散	1 ~ 3
爽滑感（30%）	肥而不腻，爽滑适口	8 ~ 10
	咀嚼偶尔有明显肉粒感，有爽滑感	4 ~ 7
	咀嚼有明显的肉粒感，无爽滑感	1 ~ 3
滋味（20%）	咸淡适中，鲜香适口	8 ~ 10
	略咸或略淡，鲜香味不明显	4 ~ 7
	过咸或过淡，无鲜香味	1 ~ 3

五、结果分析

（1）记录并计算不同加工工艺下的蒸煮损失、持水性和凝胶强度，以柱状图表示，分析影响这些指标的主要因素。

（2）将质构和色差测量数据与感官评定结果结合分析，优化狮子头的加工工艺。

六、思考题

（1）哪种因素对狮子头的质构影响最大？

（2）在狮子头的工业化生产中还需考察哪些影响因素？请设计实验。

七、说明

（1）将拍打后的肉糜放入 0 ~ 4 ℃的冰箱中冷藏腌制 2 h，使其状态进一步平衡和稳定，增加肉糜的黏性，有利于成品的弹性和质构。

（2）手握色差仪测量时应用力均衡，不得用力过猛，不得按压被测面，色差仪应保持机身平衡，不得晃动，避免用于非水平面的测量。测量间隙或仪器不用时，应用配套的遮尘板把测孔盖好，防止灰尘进入测镜，影响测量。石英测杯的底面对测量的准确度影响很大，应保持清洁干燥。

（3）质构测定时，首先要根据样品和测试目的选取合适的测试探头、模式和条件。仪器配套探头有圆柱形、圆锥形、球型、针形、盘形、刀具、压榨版、咀嚼性探头等；测定模式主要有压缩、穿刺、剪切、拉伸四种，其中压缩分为一次压缩和二次压缩，二次压缩（二次咀嚼测定）也被称为质地剖析，即典型的 TPA 模式，其应用最为普遍。测定条件则主要有触发力、测试速度、停留时间和压缩距离 / 压缩比等，合理设置测定条件有利于获得最佳的测试结果。

（4）质构测定制备测试样品时，应保证每次样品处理方法的一致性，减少因样本形状和大小等因素对结果的影响。样品在准备好之后要立刻进行测试，否则也会因为失水等外界环境变动影响试验结果。对不均一样品需要重复一定数量的实验，重复数量的多少取决于样品的差异程度，因此物性测定的过程中为了提高可重复性，对样品需要大量取样、取点，取其平均值来减小标准误差。

质构仪操作方法

实验七十一 加工工艺对红烧肉色泽、风味及潜在美拉德反应有害产物的影响

一、实验目的

（1）了解红烧肉的制作方法。

（2）掌握气相色谱法测定美拉德中间产物的原理及操作要点。

（3）掌握气相色谱 – 质谱联用技术的原理。

二、背景研究

红烧肉作为中式菜肴的典型代表，是深受消费者喜爱的中华传统美食之一。其因肥而不腻、瘦而不柴、软烂适度、色泽红亮、味道浓郁、鲜美可口的特点深受大众的喜爱。因文人效应、地理区域、烹制技法和风味特色等因素差异，以上海本帮红烧肉、杭州东坡肉、苏式红烧肉和湖南毛氏红烧肉较为著名。红烧肉的烹制技法源远流长，北魏贾思勰所著《齐民要术》中就记载了红烧肉的具体做法：大块煮然后切成小块继续换水煮，反复煮将五花肉的油脂逼出来，以达到肥而不腻的口感。苏东坡在《食猪肉》诗中描述红烧肉烹制“慢著火，少著水，火候足时它自美”。研究表明，烹饪会使食物的物理和化学性质发生一系列变化。而调味料、烹制时间和火候则对红烧肉营养品质和风味的影响非常重要。

五花肉为制作红烧肉的主要原料，其肥瘦相间富含蛋白质和脂肪，通常添加蔗糖、冰糖、蜂蜜或高果糖浆等，在高温煮制过程中，蛋白质或游离的氨基酸与还原糖发生美拉德反应，产生迷人的焦糖色和诱人的风味，使得红烧肉成为流传至今、经久不衰的一道名菜。中式菜肴作为一种典型的热加工食品，其热加工也可能产生潜在的危害物。食品原料之间发生各类化学反应，其中广泛存在的美拉德反应、油脂氧化、焦糖化反应在产生丰富风味物质的同时，也是潜在有害化学物质的重要来源，如活性羰基化合物（reactive carbonyl species，RCS），包括乙二醛（glyoxal，GO）、甲基乙二醛（methylglyoxal，MGO）等。本实验从加工工艺入手，综合分析不同红烧肉烧制过程对红烧肉的色泽、风味物质以及潜在的有害中间产物（MGO、GO）的影响。

三、实验材料与仪器

1. 试剂和材料

精选五花肉（市售）、料酒、酱油、食盐、白糖、八角、大豆油等调味料。

2，4，6– 三甲基吡啶（TMP）标准品，丙烯醛（质量分数 98% 水溶液），乙二醛（质量分数 40% 水溶液），甲基乙二醛（质量分数 40% 水溶液）对照品，2，3– 丁二酮，二氯甲烷，邻苯二胺（DB），乙醛，1，1– 二苯基 –2– 三硝基苯肼，乙腈（色谱纯）。

2. 试剂配制

磷酸盐缓冲液（PBS，0.1 mol/L，pH 7.4）：A 液（0.2 mol/L 磷酸二氢钠水溶液）——称取 27.6 g $NaH_2PO_4 \cdot H_2O$ 溶于蒸馏水中，稀释至 1000 mL；B 液（0.2 mol/L 磷酸氢二钠水溶液）——称取 35.6 g $Na_2HPO_4 \cdot 2H_2O$ 加蒸馏水溶解，加水至 1000 mL。取 A 液 19.0 mL，B 液 81.0 mL，加水稀释到 200 mL。

乙腈饱和的正己烷 / 正己烷饱和的乙腈：量取 800 mL 正己烷，加入 200 mL 乙腈，振摇混匀后，静置分层，上层正己烷层即为乙腈饱和的正己烷，下层为正己烷饱和的乙腈。

2，3– 丁二酮（1 mmol/L）：精密称取 21.5 mg 2，3– 丁二酮，加水溶解，并定容至 25 mL，混匀后，再精密移取 1 mL 至 10 mL 容量瓶中，加水定容，储存于棕色瓶中。

邻苯二胺（100 mmol/L）：精密称取 1.08 g 邻苯二胺，加水溶解，并定容至 100 mL，储存于棕色瓶中。

乙醛（2 mol/L）：精密称取 8.81 g 乙醛，加水溶解，并定容至 100 mL，储存于棕色瓶中。

3. 仪器与设备

气质联用仪，色差计，气相色谱仪，高速粉碎机，旋涡振荡器，分析天平，pH 计，离心机。

四、实验步骤

1. 红烧肉配方设计

根据红烧肉的制作工艺设计单因素实验，研究色泽、风味和有害物质含量的变化，示例如下：

（1）是否爆炒　是 / 否；

（2）不同种类的糖　白砂糖，果葡糖浆，木糖醇；

（3）酱油添加量　1 mL、1.5 mL、2.0 mL、2.5 mL、3.0 mL；

（4）炖煮时间　0.5 h、1 h、1.5 h、2 h。

2. 红烧肉产品制作

初加工：将五花肉洗净，切成块状（3 cm × 3 cm × 3 cm）。

爆炒：将电磁炉调到 900 W，加入 15 mL 的大豆油，然后将洗净的五花肉块（100 g）于锅中进行 30 s 爆炒。

炖煮：取爆炒后的肉块，加入 15 mL 的料酒、酱油 2.5 mL、八角 3 g，水 400 mL，大火烧开（1200 W），撇去浮层杂质，然后改小火（600 W）慢炖 1 h。

收汁：加入食盐 2 g，白糖 5 g，开盖大火（1200 W）红烧，至汤汁黏稠，制作完成。

3. 红烧肉成品色差分析

使用色差仪对肉样分别进行 L^*、a^* 和 b^* 值的测定。测色仪使用前经标准白板和黑板校正使其标准化，再将镜口紧扣肉面，每组样品测定 5 次平行并取平均值。颜色测定取瘦肉和脂肪层分别测定（每次取样为同一部位）。

4. 红烧肉成品挥发性风味物质分析

红烧肉的挥发性风味物质采用顶空固相微萃取 – 气相色谱 – 质谱（HS–SPME–GC–MS）联用技术分析。

（1）样品处理　取红烧肉样品，剪碎，用组织捣碎机搅碎后，准确称取 5.0 g 均质后样品，置于 15 mL 顶空瓶中，加入 1 μL 内标物 10 mg/kg TMP。

将老化后的萃取头（75 μm CAR/PDMS）通过隔膜插入样品瓶上方的顶空部分，推出纤维头，注意萃取头不能触碰到样品或瓶壁，于 60 ℃恒温水浴吸附 30 min 后，用手柄抽回纤维头，随后拔出萃取头，完成萃取过程。立即将吸附了分析组分的萃取头插入气相色谱仪器进样口，推出纤维头，设置 250 ℃解析 3 min，同时启动仪器采集数据。

（2）气相色谱 – 质谱条件

色谱条件：色谱柱为 DB –WAX 弹性毛细管柱（30 m × 0.25 mm × 0.25 μm）；载气氦气，流速 0.80 mL/min；接口温度 250 ℃；升温程序：40 ℃保持 3 min，第一阶段以 5 ℃ /min 升至 90 ℃，第二阶段再以 10 ℃ /min 的速率升温至 230 ℃，保持 7 min。根据分离效果，调整速率。

质谱条件：电子轰击（EI）离子源；电子能量 70eV；四级杆温度为 150 ℃；离子源温

度 200 ℃；灯丝发射电流 200 μA；检测器电压为 350V；采集方式为全扫描，扫描范围 30 ~ 500 m/z。

（3）风味物质定性及定量方法

定性方法：化合物经计算机和人工检索同时与 NIST 和 Wiley library 质谱数据库相匹配，选择匹配度和纯度大于 800（最大值 1000）的鉴定结果。同时将各化合物的保留值与相关参考文献中的进行比对分析，共同确定挥发性物质成分。

定量方法：采用内标法定量。各组样品中加入 TMP 作为内标物，将各化合物的峰面积与内标峰面积和内标浓度相比定量。

5. 红烧肉成品美拉德有害中间产物测定

红烧肉的有害中间产物（MGO/GO）采用柱前衍生化气相色谱法测定。

（1）样品处理　取加工完成的红烧肉适量，粉碎机绞碎，冷冻干燥，再次粉碎后于 -20 ℃冰箱保存。准确称取 5.0 g 样品在 5.0 mL 乙腈饱和的正己烷中均化 2 min，然后在 15.0 mL 正己烷饱和的乙腈中均化 2 min。重复萃取两次后，合并乙腈层并浓缩。进行衍生化后，气相色谱测定。

（2）衍生化及色谱条件　具体样品的衍生化方法与条件参照本书实验五十实验步骤 4（1）~ 4（5）。

五、结果分析

对比分析不同加工工艺条件下，红烧肉的色泽、挥发性风味物质和有害物质的种类和含量。

六、思考题

（1）分析红烧肉中风味物质、色泽以及有害物质形成的影响因素。

（2）如何将煮制红烧肉实现工业化生产?

（3）红烧肉烧制过程中减少有害物质产生的措施有哪些?

七、说明

（1）顶空气体中各组分的含量不仅与其本身的挥发性有关，还与基质有关系，特别是那些在样品基质中溶解度大的组分，基质效应更为显著，严重影响定量分析的结果，因此标准品必须与样品相同或者相似的基质，否则定量分析误差较大。减少基质效应：盐析、加水、调 pH、固体粉碎、稀释等。样品体积的上限是样品瓶的 80%，以便有足够的顶空体积，常采用小于 50% 样品瓶体积。

气相色谱 - 质谱联用仪基本知识

（2）气相色谱 - 质谱联用应使用高纯氦气，纯度 >99.999%。换柱时注意毛细管柱进入质谱腔中的长度应适当，太长或太短都不行。

（3）样品衍生化时，应严格控制温度和时间，反应完成后将待测样品溶液储存于棕色进样小瓶，并在 12 h 内完成测定。

实验七十二　不同烹饪方式对果蔬中过氧化物酶活力、色泽、抗坏血酸损失的影响

一、实验目的

（1）了解酶促褐变的原理和影响因素。

（2）掌握测定多酚氧化酶活力、过氧化物酶活力和抗坏血酸含量的方法。

（3）比较微波处理和热烫处理对果蔬中多酚氧化酶和过氧化物酶活力、色泽及抗坏血酸保存率的影响。

二、背景研究

为了确保果蔬食用时的微生物安全、灭活一些酶类（如多酚氧化酶，过氧化物酶）以及破坏一些有毒的物质，同时为了提高果蔬的风味、口感和色泽等，一些果蔬需要经过烹饪等加工处理。然而，加热会破坏果蔬细胞壁的结构，这些都会改变维生素类和非维生素类植物化学物质的溶出率，直接或者间接影响到果蔬的营养和功能性，造成食品营养的损失。

果蔬植物性原料中发生的褐变主要为酶促褐变。富含多酚氧化酶的果蔬，如土豆、藕、蘑菇、苹果、梨、香蕉、桃子等，去皮或者切开后，容易发生褐变，直接影响果蔬的色泽和菜肴风味。其原因是该类果蔬等植物原料中富含多酚类化合物和多酚氧化酶，破皮切丝、切片后，暴露在氧气环境中，增加了原料与空气中氧气的接触面积，容易发生酶促反应。

不同的烹饪方式均对果蔬的特性有所影响。比如，果蔬切片或者切丝后，漂烫 7 s，虽然来源不同的多酚氧化酶对热的敏感程度不同，但 70 ~ 95 ℃中漂烫 7 s 可使大部分多酚氧化酶失去活性，从而避免酶促引起的褐变反应。热烫处理虽然是一种常用的处理方式，但其造成的维生素损失也较大，主要来自食品部分或敏感表面被提取的水溶性维生素的氧化或加热所造成的破坏。

本实验以马铃薯为实验材料，分别采用热烫和微波两种处理方式对马铃薯进行处理，探讨不同烹饪方式对其褐变程度、多酚氧化酶活力、过氧化物酶活力和抗坏血酸损失量的影响。

三、实验材料与仪器

1. 试剂和材料

新鲜马铃薯（市售），邻苯二酚，磷酸氢二钠，磷酸二氢钾，愈创木酚，过氧化氢，聚乙烯吡咯烷酮，L（+）-抗坏血酸标准品（纯度≥ 99%），偏磷酸，草酸，碳酸氢钠，2，6-二氯靛酚，白陶土（或高岭土）。

2. 试剂配制

磷酸盐缓冲液（0.05 mol/L，pH 6.8）：A 液（0.05 mol/L Na_2HPO_4 溶液）——称取磷酸氢二钠 9.465 g，加蒸馏水至 1000 mL; B 液（0.05 mol/L KH_2PO_4 溶液）——称取磷酸二氢钾 9.07 g，加蒸馏水至 1000 mL。将 A、B 液分装在棕色瓶内，于 4 ℃冰箱中保存，用时将 A、B 液各 50 mL 混合即可。

邻苯二酚溶液（0.02 mol/L）：称取 0.22 g 邻苯二酚，用水溶解并定容至 100 mL。

体积分数 0.46% 过氧化氢：量取 0.46 mL 过氧化氢，用水溶解并定容至 100 mL。

体积分数 4% 愈创木酚：量取 4 mL 愈创木酚，用水溶解并定容至 100 mL。

偏磷酸溶液（20 g/L）：称取 20 g 偏磷酸，用水溶解并定容至 1 L。

草酸溶液（20 g/L）：称取 20 g 草酸，用水溶解并定容至 1 L。

2，6-二氯靛酚（2，6-二氯靛酚钠盐）溶液：称取碳酸氢钠 52 mg 溶解在 200 mL 热蒸馏水中，然后称取 2，6-二氯靛酚 50 mg 溶解在上述碳酸氢钠溶液中。冷却并用水定容至 250 mL，过滤至棕色瓶内，于 4 ~ 8 ℃环境中保存。每次使用前，用标准抗坏血酸溶液标定其滴定度。

3. 仪器与设备

紫外可见分光光度计，色差计，离心机，恒温水浴锅，微波炉，棕色滴定管。

四、实验四、实验步骤

1. 实验设计

（1）微波处理　清洗马铃薯，去皮切成 10 mm × 10 mm × 40 mm 的长条，分别设置 115 W

和 220 W 输出功率，分别微波处理 1，2，3 min，取出后立即置于冷水中冷却，沥干备用。沥水后的样品一部分立即进行酶活测定和抗坏血酸含量测定；另一部分于室温下放置 5 h，观察薯条颜色的变化，然后测定褐变指数，与未经微波处理的样品对比。

（2）热烫处理　清洗马铃薯，去皮切成 10 mm × 10 mm × 40 mm 的长条，分别置于 85，90，95 ℃水浴锅中热烫 0，30，60，90，120，150，180 s，取出后立即置于冷水中冷却，沥干备用。沥水后的样品一部分立即进行酶活测定和抗坏血酸含量测定；另一部分于室温下放置 5 h，观察薯条颜色的变化，然后测定褐变指数，与未经热烫处理的样品对比。

2. 褐变指数

使用色差仪对马铃薯片分别进行 L^*、a^* 和 b^* 值的测定。测色仪使用前经标准白板和黑板校正使其标准化，每组样品测定 5 次平行并取平均值。褐变指数计算如式（9–6）和式（9–7）所示：

$$褐变指数=\frac{x-0.31}{0.172}\times100 \tag{9–6}$$

$$x=\frac{a+1.75L}{5.645L+a-3.012b} \tag{9–7}$$

3. 粗酶液的制备

取 5.0 g 马铃薯切片与 20 mL 磷酸盐缓冲液（0.05 mol/L，pH 6.8）混合，加入 0.5 g 不溶性聚乙烯聚吡咯烷酮（PVPP），在 4 ℃下以 10000 r/min 离心 15 min，离心得到上清液即为多酚氧化酶 PPO、过氧化物酶 POD 的粗酶液。

4. PPO 活力的测定

反应混合物由 2 mL 0.05 mol/L 磷酸盐缓冲液（pH 6.8），0.5 mL 0.02 mol/L 邻苯二酚溶液和 0.2 mL 酶液组成。在 410 nm 处每隔 30 s 记录一次吸光度，共记录 3 min。一个单位的 PPO 活性定义为在 410 nm 处每分钟引起吸光度变化 0.1 所需的酶量。

5. POD 活力的测定

反应混合物由 2.7 mL 0.05 mol/L 磷酸盐缓冲液（pH 6.8），0.1 mL 0.46%（体积分数）过氧化氢，0.1 mL 4%（体积分数）愈创木酚和 0.1 mL 粗酶液组成。在 470 nm 处每隔 30 s 记录一次吸光度，共记录 3 min。将每分钟引起吸光度变化 0.1 所需的酶量定义为一个单位的 POD 活性。

6. 抗坏血酸含量的测定

（1）样品处理　称取 100 g 经过处理的蔬菜或水果，放入粉碎机中，加入 100 g 偏磷酸溶液或草酸溶液，迅速捣成匀浆。准确称取 10 ~ 40 g 匀浆样品（精确至 0.01 g）于烧杯中，用偏磷酸溶液或草酸溶液将样品转移至 100 mL 容量瓶，并稀释至刻度，摇匀后过滤。若滤液有颜色，可按每克样品加 0.4 g 白陶土脱色后再过滤。

（2）滴定　准确吸取 10 mL 滤液于 50 mL 锥形瓶中，用标定过的 2，6– 二氯靛酚溶液滴定，直至溶液呈粉红色 15 s 不褪色为止。同时做空白试验。

（3）2，6– 二氯靛酚溶液的标定　见附录Ⅱ。

（4）计算　试样中 L（+）– 抗坏血酸含量按式（9–8）计算：

$$X=\frac{(V-V_0)\times T\times A}{m}\times100 \tag{9–8}$$

式中　X——试样中 L（+）– 抗坏血酸含量，mg/100 g；

V——滴定试样所消耗 2，6- 二氯靛酚溶液的体积，mL；

V_0——滴定空白所消耗 2，6- 二氯靛酚溶液的体积，mL；

T——2，6- 二氯靛酚溶液的滴定度，即每毫升 2，6- 二氯靛酚溶液相当于抗坏血酸的毫克数，mg/mL；

A——稀释倍数；

m——试样质量，g。

五、结果分析

记录褐变指数、酶活力和抗坏血酸损失随着微波功率和时间，热烫温度和时间变化的曲线图，分析影响上述指标的主要因素。

六、思考题

（1）热烫处理对食品品质的影响有哪些？

（2）控制鲜切马铃薯酶促反应的发生方式有哪些？

七、说明

（1）抗坏血酸的测定方法参考 GB 5009.86—2016《食品安全国家标准　食品中抗坏血酸的测定》中第三法。注意整个检测过程应在避光条件下进行，不适用于深色样品。

（2）多酚氧化酶最适范围为 pH 6 ～ 7，当 pH<3 时，多酚氧化酶几乎完全失去活性。在浸泡原料的水中，加入适量酸性物质，如柠檬酸、苹果酸、抗环血酸等，改变 pH，可以较长时间防止褐变的发生。

（3）多酚氧化酶和过氧化物酶活力可选用相应的试剂盒进行测定。

附录

附录一　常见指示剂

附表 1-1　　酸碱指示剂

指示剂	变色范围 pH	颜色变化	pK_{HLn}	浓度	用量/（滴/10 mL 试液）
百里酚蓝	1.2 ~ 2.8	红 – 黄	1.65	1 g/L（20% 乙醇溶液配置）	1 ~ 2
甲基黄	2.9 ~ 4.0	红 – 黄	3.25	1 g/L（90% 乙醇溶液配置）	1
甲基橙	3.1 ~ 4.4	红 – 黄	3.45	0.5 g/L（水溶液配置）	1
溴酚蓝	3.0 ~ 4.6	黄 – 紫	4.1	1 g/L（20% 乙醇溶液或其钠盐水溶液配置）	1
溴甲酚绿	4.0 ~ 5.6	黄 – 蓝	4.9	1 g/L（20% 乙醇溶液或其钠盐水溶液配置）	1 ~ 3
甲基红	4.4 ~ 6.2	红 – 黄	5.0	1 g/L（60% 乙醇溶液或其钠盐水溶液配置）	1
溴百里酚蓝	6.2 ~ 7.6	黄 – 蓝	7.2	1 g/L（20% 乙醇溶液或其钠盐水溶液配置）	1
中性红	6.8 ~ 8.0	红 – 黄橙	7.4	1 g/L（60% 乙醇溶液配置）	1
苯酚红	6.4 ~ 8.4	黄 – 红	8.0	0.5 g/L（60% 乙醇溶液或其钠盐水溶液配置）	1
酚酞	8.0 ~ 10.0	无 – 红	9.1	0.5 g/L（90% 乙醇溶液配置）	1 ~ 3
百里酚蓝	8.0 ~ 9.6	黄 – 蓝	8.9	1 g/L（20% 乙醇溶液配置）	1 ~ 4
百里酚酞	9.4 ~ 10.6	无 – 蓝	10.0	1 g/L（90% 乙醇溶液配置）	1 ~ 2

附表 1-2　　配位滴定指示剂

名称	配制	用于测定		
		元素	颜色变化	测定条件
酸型铬蓝 K	0.1% 乙醇溶液	Ca	红 - 蓝	pH=12
		Mg	红 - 蓝	pH=10（氨性缓冲液）
钙指示剂	与 NaCl 配成 1∶100 的固体混合物	Ca	酒红 - 蓝	pH>12（KOH 或 NaOH）
二硫腙	0.03% 乙醇溶液	Zn	红 - 绿紫	pH=4.5，50% 乙醇溶液
铬黑 T（EBT）	与 NaCl 配成 1∶100 的固体混合物	Al	蓝 - 红	pH=7 ~ 8，吡啶存在下，以 Zn^{2+} 回流
		Bi	蓝 - 红	pH=9 ~ 10，以 Zn^{2+} 回流
		Ca	红 - 蓝	pH=10 加 EDTA-Mg
		Cd	红 - 蓝	pH=10（氨性缓冲液）
		Mg	红 - 蓝	pH=10（氨性缓冲液）
		Mn	红 - 蓝	氨性缓冲液，加羟胺
		Ni	红 - 蓝	氨性缓冲液
		Pb	红 - 蓝	氨性缓冲液，加酒石酸钾
		Zn	红 - 蓝	pH=6.8 ~ 10（氨性缓冲液）
4-（2- 吡啶偶氮）间苯二酚（PAR）	0.05% 或 0.2% 水溶液	Bi	红 - 黄	pH=1 ~ 2（HNO_3）
		Cu	红 - 黄	pH=5 ~ 11（六亚甲基酸钠，氨性缓冲液）
		Pb	红 - 黄	六亚甲基四胺或氨性缓冲液
二甲酚橙	0.5% 乙醇（或水）溶液	Bi	红 - 黄	pH=1 ~ 2（HNO_3）
		Cd	粉红 - 黄	pH=5 ~ 6 六亚甲基四胺
		Pb	红紫 - 黄	pH=5 ~ 6 醋酸缓冲溶液
		Th	红 - 黄	pH=1.6 ~ 3.5（HNO_3）
		Zn	红 - 黄	pH=5 ~ 6 醋酸缓冲溶液
磺基水杨酸	1% ~ 2% 水溶液	Fe^{3+}	红紫 - 黄	pH=1.5 ~ 3
PAN	0.1% 乙醇（或甲醇）溶液	Cd	红 - 黄	pH=6 醋酸缓冲溶液
		Co	黄 - 红	醋酸缓冲溶液，70 ~ 80 ℃以 Cu^{2+} 回流
		Cu	紫 - 黄	pH=10（氨性缓冲液）
		Zn	红 - 黄	pH=6（醋酸缓冲溶液）
			粉红 - 黄	pH=5 ~ 7（醋酸缓冲溶液）

附表 1-3 氧化还原指示剂

名称	配制	ϕ（pH=0）	氧化型颜色	还原型颜色
中性红	0.01% 的 60% 乙醇溶液	+0.240	红	无色
亚甲蓝	0.05% 水溶液	+0.532	天蓝	无色
二苯胺	1% 浓硫酸溶液	+0.76	紫	无色
二苯胺磺酸钠	0.2% 水溶液	+0.85	红紫	无色
邻苯氨基苯甲酸	0.2% 水溶液	+0.89	红紫	无色
邻二氮菲亚铁离子	1.624 g 邻二氮菲和 0.695 g $FeSO_4 \cdot 7H_2O$ 配成 100 mL 水溶液	+1.06	浅蓝	红

附表 1-4 中和滴定混合指示剂

混合指示剂的组成成分	酸性	变色点	碱性	备注
1 份甲基红（0.2% 乙醇） 1 份亚甲蓝（0.1% 乙醇）	紫红	5.4	绿	pH 5.2 时呈紫红色 pH 5.4 时呈灰蓝色 pH 5.6 时呈灰绿色
1 份中性红（0.1% 乙醇） 1 份亚甲蓝（0.1% 乙醇）	紫蓝	7.0	绿	
1 份百里酚蓝（0.1% 乙醇） 1 份酚酞（0.1% 乙醇）	黄	9.0	紫	

附录二　常见标准滴定溶液配制与标定

1. 盐酸标准滴定溶液

（1）配制　按附表 2–1 的规定量取盐酸，注入 1000 mL 水中，摇匀。

附表 2–1　盐酸标准溶液配制

盐酸标准滴定溶液的浓度［c（HCl）］/（mol/L）	盐酸的体积 V/mL
1.0	90
0.5	45
0.1	9

（2）标定　按附表 2–2 的规定称取于 270 ~ 300 ℃高温炉中灼烧至恒温的工作基准试剂无水碳酸钠，溶于 50 mL 水中，加 10 滴溴甲酚绿 – 甲基红指示液，用配制好的盐酸溶液滴定至溶液由绿色变成暗红色，煮沸 2 min，冷却后继续滴定至溶液再呈暗红色，同时做空白试验。

附表 2–2　标定标准盐酸溶液所用基准试剂量

盐酸标准滴定溶液的浓度［c（HCl）］/（mol/L）	工作基准试剂无水碳酸钠的质量 m/g
1.0	1.90
0.5	0.95
0.1	0.20

盐酸标准滴定溶液的浓度［c（HCl）］，以 mol/L 表示，按下式计算。

$$c(\mathrm{HCl})=\frac{m\times1000}{(V_1-V_2)M}$$

式中　m——无水碳酸钠的质量，g；

V_1——盐酸溶液的体积，mL；

V_2——空白试验消耗盐酸溶液的体积，mL；

M——无水碳酸钠 $\left(\frac{1}{2}\mathrm{Na_2CO_3}\right)$ 的摩尔质量，52.994 g/mol。

2. 硫酸标准滴定溶液

（1）配制　按附表 2–3 的规定量取硫酸，缓缓注入 1000 mL 水中，冷却，摇匀。

附表 2-3　　硫酸标准溶液配制

硫酸标准滴定溶液的浓度 $\left[c\left(\frac{1}{2}H_2SO_4\right)\right]$/(mol/L)	硫酸的体积 V/mL
1.0	30
0.5	15
0.1	3

（2）标定　按附表 2-4 的规定称取于 270 ~ 300 ℃高温炉中灼烧至恒温的工作基准试剂无水碳酸钠，溶于 50 mL 水中，加 10 滴溴甲酚绿 - 甲基红指示液，用配制好的硫酸溶液滴定至溶液由绿色变成暗红色，煮沸 2 min，冷却后继续滴定至溶液再呈暗红色，同时做空白试验。

附表 2-4　　标定标准盐酸溶液所用基准试剂量

硫酸标准滴定溶液的浓度 $\left[c\left(\frac{1}{2}H_2SO_4\right)\right]$/(mol/L)	工作基准试剂无水碳酸钠的质量 m/g
1.0	1.90
0.5	0.95
0.1	0.20

硫酸标准滴定溶液的浓度 $\left[c\left(\frac{1}{2}H_2SO_4\right)\right]$，以 mol/L 表示，按下式计算。

$$c\left(\frac{1}{2}H_2SO_4\right)=\frac{m\times1000}{(V_1-V_2)M}$$

式中　m——无水碳酸钠的质量，g；

V_1——硫酸溶液的体积，mL；

V_2——空白试验消耗硫酸溶液的体积，mL；

M——无水碳酸钠 $\left(\frac{1}{2}Na_2CO_3\right)$ 的摩尔质量，59.994 g/mol。

3. 草酸标准滴定溶液

（1）配制　$c\left(\frac{1}{2}H_2C_2O_4\right)$=0.1 mol/L：称取 6.4 g 草酸（$H_2C_2O_4\cdot 2H_2O$），溶于 1000 mL 水中，摇匀。

（2）标定　量取 35.00 ~ 40.00 mL 配制好的草酸溶液，加 100 mL 硫酸溶液（8+92），用高锰酸钾标准滴定溶液 $\left[c\left(\frac{1}{5}KMnO_4\right)=0.1\ mol/L\right]$ 滴定，近终点时加热至约 65 ℃，继续滴定至溶液呈粉红色，并保持 30 s。同时做空白试验。

草酸标准滴定溶液的浓度 $\left[c\left(\frac{1}{2}H_2C_2O_4\right)\right]$，以 mol/L 表示，按下式计算。

$$c\left(\frac{1}{2}H_2C_2O_4\right)=\frac{(V_1-V_2)\times c_1}{V}$$

式中　V_1——高锰酸钾标准滴定溶液的体积，mL；

V_2——空白试验消耗高锰酸钾标准滴定溶液的体积，mL；

c_1——高锰酸钾标准滴定溶液的浓度，mol/L；

V——草酸溶液的体积，mL。

4. 氢氧化钠标准滴定溶液

（1）配制　称取 110 g 氢氧化钠，溶于 100 mL 无二氧化碳的水中，摇匀，注入聚乙烯容器中，密闭放置至溶液清亮。按附表 2–5 规定，用塑料量管取上层清液，用无二氧化碳的水稀释至 1000 mL，摇匀。

附表 2–5　　氢氧化钠标准溶液配制

氢氧化钠标准滴定溶液的浓度［c（NaOH）］/（mol/L）	氢氧化钠溶液的体积 V/mL
1.0	54.0
0.5	27.0
0.1	5.4

（2）标定　按附表 2–6 的规定称取于 105 ~ 110 ℃电烘箱中干燥至恒温的工作基准试剂邻苯二甲酸氢钾，加无二氧化碳的水溶解，加 2 滴酚酞指示液（10 g/L），用配制好的氢氧化钠溶液滴定至溶液呈粉红色，并保持 30 s。同时做空白试验。

附表 2–6　　标定标准氢氧化钠溶液所用基准试剂量

氢氧化钠标准滴定溶液的浓度［c（NaOH）］/（mol/L）	工作基准试剂邻苯二甲酸氢钾的质量 m/g	无二氧化碳的水的体积 V/mL
1.0	7.50	54
0.5	3.60	27
0.1	0.75	5.4

氢氧化钠标准滴定溶液的浓度［c（NaOH）］，以 mol/L 表示，按下式计算。

$$c(\text{NaOH})=\frac{m\times1000}{(V_1-V_2)M}$$

式中　m——邻苯二甲酸氢钾的质量，g；

V_1——氢氧化钠溶液的体积，mL；

V_2——空白试验消耗氢氧化钠溶液的体积，mL；

M——邻苯二甲酸氢钾的摩尔质量，204.22 g/mol。

5. 碳酸钠标准滴定溶液

（1）配制　按附表 2–7 的规定称取于 270 ℃ ~ 300 ℃高温炉中灼烧至恒量的工作基准试剂无水碳酸钠，溶于水，移入 1000 mL 容量瓶中，稀释至刻度。

附表 2-7　　碳酸钠标准溶液配制

碳酸钠标准滴定溶液的浓度［c（NaOH）］/（mol/L）	无水碳酸钠质量 m/g
1.0	53.0
0.1	5.3

（2）标定　量取 35.00 ~ 40.00 mL 配制好的碳酸钠溶液，加附表 2.8 规定体积的水，加 10 滴溴甲酚绿 - 甲基红指示液，用附表 2-8 规定的相应浓度的盐酸标准滴定溶液滴定至溶液由绿色变成暗红色，煮沸 2 min，冷却后继续滴定至溶液再呈暗红色。

附表 2-8　　标定标准碳酸钠溶液所用基准试剂量

碳酸钠标准滴定溶液的浓度 $\left[c\left(\frac{1}{2}Na_2CO_3\right)\right]$/（mol/L）	加入水的体积 V/mL	盐酸标准滴定溶液的浓度［c（HCl）］/（mol/L）
1.0	50	1.0
0.1	20	0.1

碳酸钠标准滴定溶液的浓度 $\left[c\left(\frac{1}{2}Na_2CO_3\right)\right]$，以 mol/L 表示，按下式计算。

$$c\left(\frac{1}{2}Na_2CO_3\right)=\frac{V_1\times c_1}{V}$$

式中　V_1——盐酸标准滴定溶液的体积，mL；

c_1——盐酸标准滴定溶液的浓度，mol/L；

V——碳酸钠溶液的体积，mL。

6. 硫代硫酸钠标准滴定溶液

（1）配制　$c(Na_2S_2O_3)$=0.1 mol/L：称取 26 g 硫代硫酸钠（$Na_2S_2O_3\cdot 5H_2O$）（或 16 g 无水硫代硫酸钠），加 0.2 g 无水碳酸钠，溶于 1000 mL 水中，缓缓煮沸 10 min，冷却，放置两周后过滤。

（2）标定　称取 0.18 g 于（120 ± 2）℃干燥至恒重的工作基准试剂重铬酸钾，置于碘量瓶中，溶于 25 mL 水，加 2 g 碘化钾及 20 mL 硫酸溶液（20%），摇匀，于暗处放置 10 min，加 150 mL 水（15 ~ 20 ℃），用配制好的硫代硫酸钠滴定，近终点时加 2 mL 淀粉指示液（10 g/L），继续滴定至溶液由蓝色变为亮绿色。同时做空白试验。

硫代硫酸钠标准滴定溶液的浓度［$c(Na_2S_2O_3)$］，以 mol/L 表示，按下式计算。

$$c(Na_2S_2O_3)=\frac{m\times 1000}{(V_1-V_2)M}$$

式中　m——重铬酸钾的质量，g；

V_1——硫代硫酸钠溶液的体积，mL；

V_2——空白试验消耗硫代硫酸钠溶液的体积，mL；

M——重铬酸钾 $\left[\left(\frac{1}{6}K_2Cr_2O_7\right)\right]$ 的摩尔质量，49.031 g/mol。

7. 乙二胺四乙酸二钠标准滴定溶液

（1）配制　按附表 2-9 的规定量取乙二胺四乙酸二钠，缓缓往入 1000 mL 水中，加热溶解，冷却，摇匀。

附表 2-9　　乙二胺四乙酸二钠标准溶液配制

乙二胺四乙酸二钠标准滴定溶液的浓度［c（EDTA）］/（mol/L）	乙二胺四乙酸二钠的质量 m/g
0.10	40
0.05	20
0.02	8

（2）标定

① 标定乙二胺四乙酸二钠标准滴定溶液［c（EDTA）= 0.1 mol/L］和［c（EDTA）= 0.05 mol/L］：按附表 2-10 的规定称取于（800 ± 50）℃高温炉中灼烧至恒温的工作基准试剂氧化锌，用少量水湿润，加 2 mL 盐酸（20%）溶解，加 100 mL 水，用氨水溶液（10%）调节 pH 至 7 ~ 8，加 10 mL 氨 - 氯化铵缓冲溶液甲（pH ≈ 10）及 5 滴铬黑 T 指示液（5 g/L），用配制好的乙二胺四乙酸二钠溶液滴定至溶液由紫色变成纯蓝色。同时做空白试验。

附表 2-10　　标定标准乙二胺四乙酸二钠溶液所用基准试剂量

乙二胺四乙酸二钠标准滴定溶液的浓度［c（EDTA）］/（mol/L）	工作基准试剂氧化锌的质量 m/g
0.10	0.30
0.05	0.15

乙二胺四乙酸二钠标准滴定溶液的浓度［c（EDTA）］，以 mol/L 表示，按下式计算。

$$c(\mathrm{EDTA})=\frac{m\times 1000}{(V_1-V_2)M}$$

式中　m——氧化锌的质量，g；

V_1——乙二胺四乙酸二钠溶液的体积，mL；

V_2——空白试验消耗乙二胺四乙酸二钠溶液的体积，mL；

M——氧化锌的摩尔质量，81.39 g/mol。

② 标定乙二胺四乙酸二钠标准滴定溶液［c（EDTA）=0.02 mol/L］：称取 0.42 g 于（800 ± 50）℃高温炉中灼烧至恒温的工作基准试剂氧化锌，用少量水湿润，加 3 mL 盐酸（20%）溶解，移入 250 mL 容量瓶中，稀释至刻度，摇匀，取 35. 00 ~ 40.00 mL，加 70 mL 水，用氨水溶液（10%）调节 pH 至 7 ~ 8，加 10 mL 氨 - 氯化铵缓冲溶液甲（pH ≈ 10）及 5 滴铬黑 T 指示液（5 g/L），用配制好的乙二胺四乙酸二钠溶液滴定至溶液由紫色变成纯蓝色。同时做空白试验。

乙二胺四乙酸二钠标准滴定溶液的浓度［c（EDTA）］，以 mol/L 表示，按下式计算。

$$c(\mathrm{EDTA})=\frac{m\times\left(\dfrac{V_1}{250}\right)\times 1000}{(V_2-V_3)M}$$

式中　m——氧化锌的质量，g；

V_1——氧化锌溶液的体积，mL；

V_2——乙二胺四乙酸二钠溶液的体积，mL；

V_3——空白试验消耗乙二胺四乙酸二钠溶液的体积，mL；

M——氧化锌的摩尔质量，81.39 g/mol。

8. 氢氧化钾－乙醇标准滴定溶液

（1）配制　配制 $c(KOH)$=0.1 mol/L：称取 8 g 氢氧化钾置于聚乙烯容器中，加少量水（约 5 mL）溶解，用乙醇（95%）稀释至 1000 mL，密闭放置 24 h。用塑料管虹吸上层清液至另一聚乙烯容器中。

（2）标定　称取 0.75 g 于 105 ~ 110 ℃电烘箱中干燥至恒重的工作基准试剂邻苯二甲酸氢钾，溶于 50 mL 无二氧化碳的水中，加 2 滴酚酞指示液（10 g/L），用配制好的氢氧化钾－乙醇溶液滴定至溶液呈粉红色。同时做空白实验。临用前标定。

氢氧化钾标准滴定溶液的浓度［$c(KOH)$］，以 mol/L 表示，按下式计算。

$$c(KOH)=\frac{m\times1000}{(V_1-V_2)M}$$

式中　m——邻苯二甲酸氢钾的质量，g；

V_1——氢氧化钾－乙醇溶液的体积，mL；

V_2——空白试验消耗氢氧化钾－乙醇溶液的体积，mL；

M——邻苯二甲酸氢钾的摩尔质量，204.22 g/mol。

9. 高锰酸钾标准滴定溶液

（1）配制　配制 $c\left(\frac{1}{5}KMnO_4\right)$=0.1 mol/L。称取 3. 3 g 高锰酸钾溶于 1050 mL 水中，缓缓煮沸 15 min，冷却，于暗处放置两周，用已处理过的 4 号玻璃滤埚过滤。贮藏于棕色瓶中。

玻璃滤埚的处理是指玻璃滤埚在同样浓度的高锰酸钾溶液中缓缓煮沸 5 min。

（2）标定　称取 0.25 g 于 105 ~ 110 ℃电烘箱中干燥至恒重的工作基准试剂草酸钠，溶于 100 mL 硫酸溶液（8+92），用配制好的高锰酸钾溶液滴定，近终点时加热至约 65 ℃，继续滴定至溶液呈粉红色，并保持 30 s。同时做空白试验。

高锰酸钾标准滴定溶液的浓度$\left[c\left(\frac{1}{5}KMnO_4\right)\right]$，以 mol/L 表示，按下式计算。

$$c\left(\frac{1}{5}KMnO_4\right)=\frac{m\times1000}{(V_1-V_2)M}$$

式中　m——草酸钠的质量，g；

V_1——高锰酸钾溶液的体积，mL；

V_2——空白试验消耗高锰酸钾溶液的体积，mL；

M——草酸钠 $\left(\frac{1}{2}Na_2C_2O_4\right)$ 的摩尔质量，60.999 g/mol。

10. 重铬酸钾标准滴定溶液

方法 1

（1）配制　配制 $c\left(\frac{1}{6}K_2Cr_2O_7\right)$=0.1 mol/L：称取 5 g 重铬酸钾，溶于 1000 mL 水中，摇匀。

（2）标定　量取 35. 00 ~ 40. 00 mL 配制好的重铬酸钾溶液，置于碘量瓶中，加 2 g 碘化钾及 20 mL 硫酸溶液（20%），摇匀，于暗处放置 10 min，加 150 mL 水（15 ~ 20 ℃），用硫代硫酸钠标准滴定溶液［$c(Na_2S_2O_3)$=0.1 mol/L］滴定，近终点时加 2 mL 淀粉指示液（10 g/L）由蓝色变为亮绿色。同时做空白试验。

重铬酸钾标准滴定溶液的浓度$\left[c\left(\frac{1}{6}K_2Cr_2O_7\right)\right]$，以 mol/L 表示，按下式计算。

$$c\left(\frac{1}{6}K_2Cr_2O_7\right)=\frac{(V_1-V_2)\times c}{V}$$

式中 V_1——硫代硫酸钠标准滴定溶液的体积，mL；

V_2——空白试验消耗硫代硫酸钠标准滴定溶液的体积，mL；

c——硫代硫酸钠标准滴定溶液的浓度，mol/L；

V——重铬酸钾溶液的体积，mL。

方法 2

称取（4.90±0.20）g 已在（120±2）℃的电供热箱中干燥至恒重的工作基准试剂重铬酸钾，溶于水，移入 1000 mL 容量瓶中，稀释至刻度。

重铬酸钾标准滴定溶液的浓度$\left[c\left(\frac{1}{6}K_2Cr_2O_7\right)\right]$，以 mol/L 表示，按下式计算。

$$c\left(\frac{1}{6}K_2Cr_2O_7\right)=\frac{m\times 1000}{VM}$$

式中 m——重铬酸钾的质量，g；

V——重铬酸钾溶液的体积，mL；

M——重铬酸钾$\left(\frac{1}{6}K_2Cr_2O_7\right)$的摩尔质量，49.031 g/mol。

11. 碘酸钾标准滴定溶液

方法 1

（1）配制 按附表 2–11 的规定称取碘酸钾，溶于 1000 mL 水中，摇匀。

附表 2–11 碘酸钾标准溶液配制

碘酸钾标准滴定溶液的浓度$\left[c\left(\frac{1}{6}KIO_3\right)\right]$/（mol/L）	碘酸钾的质量 m/g
0.30	11.0
0.10	3.6

（2）标定 按附表 2–12 规定，取配制好的碘酸钾溶液、水及碘化钾，置于碘量瓶中，加 5 mL 盐酸溶液（20%），摇匀，于暗处放置 5 min，加 150 mL 水（15 ~ 20 ℃），用硫代硫酸钠标准滴定溶液［$c(Na_2S_2O_3)$=0.1 mol/L］滴定，近终点时加 2 mL 淀粉指示液（10 g/L），继续滴定至溶液蓝色消失，同时做空白试验。

附表 2–12 碘酸钾标准溶液标定

碘酸钾标准滴定溶液的浓度$\left[c\left(\frac{1}{6}KIO_3\right)\right]$/（mol/L）	碘酸钾溶液的体积 V/mL	加入水的体积 V/mL	碘化钾的质量 m/g
0.30	11.00 ~ 13.00	20	11.0
0.10	35.00 ~ 40.00	0	3.6

碘酸钾标准滴定溶液的浓度$\left[c\left(\frac{1}{6}KIO_3\right)\right]$，以 mol/L 表示，按下式计算。

$$c\left(\frac{1}{6}KIO_3\right)=\frac{(V_1-V_2)\times c}{V}$$

式中 V_1——硫代硫酸钠标准滴定溶液的体积，mL；

V_2——空白试验消耗硫代硫酸钠标准滴定溶液的体积，mL；

c——硫代硫酸钠标准滴定溶液的浓度，mol/L；

V——碘酸钾溶液的体积，mL。

方法 2

按附表 2–13 的规定量，称取已在（180 ± 2）℃的电烘箱中干燥至恒重的工作基准试剂碘酸钾，溶于 1000 mL 水中，摇匀。

附表 2–13 标定标准碘酸钾溶液所用基准试剂量

碘酸钾标准滴定溶液的浓度$\left[c\left(\frac{1}{6}KIO_3\right)\right]$/（mol/L）	工作基准试剂碘酸钾的质量 m/g
0.3	10.70 ± 0.50
0.1	3.57 ± 0.15

碘酸钾标准滴定溶液的浓度$\left[c\left(\frac{1}{6}KIO_3\right)\right]$，以 mol/L 表示，按下式计算。

$$c\left(\frac{1}{6}KIO_3\right)=\frac{m\times 1000}{VM}$$

式中 m——碘酸钾的质量，g；

V——碘酸钾溶液的体积，mL；

M——碘酸钾$c\left(\frac{1}{6}KIO_3\right)$的摩尔质量，35.667 g/mol。

12. 碘标准滴定溶液

（1）配制 配制$c\left(\frac{1}{2}I_2\right)$=0.1 mol/L: 称取 13 g 碘及 35 g 碘化钾，溶于 100 mL 水中，稀释至 1000 mL，摇匀，贮藏于棕色瓶中。

（2）标定

方法 1

称取 0.18 g 预先在硫酸干燥器中干燥至恒重的工作基准试剂三氧化二砷，置于碘量瓶中，加 6 mL 氢氧化钠标准滴定溶液［c（NaOH）= 1 mol/L］溶解，加 50 mL 水，加 2 滴酚酞指示液（10 g/L），用硫酸标准滴定溶液$\left[c\left(\frac{1}{2}H_2SO_4\right)=1\ mol/L\right.$滴定至溶液无色，加 3 g 碳酸氢钠及 2 mL 淀粉指示液（10 g/L），用配制好的碘溶液滴定至溶液呈蓝色。同时做空白试验。

碘标准滴定溶液的浓度$\left[c\left(\frac{1}{2}I_2\right)\right]$，以 mol/L 表示，按下式计算。

$$c\left(\frac{1}{2}I_2\right)=\frac{m\times 1000}{(V_1-V_2)M}$$

式中 m——三氧化二砷的质量，g；

V_1——碘溶液的体积，mL；

V_2——空白试验消耗碘溶液的体积，mL；

M——三氧化二砷 $\left(\frac{1}{4}As_2O_3\right)$ 的摩尔质量，49.460 g/mol。

方法 2

量取 35.00 ~ 40.00 mL 配制好的碘溶液，置于碘量瓶中，加 150 mL 水（15 ~ 20 ℃），用硫代硫酸钠标准滴定溶液［c（$Na_2S_2O_3$）=0. 1 mol/L］滴定，近终点时加 2 mL 淀粉指示液（10 g/L），继续滴定至溶液蓝色消失。

同时做水所消耗的碘的空白试验：取 250 mL（15 ~ 20 ℃）水，加 0.05 ~ 0. 20 mL 配制好的碘溶液及 2 mL 淀粉指示液（10 g/L），用硫代硫酸钠标准滴定溶液［c（$Na_2S_2O_3$）=0. 1 mol/L］滴定至溶液蓝色消失。

碘标准滴定溶液的浓度 $\left[c\left(\frac{1}{2}I_2\right)\right]$，以 mol/L 表示，按下式计算。

$$c\left(\frac{1}{2}I_2\right)=\frac{(V_1-V_2)\times c}{V_3-V_4}$$

式中 V_1——硫代硫酸钠标准滴定溶液的体积，mL；

V_2——空白试验消耗硫代硫酸钠标准滴定溶液的体积，mL；

c——硫代硫酸钠标准滴定溶液的浓度，mol/L；

V_3——碘溶液的体积，mL；

V_4——空白试验中加入的碘溶液的体积，mL。

13. 硝酸银标准滴定溶液

（1）配制 配制 c（$AgNO_3$）=0.1 mol/L：称取 17.5 g 硝酸银，溶于 1000 mL 水中，摇匀，贮藏于棕色瓶中。

（2）标定 称取 0.22 g 于 500 ~ 600 ℃的高温炉中灼烧至恒重的工作基准试剂氯化钠，溶于 70 mL 水中，加 10 mL 淀粉溶液（10 g/L），以 216 型银电极做指示电极，217 型双盐桥饱和甘汞电极做参比电极，用配制好的硝酸银溶液滴定。

硝酸银标准滴定溶液的浓度［c（$AgNO_3$）］，以 mol/L 表示，按下式计算。

$$c(AgNO_3)=\frac{m\times1000}{VM}$$

式中 m——氯化钠的质量，g；

V——硝酸银溶液的体积，mL；

M——氯化钠的摩尔质量，58.442 g/mol。

14. 氯化锌溶液的标定

（1）配制 称取 7 g 氯化锌，溶于 1000 mL 盐酸溶液（1+2000）中，摇匀。

（2）标定 称取 0.7 g 经硝酸镁饱和溶液恒湿器中放置 7 d 后的工作基准试剂 EDTA，溶于 100 mL 热水中，加 10 mL 氨 – 氯化铵缓冲溶液（pH=10），用配制的氯化锌溶液滴定，近终点时加 5 滴铬黑 T 指示液（5 g/L），继续滴定至溶液由蓝色变为紫红色。同时做空白试验。

氯化锌标准滴定溶液的浓度，按下式计算：

$$c=\frac{m\times1000}{(V_1-V_2)\times M}$$

式中 c——氯化锌标准滴定溶液的浓度，mol/L；

m——乙二胺四乙酸二钠质量，g；

V_1——氯化锌溶液体积，mL；

V_2——空白试验消耗氯化锌溶液体积，mL；

M——乙二胺四乙酸二钠的摩尔质量，g/mol（372.24）。

15. 2，6-二氯靛酚溶液的标定

（1）配制　称取碳酸氢钠 52 mg 溶解在 200 mL 热蒸馏水中，然后称取 2，6-二氯靛酚 50 mg 溶解在上述碳酸氢钠溶液中。冷却并用水定容至 250 mL，过滤至棕色瓶内，于 4 ~ 8 ℃ 环境中保存。

（2）标定　准确吸取 1 mL 抗坏血酸标准溶液于 50 mL 锥形瓶中，加入 10 mL 偏磷酸溶液或草酸溶液，摇匀，用 2，6-二氯靛酚溶液滴定至粉红色，保持 15 s 不褪色为止。同时另取 10 mL 偏磷酸溶液或草酸溶液做空白试验。

2，6-二氯靛酚溶液的滴定度按下式计算：

$$T=\frac{c\times V}{V_1-V_0}$$

式中　T——2，6-二氯靛酚溶液的滴定度，即每毫升 2，6-二氯靛酚溶液相当于抗坏血酸的毫克数，mg/mL；

c——抗坏血酸标准溶液的质量浓度，mg/mL；

V——吸取抗坏血酸标准溶液的体积，mL；

V_1——滴定抗坏血酸标准溶液所消耗 2，6-二氯靛酚溶液的体积，mL；

V_0——滴定空白所消耗 2，6-二氯靛酚溶液的体积，mL。

附录三　缓冲溶液的配制

1. 邻苯二甲酸氢钾－盐酸缓冲液（pH = 2.2 ～ 4.0）

50 mL 0.1 mol/L 邻苯二甲酸氢钾溶液（20.42 g/L）+ x mL 0.1 mol/L 盐酸溶液，加水稀释至 100 mL。

pH	x/mL	pH	x/mL	pH	x/mL
2.2	49.5	2.9	25.7	3.6	6.3
2.3	45.8	3.0	22.3	3.7	4.5
2.4	42.2	3.1	18.8	3.8	2.9
2.5	38.8	3.2	15.7	3.9	1.4
2.6	35.4	3.3	12.9	4.0	0.1
2.7	32.1	3.4	10.4		
2.8	28.9	3.5	8.2		

2. 氯化钾－盐酸缓冲溶液（pH = 1.0 ～ 2.2）

25 mL 0.2 mol/L 氯化钾溶液（14.919 g/L）+ x mL 0.2 mol/L 盐酸溶液，加水稀释至 100 mL。

pH	x/mL	pH	x/mL	pH	x/mL
1.0	67.0	1.5	20.7	2.0	68.5
1.1	52.8	1.6	16.2	2.1	69.9
1.2	42.5	1.7	13.0	2.2	71.1
1.3	33.6	1.8	10.2		
1.4	26.6	1.9	8.1		

3. 甘氨酸－盐酸缓冲溶液（pH = 2.2 ～ 3.6）

25 mL 0.2 mol/L 甘氨酸溶液（15.01 g/L）+ x mL 0.2 mol/L 盐酸溶液，加水稀释至 100 mL。

pH	x/mL	pH	x/mL
2.2	22.0	3.0	5.7
2.4	16.2	3.2	4.1
2.6	12.1	3.4	3.2
2.8	8.4	3.6	2.5

4. 磷酸二氢钠－柠檬酸缓冲溶液（pH = 2.6 ～ 7.6）

x mL 0.1 mol/L 柠檬酸溶液（柠檬酸· H_2O，21.01 g/L）+ y mL 0.2 mol/L 磷酸二氢钠溶液（Na_2HPO_4· H_2O，35.61 g/L）。

pH	x/mL	y/mL	pH	x/mL	y/mL
2.6	89.10	10.90	5.2	46.60	53.60
2.8	84.15	15.85	5.4	44.25	55.75
3.0	79.45	20.55	5.6	42.00	58.00
3.2	75.30	24.70	5.8	39.55	60.45
3.4	71.50	28.50	6.0	36.85	63.15
3.6	67.80	32.20	6.2	33.90	66.10
3.8	64.50	35.50	6.4	30.75	69.25
4.0	61.45	38.55	6.6	27.25	72.75
4.2	58.60	41.40	6.8	22.75	77.25
4.4	55.90	44.10	7.0	17.65	82.35
4.6	53.25	46.75	7.2	13.05	86.95
4.8	50.70	49.30	7.4	9.15	90.85
5.0	48.50	51.50	7.6	6.35	93.65

5. 柠檬酸－柠檬酸钠缓冲溶液（pH = 3.0 ～ 6.2）

x mL 0.1 mol/L 柠檬酸溶液（柠檬酸· H_2O，21.01 g/L）+ y mL 0.1 mol/L 柠檬酸钠溶液（柠檬酸钠· H_2O，29.4 g/L）。

pH	x/mL	y/mL	pH	x/mL	y/mL
3.0	82.0	18.0	4.8	40.0	60.0
3.2	77.5	22.5	5.0	35.0	65.0
3.4	73.0	27.0	5.2	30.0	70.0
3.6	68.5	31.5	5.4	25.5	74.5
3.8	63.5	36.5	5.6	21.0	79.0
4.0	59.0	41.0	5.8	16.0	84.0
4.2	54.0	46.0	6.0	11.5	88.5
4.4	49.5	50.5	6.2	8.0	92.0
4.6	44.5	55.5			

6. 乙酸 – 乙酸钠缓冲溶液（pH = 3.7 ~ 5.8）（18 ℃）

x mL 0.2 mol/L 乙酸钠溶液（乙酸钠· $3H_2O$，27.22 g/L）+ y mL 0.2 mol/L 乙酸溶液。

pH	x/mL	y/mL	pH	x/mL	y/mL
3.7	10.0	90.0	4.8	59.0	41.0
3.8	12.0	88.0	5.0	70.0	30.0
4.0	18.0	82.0	5.2	79.0	21.0
4.2	26.5	73.5	5.4	86.0	14.0
4.4	37.0	63.0	5.6	91.0	9.0
4.6	49.0	51.0	5.8	94.0	6.0

7. 二甲基戊二酸 – 氢氧化钠缓冲溶液（pH = 3.2 ~ 7.6）

50 mL 0.1 mol/L 2，2 – 二甲基戊二酸溶液（16.02 g/L）+ x mL 0.2 mol/L 氢氧化钠溶液，加水稀释至 100 mL。

pH	x/mL	pH	x/mL
3.2	4.15	5.6	27.90
3.4	7.35	5.8	29.85
3.6	11.00	6.0	32.50
3.8	13.70	6.2	35.25
4.0	16.65	6.4	37.75
4.2	18.40	6.6	42.35
4.4	19.60	6.8	44.00
4.6	20.85	7.0	45.20
4.8	21.95	7.2	46.05
5.0	23.10	7.4	46.60
5.2	24.50	7.6	47.00
5.4	26.00		

8. 丁二酸 – 氢氧化钠缓冲溶液（pH = 3.8 ~ 6.0）

25 mL 0.2 mol/L 丁二酸溶液（23.62 g/L）+ x mL 0.2 mol/L 氢氧化钠溶液，加水稀释至 100 mL。

pH	x/mL	pH	x/mL
3.8	7.5	5.0	26.7
4.0	10.0	5.2	30.3
4.2	13.3	5.4	34.2
4.4	16.7	5.6	37.5
4.6	20.0	5.8	40.7
4.8	23.5	6.0	43.5

9. 邻苯二甲酸氢钾 – 氢氧化钠缓冲溶液（pH = 4.1 ~ 5.9）

50 mL 0.1 mol/L 邻苯二甲酸氢钾溶液（20.42 g/L）+ x mL 0.1 mol/L 氢氧化钠溶液，加水稀释至 100 mL。

pH	x/mL	pH	x/mL
4.1	1.2	5.1	25.5
4.2	3.0	5.2	28.8
4.3	4.7	5.3	31.6
4.4	6.6	5.4	34.1
4.5	8.7	5.5	36.6
4.6	11.1	5.6	38.8
4.7	13.6	5.7	40.6
4.8	16.5	5.8	42.3
4.9	19.4	5.9	43.7
5.0	22.6		

10. 磷酸氢二钠 – 磷酸二氢钠缓冲溶液（pH = 5.8 ~ 8.0）

x mL 0.2 mol/L 磷酸氢二钠溶液（$Na_2HPO_4 \cdot 12H_2O$，71.64 g/L）+ y mL 0.2 mol/L 磷酸二氢钠溶液（$NaH_2PO_4 \cdot 2H_2O$，31.21 g/L）。

pH	x/mL	y/mL	pH	x/mL	y/mL
5.8	8.0	92.0	7.0	61.0	39.0
6.0	12.3	87.7	7.2	72.0	28.0
6.2	18.5	81.5	7.4	81.0	19.0
6.4	26.5	73.5	7.6	87.0	13.0
6.6	37.5	63.5	7.8	91.5	8.5
6.8	49.0	51.0	8.0	94.7	5.3

11. 磷酸二氢钾 – 氢氧化钠缓冲溶液（pH = 5.8 ~ 8.0）

50 mL 0.1 mol/L 磷酸二氢钾溶液（13.6 g/L）+ x mL 0.1 mol/L 氢氧化钠溶液，加水稀释至 100 mL。

pH	x/mL	pH	x/mL
5.8	3.6	7.0	29.1
5.9	4.6	7.1	32.1
6.0	5.6	7.2	34.7
6.1	6.8	7.3	37.0

续表

pH	x/mL	pH	x/mL
6.2	8.1	7.4	39.1
6.3	9.7	7.5	40.9
6.4	11.6	7.6	42.4
6.5	13.9	7.7	43.5
6.6	16.4	7.8	44.5
6.7	19.3	7.9	45.3
6.8	22.4	8.0	46.1
6.9	25.9		

12. Tris–盐酸缓冲溶液（pH＝7.0 ～ 9.0）

25 mL 0.2 mol/L 三羧甲基氨基甲烷溶液（24.33 g/L）＋ x mL 0.1 mol/L 盐酸溶液，加水稀释至 100 mL。

pH		x/mL	pH		x/mL
23 ℃	37 ℃		23 ℃	37 ℃	
7.20	7.05	45.0	8.23	8.10	22.5
7.36	7.22	42.5	8.32	8.18	20.0
7.54	7.40	40.0	8.40	8.27	17.5
7.66	7.52	37.5	8.50	8.37	15.0
7.77	7.63	35.0	8.62	8.48	12.5
7.87	7.73	32.5	8.74	8.60	10.0
7.96	7.82	30.0	8.92	8.78	7.5
8.05	7.90	27.5	9.10	8.95	5.0
8.14	8.00	25.0			

13. 巴比妥－盐酸缓冲溶液（pH＝6.8 ～ 9.6）（18 ℃）

100 mL 0.04 mol/L 巴比妥溶液（8.25 g/L）＋ x mL 0.2 mol/L 盐酸溶液。

pH	x/mL	pH	x/mL
6.8	18.40	8.4	5.21
7.0	17.80	8.6	3.82
7.2	16.70	8.8	2.52

续表

pH	x/mL	pH	x/mL
7.4	15.30	9.0	1.65
7.6	13.40	9.2	1.13
7.8	11.47	9.4	0.70
8.0	9.39	9.6	0.35
8.2	7.21		

14. 2，4，6– 三甲基吡啶 – 盐酸缓冲溶液（pH = 6.4 ~ 8.3）

25 mL 0.2 mol/L 2，4，6 – 三甲基吡啶溶液（$C_8H_{11}N$，24.24 g/L）+ x mL 0.2 mol/L 盐酸溶液，加水稀释至 100 mL。

pH		x/mL	pH		x/mL
23 ℃	37 ℃		23 ℃	37 ℃	
6.4	6.4	22.50	7.5	7.4	11.25
6.6	6.5	21.25	7.6	7.5	10.00
6.8	6.7	20.00	7.7	7.6	8.75
6.9	6.8	18.75	7.8	7.7	7.50
7.0	6.9	17.50	7.9	7.8	6.25
7.1	7.0	16.25	8.0	7.9	5.00
7.2	7.1	15.00	8.2	8.1	3.75
7.3	7.2	13.75	8.3	8.3	2.50
7.4	7.3	12.50			

15. 硼砂 – 硼酸缓冲溶液（pH = 7.4 ~ 9.0）

x mL 0.05 mol/L硼砂溶液（$Na_2B_4O_7 \cdot H_2O$，19.07 g/L）+ y mL 0.2 mol/L 硼酸溶液（12.37 g/L）。

pH	x/mL	y/mL	pH	x/mL	y/mL
7.4	1.0	9.0	8.2	3.5	6.5
7.6	1.5	8.5	8.4	4.5	5.5
7.8	2.0	8.0	8.7	6.0	4.0
8.0	3.0	7.0	9.0	8.0	2.0

16. 硼砂缓冲溶液（pH = 8.1 ~ 10.7）

50 mL 0.05 mol/L 硼砂溶液（$Na_2B_4O_7 \cdot 10H_2O$，9.525 g/L）+ *x* mL 0.1 mol/L 盐酸溶液或氢氧化钠溶液，加水稀释至 100 mL。

pH	x/mL（HCl）	pH	x/mL（NaOH）
8.1	19.7	9.4	6.2
8.2	18.8	9.5	8.8
8.3	17.7	9.6	11.1
8.4	16.6	9.7	13.1
8.5	15.2	9.8	15.0
8.6	13.5	9.9	16.7
8.7	11.6	10.0	18.3
8.8	9.4	10.1	19.5
8.9	7.1	10.2	20.5
9.0	4.6	10.3	21.3
9.3	3.6	10.4	22.1

17. 硼砂 – 氢氧化钠缓冲溶液（pH = 9.3 ~ 10.1）

25 mL 0.05 mol/L 硼酸溶液（19.07 g/L）+ *x* mL 0.2 mol/L 氢氧化钠溶液，加水稀释至 100 mL。

pH	x/mL	pH	x/mL
9.3	3.0	9.8	17.0
9.4	5.5	10.0	21.5
9.6	11.5	10.1	23.0

18. 甘氨酸 – 氢氧化钠缓冲溶液（pH = 8.6 ~ 10.6）

25 mL 0.2 mol/L 甘氨酸溶液（15.01 g/L）+ *x* mL 0.2 mol/L 氢氧化钠溶液，加水稀释至 100 mL。

pH	x/mL	pH	x/mL
8.6	2.0	9.6	11.2
8.8	3.0	9.8	13.6
9.0	4.4	10.0	16.0
9.2	6.0	10.4	19.3
9.4	8.4	10.6	22.8

19. 碳酸钠－碳酸氢钠缓冲溶液（pH=9.2 ～ 10.8）

x mL 0.1 mol/L 碳酸钠溶液（$Na_2CO_3 \cdot 10H_2O$，28.62 g/L）+ y mL 0.1 mol/L 碳酸氢钠溶液（$NaHCO_3$，8.4 g/L）（注：有 Ca^{2+}，Mg^{2+} 时不能使用）。

pH		x/mL	y/mL	pH		x/mL	y/mL
23 ℃	37 ℃			23 ℃	37 ℃		
9.2	8.8	10	90	10.1	9.9	60	40
9.4	9.1	20	80	10.3	10.1	70	30
9.5	9.4	30	70	10.5	10.3	80	20
9.8	9.5	40	60	10.8	10.6	90	10
9.9	9.7	50	50				

20. 硼酸－氯化钾－氢氧化钠缓冲溶液（pH = 8.0 ～ 10.2）

50 mL 0.1 mol/L 硼酸－氯化钾混合溶液（其中，氯化钾，7.455 g/L；硼酸，6.184 g/L）+ x mL 0.1 mol/L 氢氧化钠溶液，加水稀释至 100 mL。

pH	x/mL	pH	x/mL	pH	x/mL
8.0	3.9	8.8	15.8	9.6	36.9
8.1	4.9	8.9	18.1	9.7	38.9
8.2	6.0	9.0	20.8	9.8	40.6
8.3	7.2	9.1	23.6	9.9	42.2
8.4	8.6	9.2	26.4	10.0	43.7
8.5	10.1	9.3	29.3	10.1	45.0
8.6	11.8	9.4	32.1	10.2	46.2
8.7	13.7	9.5	34.6		

21. 二乙醇胺－盐酸缓冲溶液（pH = 8.0 ～ 10.0）

25 mL 0.2 mol/L 二乙醇胺溶液（21.02 g/L）+ x mL 0.2 mol/L 盐酸溶液，加水稀释至 100 mL。

pH	x/mL	pH	x/mL
8.0	22.95	9.1	10.2
8.3	21.00	9.3	7.80
8.5	18.85	9.5	5.55
8.7	16.35	9.9	3.45
8.9	13.55	10.0	1.80

22. 磷酸氢二钠－氢氧化钠缓冲溶液（pH = 11.0 ～ 11.9）

50 mL 0.05 mol/L 磷酸氢二钠溶液 + x mL 0.1 mol/L 氢氧化钠溶液，加水稀释至 100 mL。

pH	x/mL	pH	x/mL
11.0	4.1	11.5	11.1
11.1	5.1	11.6	13.5
11.2	6.3	11.7	16.2
11.3	7.6	11.8	19.4
11.4	9.1	11.9	23.0

23. 氯化钠－氢氧化钠缓冲溶液（pH = 12.0 ～ 13.0）

25 mL 0.2 mol/L 氯化钠溶液 + x mL 0.2 mol/L 氢氧化钠溶液，加水稀释至 100 mL。

pH	x/mL	pH	x/mL
12.0	6.0	12.6	25.6
12.1	8.0	12.7	32.2
12.2	10.2	12.8	41.2
12.3	12.2	12.9	53.0
12.4	16.8	13.0	66.0
12.5	24.4		

24. 磷酸氢二钠－柠檬酸缓冲液（pH = 2.2 ～ 8.0）

x mL 0.2 mol/L Na_2HPO_4 溶液（$Na_2HPO_4 \cdot 2H_2O$，35.60 g/L）+ y mL 0.1 mol/L 柠檬酸溶液（21.01 g/L）。

pH	x/mL	y/mL	pH	x/mL	y/mL
2.2	0.40	19.60	5.2	10.72	9.28
2.4	1.24	18.76	5.4	11.15	8.85
2.6	2.18	17.82	5.6	11.60	8.40
2.8	3.17	16.83	5.8	12.09	7.91
3.0	4.11	15.89	6.0	12.63	7.37
3.2	4.94	15.06	6.2	13.22	6.78
3.4	5.70	14.30	6.4	13.85	6.15
3.6	6.44	13.56	6.6	14.55	5.45
3.8	7.10	12.90	6.8	15.45	4.55
4.0	7.71	12.29	7.0	16.47	3.53
4.2	8.28	11.72	7.2	17.39	2.61
4.4	8.82	11.18	7.4	18.17	1.83
4.6	9.25	10.65	7.6	18.73	1.27
4.8	9.86	10.14	7.8	19.15	0.85
5.0	10.30	9.70	8.0	19.45	0.55

25. 磷酸氢二钠－磷酸二氢钾缓冲液（pH＝4.92 ～ 8.18）

x mL 1/15 mol/L Na_2HPO_4 溶液（$Na_2HPO_4 \cdot 2H_2O$，11.866 g/L）＋ *y* mL 1/15 mol/L KH_2PO_4 溶液（$KH_2PO_4 \cdot 2H_2O$，11.475 g/L）。

pH	x/mL	y/mL	pH	x/mL	y/mL
4.92	0.10	9.90	7.17	7.00	3.00
5.29	0.50	9.50	7.38	8.00	2.00
5.91	1.00	9.00	7.73	9.00	1.00
6.24	2.00	8.00	8.04	9.50	0.50
6.47	3.00	7.00	8.34	9.75	0.25
6.64	4.00	6.00	8.67	9.90	0.10
6.81	5.00	5.00	8.18	10.00	0
6.98	6.00	4.00			

26. 碳酸氢钠－氢氧化钠缓冲液（pH＝9.6 ～ 11.0）

50 mL 0.05 mol/L 碳酸氢钠溶液（4.20 g/L）＋ *x* mL 0.1 mol/L 氢氧化钠，加水稀释至 100 mL。

pH	x/mL	pH	x/mL	pH	x/mL
9.6	5.0	10.1	12.2	10.6	19.1
9.7	6.2	10.2	13.8	10.7	20.2
9.8	7.6	10.3	15.2	10.8	21.2
9.9	9.1	10.4	16.5	10.9	22.0
10.0	10.7	10.5	17.8	11.0	22.7

27. 广范围缓冲溶液（pH＝2.6 ～ 12.0）（18 ℃）

100 mL 混合溶液 A（其中，柠檬酸，6.008 g/L；磷酸二氢钾，3.893 g/L；硼酸，1.769 g/L；巴比妥，5.266 g/L）＋ *x* mL 0.2 mol/L 氢氧化钠溶液，加水稀释至 1000 mL。

pH	x/mL	pH	x/mL	pH	x/mL
2.6	2.0	5.8	36.5	9.0	72.7
2.8	4.3	6.0	38.9	9.2	74.0
3.0	6.4	6.2	41.2	9.4	75.9
3.2	8.3	6.4	43.5	9.6	77.6
3.4	10.1	6.6	46.0	9.8	79.3
3.6	11.8	6.8	48.3	10.0	80.8
3.8	13.7	7.0	50.6	10.2	82.0

续表

pH	x/mL	pH	x/mL	pH	x/mL
4.0	15.5	7.2	52.9	10.4	82.9
4.2	17.6	7.4	55.8	10.6	83.9
4.4	19.9	7.6	58.6	10.8	84.9
4.6	22.4	7.8	61.7	11.0	86.0
4.8	24.8	8.0	63.7	11.2	87.7
5.0	27.1	8.2	65.6	11.4	89.7
5.2	29.5	8.4	67.5	11.6	92.0
5.4	31.8	8.6	69.3	11.8	95.0
5.6	34.2	8.8	71.0	12.0	99.6

参考文献

[1] 王永华，戚穗坚．食品分析［M］．3 版．北京：中国轻工业出版社，2020.

[2] 张吴平，杨坚．食品试验设计与统计分析［M］．北京：中国农业大学出版社，2017.

[3] 蓝小飞，谢琳．乳粉中磷含量检测的不确定度比较［J］．食品安全质量检测学报，2020，11（01）：231-235.

[4] 张毅．钼蓝分光光度法测定食品中的磷［D］．东北农业大学，2018.

[5] 朱文政，徐艳，刘薇，等．烹制时间对狮子头营养品质和挥发性风味物质的影响［J］．食品与发酵工业，2021，47（04）：208-214.

[6] 任曼妮，高增明，王存堂．不同溶剂提取对洋葱皮中多酚含量及抗氧化活性的影响［J］．食品与发酵工业，2019，45（17）：189-193.

[7] 邹红梅．微波、乙醇处理对鲜切马铃薯酶促褐变的抑制效果研究［D］．兰州理工大学，2019.

[8] 张毅．钼蓝分光光度法测定食品中的磷［D］．东北农业大学，2018.

[9] 王未未．狮子头加工工艺的优化及其乳化凝胶特性的研究［D］．扬州大学，2017.

[10] 赵越．红烧肉在加工和储藏过程中的品质变化研究［D］．江南大学，2017.

[11] 吴梦蕾．杨梅汁花色苷的提取分离及其抗氧化、抑菌活性的研究［D］．福建农林大学，2013.

[12] 王宁，尤美虹．果品溯源现状及 RFID 溯源系统探析［J］．物流工程与管理，2019，41（10）：93-95.

[13] 赵训铭，刘建华．射频识别（RFID）技术在食品溯源中的应用研究进展［J］．食品与机械，2019，35（2）：212-215，225.

[14] 黎志文，周哲．加强追溯系统建设　助进口冻品疫情防控［J］．中国自动识别技术，2020，87（6）：63-67.

[15] 叶云，梁超香，李军生，等．利用同工酶技术检测蜂蜜品质的新方法［J］．食品科学，2006，27（6）：177-178.

[16] 张吴平，杨坚．食品试验设计与统计分析：第 3 版［M］．北京：中国农业大学出版社，2017.

[17] 牛丽红．肌肉类食品晚期糖基化终末产物在加热及储藏过程中的含量变化［D］．上海海洋大学，2017.

[18] 孙晓华．肉类热加工过程中晚期糖基化终末产物的形成及其内外源影响因素［D］．上海海洋大学，2016.